Laserphysik

Marc Eichhorn

Laserphysik

Grundlagen und Anwendungen für Physiker, Maschinenbauer und Ingenieure

Aus dem Englischen übersetzt von Frank Zocholl
und Elisabeth Zscherpel

 Springer Spektrum

Dr. habil. Marc Eichhorn
Deutsch-Französisches Forschungsinstitut Saint-Louis (ISL)

Aus dem Englischen übersetzt von Frank Zocholl (Kapitel 2, 3, 5) und Elisabeth Zscherpel (Kapitel 1, 4, 5)

ISBN 978-3-642-32647-9   ISBN 978-3-642-32648-6 (eBook)
DOI 10.1007/978-3-642-32648-6

Die Deutsche Nationalbibliothek verzeichnet diese Publikation in der Deutschen Nationalbibliografie; detaillierte bibliografische Daten sind im Internet über http://dnb.d-nb.de abrufbar.

Springer Spektrum
© Springer-Verlag Berlin Heidelberg 2013

Planung und Lektorat: Dr. Vera Spillner, Dr. Meike Barth
Redaktion: Heike Pressler
Einbandentwurf: deblik, Berlin

Gedruckt auf säurefreiem und chlorfrei gebleichtem Papier

Springer Spektrum ist eine Marke von Springer DE. Springer DE ist Teil der Fachverlagsgruppe Springer Science+Business Media.
www.springer-spektrum.de

Vorwort

Der Laser gehört zu einem der wohl faszinierendsten Gebiete der modernen Physik seit seiner ersten experimentellen Realisierung im Jahre 1960 durch T. H. Maiman. Er selbst wie auch seine Anwendungen haben große Teile der modernen Physik sowie vieler anderer Wissenschaften grundlegend beeinflusst und teilweise erst ermöglicht. Die einzigartigen quantenmechanischen Eigenschaften des Laserlichts, beispielsweise seine Kohärenz und seine Wechselwirkung mit Atomen oder Molekülen, eröffneten neue Forschungsgebiete von der Spektroskopie in Physik, Chemie und Biologie über Informationsverarbeitung, Materialforschung und allgemeiner Messtechnik bis hin zu den wohl faszinierendsten Gebieten der Physik: Der Laser erlaubt es Wissenschaftlern, extreme Zustände der Materie wie Bose-Einstein-Kondensate oder degenerierte Fermi-Gase zu erzeugen und zu studieren. Er macht wichtige Untersuchungen zur Quantenmechanik möglich, hat einen großen Einfluss auf Festkörperphysik und Elektronik durch den Bedarf immer effizienterer Lichtquellen wie Laserdioden und er ermöglicht das interessante Gebiet der nichtlinearen Optik. Der Laser leistet auch in Zukunft seinen enormen Beitrag zur Entdeckung von Gravitationswellen, zur Erzeugung extrem heißer und dichter Materiezustände, beispielsweise in der Trägheitsfusion, und er eröffnet den Weg zum Verständnis der fundamentalen Physik auf kurzen Zeitskalen, welcher erst durch Femto- und Attosekundenlaser zugänglich geworden ist.

Dieses Lehrbuch entstand aus einer Vorlesung für Laserphysik in der Karlsruhe School of Optics and Photonics am Karlsruhe Institute of Technology (KIT), welche dort seit dem Jahre 2008 angeboten wird. Ein wesentlicher Gesichtspunkt bei der Auslegung dieses Buches war es, in einer einheitlichen und insbesondere labor- und praxisnahen Notation und Beschreibung sowohl die Grundlagen des Lasers als auch eine Vielzahl aktueller und in Zukunft immer wichtiger werdender Lasertypen zu behandeln. Dabei wird eine Brücke geschlagen zwischen beispielsweise direkt spektroskopisch messbaren Größen und der gesamten theoretischen Beschreibung und Modellierung von Lasern – in kontinuierlichem wie auch gepulstem Betrieb.

Dieses Buch trägt somit dazu bei, die im Studium so wichtigen Grundlagen und Zusammenhänge mathematisch und didaktisch darzustellen, und es erlaubt gleichzeitig durch seinen Aufbau und seine moderne Notation auch eine direkte Anwendung des Gelernten in der späteren Praxis. Es richtet sich somit an alle, die sowohl die Grundlagen des Lasers verstehen möchten als auch moderne Laser anwenden oder gar selbst entwickeln und aufbauen wollen. Das Buch versucht dabei mit möglichst wenigen Voraussetzungen auszukommen und wendet sich an Studenten der Physik, des Maschinenbaus und der Ingenieurwissenschaften, der Chemie und Mathematik ab dem 3. bis 4. Semester, mit der Hoffnung, bei diesen ebenso viel Vergnügen und Interesse zu wecken wie bei den Teilnehmern der Vorlesung.

Dieses Lehrbuch behandelt in den ersten drei Kapiteln die Grundlagen des Lasers: die Licht-Materie-Wechselwirkung, das Laser-Verstärkungsmedium und den Laserresonator. Im vierten Kapitel werden die Pulsezeugung und die dazu notwendigen Technologien vorgestellt und vertieft. Das fünfte Kapitel gibt abschließend einen Überblick über verschiedene aktuell und in Zukunft immer wichtiger werdende Lasertypen und dient gleichermaßen als Beispielsammlung, um das im Theorieteil Gelernte anzuwenden und auszubauen.

Besonderer Dank geht an die Übersetzer Frau Elisabeth Zscherpel und Herrn Frank Zocholl, welche das ursprünglich englische Manuskript ins Deutsche übersetzt haben, sowie an den Springer-Verlag, hier insbesondere an Frau Dr. Meike Barth und Frau Dr. Vera Spillner für die stets hervorragende und freundliche Zsammenarbeit.

Marc Eichhorn

Inhaltsverzeichnis

1 Quantenmechanische Grundlagen von Lasern

In diesem Kapitel werden wir die elementaren quantenmechanischen Effekte und Zusammenhänge untersuchen, die zur Realisierung eines Lasers wichtig sind und die die Eigenschaften des Laserbetriebs bestimmen. Dazu gehören die grundlegenden Prozesse der Absorption, der spontanen und stimulierten Emission von Licht und ihre quantenmechanische Beschreibung.

1.1 Einstein-Ratengleichungen und Plancksches Strahlungsgesetz

In den frühen Jahren der Quantenphysik fand Planck eine theoretische Beschreibung der spektralen Verteilung der Schwarzkörperstrahlung. Diese Strahlung, die z. B. von einem kleinen Loch in der Wand eines Hohlraumstrahlers (dem schwarzen Körper) emittiert wird, der, wie in Abb. 1.1 gezeigt, bei einer Temperatur T gehalten wird, zeigt ein charakteristisches Spektrum. Die spektrale Verteilung der Strahlung und das Maximum der Emissionsintensität sind lediglich eine Funktion der Temperatur des schwarzen Körpers. In der Herleitung des Spektrums nimmt Planck an, dass elektromagnetische Strahlung nicht kontinuierlich emittiert oder absorbiert werden kann, sondern nur in festgelegten Energiebeiträgen, den Quanten, mit der entsprechenden Energie von

$$E = h\nu = \frac{hc}{\lambda} \, . \tag{1.1}$$

Heute wissen wir, dass diese Quanten die Photonen des elektromagnetischen Feldes sind, die durch ihre Frequenz ν oder ihre Wellenlänge λ beschrieben werden können.

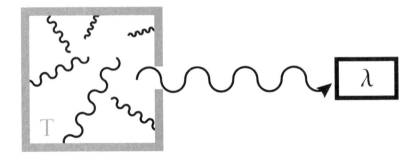

Abb. 1.1 Messung der spektralen Verteilung der Schwarzkörperstrahlung, die von einem Hohlraum mit Temperatur T emittiert wird.

Auch Einstein hat versucht, eine Herleitung dieser Spektralverteilung zu finden, die mit den grundlegenden Wechselwirkungen von Absorption und Emission zwischen quantenmechanischen Systemen (Atom, Ion, Molekül, elektronische Zustände in kondensierter Materie etc.) und einem Photon beginnt. Einstein zufolge können diese Wechselwirkungen durch drei elementare Prozesse beschrieben werden, wie in Abb. 1.2 für ein einfaches Zwei-Niveau-System gezeigt. Diese Prozesse sind:

- Die **Absorption**, die einen Übergang von Niveau $|1\rangle$ in Niveau $|2\rangle$ eines Photons der Energie $h\nu = E_2 - E_1$ verursacht.
- Die **spontane Emission**, bei der das System ein Photon der Energie $h\nu$ emittiert, indem es von Niveau $|2\rangle$ in Niveau $|1\rangle$ zurückkehrt. Dieser Vorgang wird spontane Emission genannt, denn der Zeitpunkt der Emission (d. h. die Phase ϕ der Strahlung), die Polarisation $\vec{\epsilon}$ und die Ausbreitungsrichtung, d. h. die Richtung des Wellenvektors $\vec{k}$, sind zufällig. Demnach bewirkt die spontane Emission inkohärente Strahlung und ist verantwortlich für die Fluoreszenz des angeregten Mediums.
- Die **stimulierte Emission**, bei der ein eintreffendes Photon einen resonanten Übergang vom angeregten Niveau $|2\rangle$ in Niveau $|1\rangle$ erzeugt und dabei ein zweites Photon der Energie $h\nu$ emittiert wird. Da Photonen Bosonen sind, d. h. sie können sich im selben quantenmechanischen Zustand befinden, und da die stimulierte Emission ein

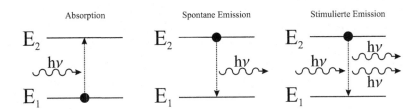

Abb. 1.2 Wechselwirkungen zwischen einem Zwei-Niveau-System und einem Photon nach Einstein.

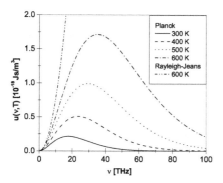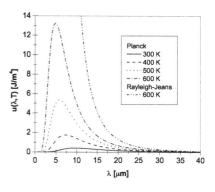

Abb. 1.3 Auftragung der spektralen Energiedichte der elektromagnetischen Strahlung pro Volumen als Funktion der Frequenz oder Wellenlänge bei verschiedenen Temperaturen.

resonanter Prozess ist, sind beide Photonen identisch in all ihren Eigenschaften. Dieser Effekt erlaubt deshalb die Lichtverstärkung, den grundlegenden Prozess jedes Lasers.

Der grundlegende Prozess, der uns erlaubt, einen Laser zu realisieren, ist die stimulierte Emission, die in angeregten quantenmechanischen Systemen vorkommt und die eine Photonenverstärkung ermöglicht. Einstein postulierte 1917 die Existenz des Prozesses der stimulierten Emission und leitete so das wohlbekannte **Plancksche Strahlungsgesetz** her. Dieses beschreibt wie folgt die spektrale Energiedichte der elektromagnetischen Strahlung pro Volumen $u(\nu, T)$ im Spektralbereich von ν nach $\nu + d\nu$ (oder in Wellenlängen $u(\lambda, T)$ im Spektralbereich von λ nach $\lambda + d\lambda$):

$$u(\nu, T)d\nu = \frac{8\pi h\nu^3}{c^3} \frac{1}{e^{\frac{h\nu}{k_B T}} - 1} d\nu \tag{1.2}$$

$$u(\lambda, T)d\lambda = \frac{8\pi hc}{\lambda^5} \frac{1}{e^{\frac{hc}{\lambda k_B T}} - 1} d\lambda , \tag{1.3}$$

was in Abb. 1.3 gezeigt ist. Darin ist auch das klassische Rayleigh-Jeans-Gesetz gezeigt, das wir später zur Herleitung einiger Beziehungen von Einstein brauchen werden.

In seiner Herleitung nimmt Einstein ein Ensemble von $N = N_1 + N_2$ nicht entarteter Zwei-Niveau-Systeme mit einer Energiedifferenz von $\Delta E = h\nu = E_2 - E_1$ an, das sich im thermischen Gleichgewicht mit seiner Umgebung bei fester Temperatur T befindet. Die Absorption der Strahlung bewirkt dann eine Übergangsrate von Niveau $|1\rangle$ in Niveau $|2\rangle$

$$\left(\frac{dN_2}{dt}\right)_{abs} = -\left(\frac{dN_1}{dt}\right)_{abs} = B_{12}u(\nu, T)N_1 , \tag{1.4}$$

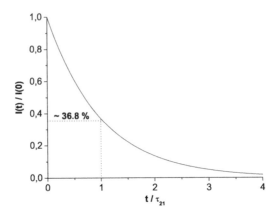

Abb. 1.4 Exponentieller Abfall der Fluoreszenzintensität einer angeregten Probe.

die proportional zur (unbekannten) Energiedichte der Strahlung $u(\nu, T)$ und zur Zahl der Absorber N_1 mit der Proportionalitätskonstante B_{12} ist. Die stimulierte Emission der Strahlung bewirkt einen Übergang von Niveau $|2\rangle$ in Niveau $|1\rangle$ mit der Rate

$$\left(\frac{dN_2}{dt}\right)_{stim} = -\left(\frac{dN_1}{dt}\right)_{stim} = -B_{21}u(\nu, T)N_2 \;, \tag{1.5}$$

die ebenfalls proportional zur Strahlungsdichte $u(\nu, T)$ und zur Zahl der Emitter N_2 mit Proportionalitätskonstante B_{21} ist. Die spontane Emission ist nur proportional zur Zahl der möglichen Emitter N_2 und bewirkt eine Rate von

$$\left(\frac{dN_2}{dt}\right)_{spont} = -\left(\frac{dN_1}{dt}\right)_{spont} = -A_{21}N_2 \;. \tag{1.6}$$

Die Proportionalitätskonstanten B_{12}, B_{21} und A_{21} werden **Einstein-Koeffizienten** genannt.

Aus Gl. 1.6 kann abgeleitet werden, dass in Abwesenheit anderer Prozesse die Besetzung des Niveaus $|2\rangle$ exponentiell mit der Zeitkonstante $\tau_{21} = A_{21}^{-1}$ abklingt. Die Zeitkonstante τ_{21} wird natürliche Lebensdauer des Niveaus $|2\rangle$ genannt. Deshalb ist die Entwicklung der nach außen messbaren Fluoreszenzintensität $I(t) \propto \frac{dN_2}{dt}$ auch gegeben durch

$$I(t) = I(0)e^{-\frac{t}{\tau_{21}}} \;. \tag{1.7}$$

Dieser exponentielle Abfall ist in Abb. 1.4 gezeigt.

Im thermischen Gleichgewicht sind die Besetzungen der Niveaus $|1\rangle$ und $|2\rangle$ konstant, d. h.

$$\frac{dN_2}{dt} = \left(\frac{dN_2}{dt}\right)_{abs} + \left(\frac{dN_2}{dt}\right)_{stim} + \left(\frac{dN_2}{dt}\right)_{spont} = 0 \;, \tag{1.8}$$

$$\frac{dN_1}{dt} = \left(\frac{dN_1}{dt}\right)_{abs} + \left(\frac{dN_1}{dt}\right)_{stim} + \left(\frac{dN_1}{dt}\right)_{spont} = 0 \tag{1.9}$$

und ihr Verhältnis kann mit einer Boltzmannverteilung beschrieben werden, was zu

$$\frac{N_2}{N_1} = \frac{B_{12}u(\nu, T)}{A_{21} + B_{21}u(\nu, T)} \overset{!}{=} e^{-\frac{E_2 - E_1}{k_B T}} \tag{1.10}$$

führt. Deswegen muss die spektrale Energiedichte $u(\nu, T)$ folgende Form haben:

$$u(\nu, T) = \frac{A_{21}}{B_{12}e^{\frac{h\nu}{k_B T}} - B_{21}} \ . \tag{1.11}$$

Um die Beziehungen zwischen den Einstein-Koeffizienten herzuleiten, müssen zwei Grenzwerte untersucht werden: Im Grenzwert hoher Temperaturen $T \to \infty$ divergiert die spektrale Energiedichte, was

$$B_{21} = B_{12} \tag{1.12}$$

erzwingt. Dieses Ergebnis ist sehr wichtig, denn es zeigt, dass Absorption und stimulierte Emission komplett äquivalente Prozesse sind.

Im Grenzwert geringer Photonenenergien $h\nu \ll k_B T$ muss $u(\nu, T)$ dem klassischen **Rayleigh-Jeans-Gesetz** entsprechen:

$$u_{RJ}(\nu, T) = \frac{8\pi\nu^2}{c^3} k_B T \ . \tag{1.13}$$

Dieses Gesetz wurde experimentell bereits bestätigt und kann im Rahmen der klassischen Maxwell-Gleichungen der Elektrodynamik hergeleitet werden, da es die quantenmechanische Größe h nicht enthält. Ein Vergleich ergibt

$$A_{21} = \frac{8\pi h\nu^3}{c^3} B_{12} \ , \tag{1.14}$$

was bedeutet, dass Absorption und spontane Emission proportional zueinander sind (**Kirchhoffsches Strahlungsgesetz**). Setzt man beide Grenzwerte in Gl. 1.11 ein, ergibt sich das Plancksche Strahlungsgesetz wie in Gl. 1.2.

1.2 Übergangswahrscheinlichkeiten und Matrixelemente

In diesem Abschnitt wollen wir die Zusammenhänge zwischen den Einstein-Koeffizienten und den quantenmechanischen Eigenschaften eines Dipolübergangs herleiten [2].

1.2.1 Dipolstrahlung und spontane Emission

In der klassischen Elektrodynamik besteht ein Dipol aus einer Ladung q, die mit einer Frequenz $\omega = 2\pi\nu$ und einer Ortsamplitude $r_0 = |\vec{r}_0|$ oszilliert. Der Dipol besitzt ein elektrisches Dipolmoment von

$$\vec{p}(t) = q\vec{r}(t) = q\vec{r}_0 \sin\omega t \ . \tag{1.15}$$

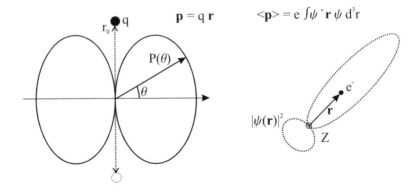

Abb. 1.5 Räumliche Strahlungsleistung eines klassischen Dipols und das Dipolmoment eines Elektrons in der Quantenmechanik.

Da der oszillierende Dipol eine beschleunigte Ladung ist, verursacht er eine Dipolstrahlung, wie in Abb. 1.5 zu sehen. Die gesamte mittlere abgestrahlte Leistung $\overline{P}$ kann im Rahmen der klassischen Elektrodynamik abgeleitet werden und resultiert in der **Larmor-Formel**:

$$\overline{P} = \frac{2}{3} \frac{\overline{p^2}\omega^4}{4\pi\epsilon_0 c^3} \; . \tag{1.16}$$

Darin beschreibt

$$\overline{f} = \frac{1}{T} \int_0^T f dt \tag{1.17}$$

den zeitlichen Mittelwert einer Funktion f über eine Periode $T = \frac{2\pi}{\omega}$. Es ergibt sich:

$$\overline{p^2} = \frac{1}{2} q^2 |\vec{r}_0|^2 \; . \tag{1.18}$$

In der Quantenmechanik ist das mittlere Dipolmoment eines Elektrons mit der elektrischen Ladung e, das mit der Wellenfunktion ψ beschrieben wird, gegeben durch

$$\langle \vec{p} \rangle = \langle \psi | e\vec{r} | \psi \rangle = \int \psi^* e\vec{r}\psi dV \; . \tag{1.19}$$

Dementsprechend definieren wir für einen Übergang zwischen den zwei Niveaus $|1\rangle$ und $|2\rangle$ das Übergangsdipolmoment (Gl. 1.20) bzw. seinen Betrag (Gl. 1.21):

$$\vec{M}_{21} = \langle \psi_2 | e\vec{r} | \psi_1 \rangle = \int \psi_2^* e\vec{r}\psi_1 dV \tag{1.20}$$

$$M_{21} = |\langle \psi_2 | e\vec{r} | \psi_1 \rangle| = \left| \int \psi_2^* e\vec{r}\psi_1 dV \right| \; . \tag{1.21}$$

Bei diesem Übergang zur Quantenmechanik müssen wir auch den klassischen Mittelwert von $\overline{p^2}$ durch den quantenmechanischen Ausdruck [3]

$$\overline{p^2} \rightarrow \frac{1}{2}(M_{21} + M_{12})^2 = 2M_{21}^2 \tag{1.22}$$

ersetzen. Einsetzen in Gl. 1.16 ergibt eine abgestrahlte Leistung von

$$\langle P_{21} \rangle = \frac{4}{3} \frac{\omega^4}{4\pi\epsilon_0 c^3} M_{21}^2 \tag{1.23}$$

mit $\omega = (E_2 - E_1)/\hbar$. Nach Gl. 1.6 entspricht die von N_2 angeregten Niveaus abgestrahlte gesamte mittlere Fluoreszenzleistung P_f

$$P_f = h\nu A_{21} N_2 \stackrel{!}{=} \langle P_{21} \rangle N_2 \ . \tag{1.24}$$

Dieser Vergleich erlaubt uns nun die explizite Form des Einstein-Koeffizienten A_{21} herzuleiten:

$$A_{21} = \frac{2}{3} \frac{e^2 \omega^3}{h\epsilon_0 c^3} |\langle \psi_2 | \vec{r} | \psi_1 \rangle|^2 = \frac{2}{3} \frac{e^2 \omega^3}{h\epsilon_0 c^3} \left| \int \psi_2^* \vec{r} \psi_1 dV \right|^2 \ . \tag{1.25}$$

Für ein Atom oder Molekül mit vielen verschiedenen Niveaus mit bekannten Wellenfunktionen kann die spontane Emissionsrate A_{ji} jetzt für alle möglichen Übergänge zwischen den Niveaus j und i berechnet werden, was zu einer Matrix $A_{[j,i]}$ führt. Deswegen werden die M_{ji} in Gl. 1.21 auch Matrixelemente genannt.

Die obige Herleitung ist, wegen Gln. 1.16 und 1.25, nur in der Dipolnäherung gültig, d. h. solange die Wellenlänge der emittierten Strahlung länger als die räumliche Ausdehnung des Dipols ist, $\lambda \gg r_0$. Dies gilt für $\lambda > 1$ nm und deshalb für alle sichtbaren und infraroten Laser.

Aus der ω^3-Abhängigkeit in Gl. 1.25 kann auch gefolgert werden, dass die spontane Emission bei kurzen Wellenlängen drastisch zunimmt, was zu sehr kurzen Lebensdauern der entsprechenden oberen Niveaus führt. Wie in Kap. 2 gezeigt wird, benötigt man dazu sehr hohe Pump- und Laserintensitäten, um den optischen Übergang zu sättigen. Dies erschwert die Realisierung von Tief-UV- und Röntgenlasern, die auf elektronischen Übergängen basieren.

1.2.2 Stimulierte Emission und Absorption

Im Gegensatz zur vorherigen Beschreibung der spontanen Emission ist die stimulierte Emission oder Absorption eines Photons von unserem Zwei-Niveau-System ein quantenmechanischer Prozess, der die Wechselwirkung zwischen dem System und dem elektromagnetischen Feld beinhaltet. Deshalb müssen wir einen kurzen Exkurs in die zeitabhängige Quantenmechanik und Störungstheorie machen [4].

Sei $\mathbb{H}_0$ der Hamilton-Operator für das ungestörte System, d. h. für das System ohne elektromagnetisches Feld, welches durch die zeitabhängige Schrödingergleichung

$$i\hbar \frac{\partial}{\partial t} |\psi^0(t)\rangle = \mathbb{H}_0 |\psi^0(t)\rangle \tag{1.26}$$

beschrieben wird, wobei für $t < t_0$ das System im Zustand $|\psi^0(t)\rangle$ vor der Störung ist. Nach der Anwendung der zeitabhängigen Störung $\mathbb{V}(t)$, die verglichen mit $\mathbb{H}_0$ klein ist, besetzt das System den Zustand $|\psi(t)\rangle$ und entwickelt sich wie

$$i\hbar \frac{\partial}{\partial t} |\psi(t)\rangle = (\mathbb{H}_0 + \mathbb{V}(t)) |\psi(t)\rangle \ . \tag{1.27}$$

Die zeitabhängige Störungstheorie erlaubt es, die Übergangsraten zwischen verschiedenen Zuständen zu berechnen. Die genaue Herleitung der folgenden Formeln kann z. B. in [4] nachgelesen werden. In diesem Abschnitt geben wir nur die Ergebnisse an, die wir zur Untersuchung der stimulierten Emission und der Absorptionsprozesse brauchen.

Da das elektromagnetische Feld des ankommenden Photons wie eine periodische Störung behandelt werden kann, benutzen wir das entsprechende Ergebnis aus der Störungstheorie für eine periodische Störung, die mit einer Frequenz $\omega = 2\pi\nu$ in der Form

$$\mathbb{V}(t) = \mathbb{F}e^{-i\omega t} + \mathbb{F}^\dagger e^{i\omega t} \tag{1.28}$$

oszilliert, wobei $\mathbb{F}$ der Operator ist, der die Art der Störung definiert. Dann kann die Übergangsrate, d. h. die Übergangswahrscheinlichkeit pro Zeiteinheit, für einen Übergang von Niveau j in Niveau i wie folgt mit **Fermis Goldener Regel** berechnet werden:

$$R_{ji} = \frac{2\pi}{\hbar} \left(\delta(E_j - E_i - \hbar\omega)|\langle\psi_j|\mathbb{F}|\psi_i\rangle|^2 + \delta(E_j - E_i + \hbar\omega)|\langle\psi_j|\mathbb{F}^\dagger|\psi_i\rangle|^2 \right) . \tag{1.29}$$

Die beiden δ-Funktionen beschreiben die Energieerhaltung (oder die Resonanz des Prozesses) und die Matrixelemente der Störung $\mathbb{F}$ tragen zur Stärke des Übergangs bei. Wegen $\omega > 0$ folgt, dass für $E_j > E_i$ der erste Term die stimulierte Emission beschreibt und für $E_j < E_i$ der Absorptionsprozess durch den zweiten Term beschrieben wird.

Die stimulierte Emission von Niveau $|2\rangle$ in Niveau $|1\rangle$ oder die Absorption von Niveau $|1\rangle$ in Niveau $|2\rangle$ ist bei unserem Zwei-Niveau-System als Störung durch das elektrische Feld des ankommenden Photons gegeben:

$$\vec{E}(t) = \vec{E}_0 e^{i\vec{k}\vec{r}} e^{-i\omega t} , \tag{1.30}$$

was zu einer Übergangsrate von [5]

$$R_{21} = \frac{\pi e^2}{2\hbar^2} \left| \langle\psi_2|\vec{E}_0\vec{r}e^{i\vec{k}\vec{r}}|\psi_1\rangle \right|^2 \delta(\omega_0 - \omega) = \frac{\pi e^2}{2\hbar^2} \left| \int \psi_2^* \vec{E}_0 \vec{r} e^{i\vec{k}\vec{r}} \psi_1 dV \right|^2 \delta(\omega_0 - \omega) \tag{1.31}$$

führt. Darin ist $\vec{k}$ der Wellenvektor der elektromagnetischen Welle mit $|\vec{k}| = \frac{2\pi}{\lambda}$ und $\omega_0 = \frac{E_2 - E_1}{\hbar}$ die Resonanzfrequenz.

Mit derselben Dipolnäherung, die auch für die spontane Emission benutzt wurde ($\lambda \gg r_0$, d. h. $\vec{k}\vec{r} \ll 1$), kann diese Rate genähert werden, indem $|e^{i\vec{k}\vec{r}}| \approx 1$ verwendet wird:

$$R_{21} = \frac{\pi e^2}{2\hbar^2} E_0^2 |\vec{\epsilon}\langle\psi_2|\vec{r}|\psi_1\rangle|^2 \delta(\omega_0 - \omega) = \frac{\pi e^2}{2\hbar^2} E_0^2 \left| \vec{\epsilon} \int \psi_2^* \vec{r} \psi_1 dV \right|^2 \delta(\omega_0 - \omega) , \tag{1.32}$$

wobei $\vec{\epsilon}$ die Polarisation der Welle beschreibt. Dies zeigt, dass das elektrische Feld in dieselbe Richtung wie die Dipolorientierung angelegt werden muss, um die maximale Übergangsrate zu erzielen.

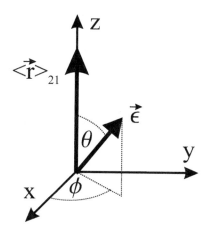

Abb. 1.6 Lokales Koordinatensystem zur Berechnung des Mittelwerts über alle Polarisationen.

Wir wollen diese Beziehung nun für den Fall der isotrop im Raum verteilten thermischen Strahlung vereinfachen. Dafür wird Gl. 1.32 über alle möglichen Polarisationsorientierungen $\vec{\epsilon}$ gemittelt, wobei wir festhalten, dass $\langle \vec{r} \rangle_{21} = \int \psi_2^* \vec{r} \psi_1 dV$ ein konstanter Vektor ist, nachdem die Integration ausgeführt wurde. Durch Definieren eines lokalen Koordinatensystems, dessen z-Achse wie in Abb. 1.6 mit $\langle \vec{r} \rangle_{21}$ übereinstimmt, wird der Mittlerwert über alle Orientierungen von

$$\vec{\epsilon} = \begin{pmatrix} \sin\theta\cos\phi \\ \sin\theta\sin\phi \\ \cos\theta \end{pmatrix} \tag{1.33}$$

in Polarkoordinaten berechnet, was

$$\langle |\vec{\epsilon}\langle\vec{r}\rangle_{21}|^2 \rangle = \frac{1}{4\pi} \int_0^\pi \int_0^{2\pi} \cos^2\theta |\langle\vec{r}\rangle_{21}|^2 \sin\theta d\theta d\phi = \frac{1}{3} |\langle\vec{r}\rangle_{21}|^2 \tag{1.34}$$

ergibt. Dies führt auf die gemittelte Übergangsrate

$$\langle R_{21}\rangle = \frac{\pi e^2}{6\hbar^2} E_0^2 \, |\langle\psi_2|\vec{r}|\psi_1\rangle|^2 \, \delta(\omega_0 - \omega) = \frac{\pi e^2}{6\hbar^2} E_0^2 \left| \int \psi_2^* \vec{r} \psi_1 dV \right|^2 \delta(\omega_0 - \omega) \,, \tag{1.35}$$

die noch mehr vereinfacht werden kann, indem die spektrale Energiedichte des elektrischen Feldes bei Resonanz

$$u(\nu) = \frac{1}{2}\epsilon_0 E_0^2 \delta(\nu_0 - \nu) = \pi\epsilon_0 E_0^2 \delta(\omega_0 - \omega) \tag{1.36}$$

mit $\delta(ax) = \frac{1}{a}\delta(x)$ eingeführt wird. Dies ergibt

$$\langle R_{21}\rangle = \frac{2}{3}\frac{\pi^2 e^2}{3\epsilon_0 h^2} \, |\langle\psi_2|\vec{r}|\psi_1\rangle|^2 \, u(\nu) = \frac{2}{3}\frac{\pi^2 e^2}{3\epsilon_0 h^2} \left| \int \psi_2^* \vec{r} \psi_1 dV \right|^2 u(\nu) \,. \tag{1.37}$$

Der direkte Vergleich mit Gl. 1.5 führt auf den Ausdruck des Einstein-Koeffizienten der stimulierten Emission

$$B_{21} = \frac{2}{3}\frac{\pi^2 e^2}{\epsilon_0 h^2}\left|\langle\psi_2|\vec{r}|\psi_1\rangle\right|^2 = \frac{2}{3}\frac{\pi^2 e^2}{\epsilon_0 h^2}\left|\int\psi_2^*\vec{r}\psi_1 dV\right|^2 . \tag{1.38}$$

Dieser Koeffizient ist, im Gegensatz zu A_{21}, unabhängig von der Übergangsfrequenz oder -wellenlänge und hängt nur von den in den Matrixelementen eingeschlossenen quanten-mechanischen Eigenschaften des Übergangs ab. Durch Vergleichen dieses Ergebnisses mit dem Einstein-Koeffizienten der spontanen Emission A_{21} aus Gl. 1.25 finden wir wieder die Relation, die schon in den Gln. 1.12 und 1.14 gezeigt wurde.

1.3 Modenstruktur des Raumes und die Herkunft der spontanen Emission

Die spontane Emission kann als statistischer Prozess gesehen werden, d. h., jedes Atom, Ion oder Molekül zerfällt selbstständig, indem ein Photon zu einer bestimmten Zeit in einem einzigen Prozess emittiert wird, während die Beobachtung der Fluoreszenz eines Ensembles von vielen Atomen, Ionen oder Molekülen dem bekannten exponentiellen Zer-fallsgesetz aus Gl. 1.7 folgt. Trotzdem kann diese statistische Betrachtungsweise nicht erklären, warum sich ein einzelnes Atom „entscheidet", ein Photon zu einer bestimmten Zeit zu emittieren. Um diese Frage zu beantworten, müssen wir uns die Modenstruk-tur des Raumes, d. h. die Struktur der erlaubten Eigenmoden der elektromagnetischen Strahlung im Vakuum, anschauen und die Eigenschaften der Photonen, die diese Zustän-de besetzen.

1.3.1 Modendichte des Vakuums und von optischen Medien

Um die Modendichte des Vakuums und von optisch transparenten Medien mit einem Brechungsindex $n > 1$ zu bestimmen, müssen wir zuerst die Zahl der Eigenmoden eines kubischen Hohlraumresonators der Länge a und des Volumens a^3 bis zur Frequenz ω berechnen. Da wir unendlich leitende Wände annehmen, müssen die tangentialen Kom-ponenten des elektrischen Feldes auf diesen Wänden verschwinden. Deswegen kann die Menge der Eigenmoden durch stehende Wellen in einem Hohlraum dargestellt werden, siehe Abb. 1.7, wobei die Wellenvektoren gegeben sind durch

$$\vec{k} = \frac{\pi}{a}\begin{pmatrix} q \\ r \\ s \end{pmatrix} \text{ mit } q, r, s \in \mathbb{Z} . \tag{1.39}$$

Das entsprechende elektrische Feld kann als

$$\vec{E} = \vec{E}_0 \cos\omega t \tag{1.40}$$

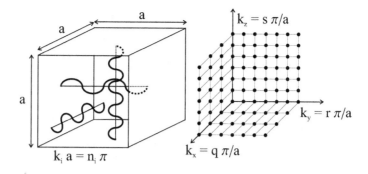

Abb. 1.7 Stehende Wellen in einem leitenden Hohlraum und Darstellung der Eigenmoden im reziproken Raum.

geschrieben werden mit den Raumkomponenten

$$\vec{E}_0 = \begin{pmatrix} E_{0x} \ \cos \frac{\pi q}{a} x \ \sin \frac{\pi r}{a} y \ \sin \frac{\pi s}{a} z \\ E_{0y} \ \sin \frac{\pi q}{a} x \ \cos \frac{\pi r}{a} y \ \sin \frac{\pi s}{a} z \\ E_{0z} \ \sin \frac{\pi q}{a} x \ \sin \frac{\pi r}{a} y \ \cos \frac{\pi s}{a} z \end{pmatrix} , \tag{1.41}$$

dem Wellenvektor

$$|\vec{k}_{qrs}| = \frac{\pi}{a} \sqrt{q^2 + r^2 + s^2} \tag{1.42}$$

und den möglichen Resonanzfrequenzen

$$\omega_{qrs} = \frac{\pi c}{a} \sqrt{q^2 + r^2 + s^2} , \tag{1.43}$$

die aus der Dispersionsbeziehung

$$\omega = c|\vec{k}| \tag{1.44}$$

für elektromagnetische Wellen im Vakuum folgen.

Im reziproken Raum oder k-Raum, in dem alle Eigenmoden durch ein dreidimensionales Punktgitter mit der Gitterkonstanten $\frac{\pi}{a}$ dargestellt sind, beschreibt Gl. 1.42 eine Kugel mit Radius $|\vec{k}| = \frac{\omega}{c}$. Für hohe Frequenzen, d. h. große Modenzahlen $q^2 + r^2 + s^2 \gg 1$, kann das diskrete Gitter durch eine homogene k-Raumdichte $\rho_k = \left(\frac{a}{2\pi}\right)^3$ angenähert werden, die berücksichtigt, dass z. B. $-q$ und q dieselbe Mode beschreiben. Dies erlaubt eine einfache Berechnung der Volumendichte der Moden im Hohlraum bis zur Frequenz ν:

$$M(\nu) = 2a^{-3} \int \rho_k d^3k = 8\pi \int \frac{k^2 dk}{(2\pi)^3} = \frac{8\pi n^3}{c^3} \int \nu^2 d\nu = \frac{8\pi n^3 \nu^3}{3c^3} . \tag{1.45}$$

Darin drückt der Faktor 2 die zwei unabhängigen Polarisationen des elektromagnetischen Feldes aus und n den Brechungsindex, falls der Hohlraum mit einem optischen Medium gefüllt ist. Dieses Ergebnis ist unabhängig vom Außmaß oder der Orientierung des Hohlraums. Mit $a \to \infty$ finden wir eine spektrale Modendichte des Raumes von

$$\tilde{M}(\nu) = \frac{\partial M}{\partial \nu} = \frac{8\pi n^3 \nu^2}{c^3} . \tag{1.46}$$

Man kann diese spektrale Modendichte im Planckschen Strahlungsgesetz (Gl. 1.2) und im Rayleigh-Jeans-Gesetz (Gl. 1.13) wiederfinden, welches somit aussagt, dass im thermischen Gleichgewicht jede dieser Moden mit einer Energie von $k_B T$ angeregt wird.

Eine alternative Herleitung des Planckschen Strahlungsgesetzes, die Planck selbst benutzt hat, beginnt mit dieser spektralen Modendichte $\tilde{M}(\nu)$, die mit der Energie pro Photon $h\nu$ und der Zahl der thermisch angeregten Photonen pro Mode

$$n(\nu, T) = \frac{1}{e^{\frac{h\nu}{k_B T}} - 1} \tag{1.47}$$

multipliziert wird, um die spektrale Engergiedichte im thermischen Gleichgewicht zu erhalten. $n(\nu, T)$ ist durch die **Bose-Einstein-Verteilung** gegeben, da Photonen, also Spin-1-Teilchen, Bosonen sind.

1.3.2 Vakuumfluktuationen und spontane Emission

Wir kennen jetzt die spektrale Modendichte des Raumes und die Tatsache, dass Photonen Bosonen sind. Dies bedeutet insbesondere, dass die Anzahl der Photonen in einem quantenmechanischen Zustand, d. h. in einer Mode, nicht begrenzt ist. Aber was für ein Zustand ist eine Mode, d. h., welches Energiepotential erzeugt diesen Zustand? Um diese Fragen zu beantworten, müssen wir uns die quantenmechanische Struktur des elektromagnetischen Feldes anschauen.

In der klassischen Elektrodynamik [1], die wir schon zur Bestimmung der spektralen Modendichte herangezogen haben, sehen wir eine Mode als eine monochromatische Welle an, die sich z. B. entlang der x-Achse ausbreitet und entlang der z-Achse mit dem elektrischen Feld

$$\vec{E}(t) = \begin{pmatrix} 0 \\ 0 \\ p(t) \sin kx \end{pmatrix} \tag{1.48}$$

polarisiert ist, wobei $p(t)$ die zeitliche Entwicklung beschreibt. Das entsprechende magnetische Feld ist durch die Maxwell-Gleichung $\vec{\nabla} \times \vec{E} = -\frac{\partial \vec{B}}{\partial t}$ gegeben, was auf

$$\vec{B}(t) = \begin{pmatrix} 0 \\ \frac{1}{c} q(t) \cos kx \\ 0 \end{pmatrix} \tag{1.49}$$

führt. Dabei ist $q(t)$ unter Benutzung von Gl. 1.44 gegeben durch

$$\frac{dq(t)}{dt} = \omega p(t) \ . \tag{1.50}$$

Durch das Einsetzen beider Felder in die Maxwell-Gleichung $\vec{\nabla} \times \vec{B} = \epsilon_0 \mu_0 \frac{\partial \vec{E}}{\partial t}$ erhalten wir

$$\frac{dp(t)}{dt} = -\omega q(t) \ . \tag{1.51}$$

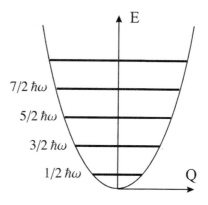

Abb. 1.8 Potential und entsprechende Eigenzustände des quantenmechanischen harmonischen Oszillators.

Mit Gl. 1.50 erhalten wir

$$\frac{d^2q(t)}{dt^2} + \omega^2 q(t) = 0 \ . \tag{1.52}$$

Dies ist die Bewegungsgleichung eines harmonischen Oszillators, der im Sinne der klassischen Mechanik durch eine Hamilton-Funktion, d. h. durch seine Gesamtenergie, beschrieben werden kann:

$$H = \frac{1}{2}\omega(p^2 + q^2) \ . \tag{1.53}$$

Dieses Ergebnis stimmt jetzt formell mit dem quantenmechanischen harmonischen Oszillator der Masse m überein, der durch den folgenden Hamilton-Operator beschrieben wird:

$$\mathbb{H}_{HO} = \frac{1}{2m}\mathbb{P}^2 + \frac{1}{2}m\omega^2\mathbb{Q}^2 = \hbar\omega(\mathbb{N} + \frac{1}{2}) \tag{1.54}$$

und zur Quantisierung des elektromagnetischen Feldes führt. Dabei sind $\mathbb{P}$ und $\mathbb{Q}$ jeweils die Impuls- und Ortsoperatoren. In diesem formalen Vergleich ist die Masse m ein freier, nicht benutzter Parameter, den wir einfach zu $m = \omega^{-1}$ setzen können und dann das Ergebnis mit der klassischen Gl. 1.53 vergleichen. Die verschiedenen Operatoren in diesem Hamilton-Operator sind durch

$$\mathbb{N} = \mathbb{A}^\dagger \mathbb{A} \tag{1.55}$$

$$\mathbb{A} = \frac{1}{\sqrt{2\hbar}}\left(\sqrt{m\omega}\mathbb{Q} + \frac{i}{\sqrt{m\omega}}\mathbb{P}\right) \tag{1.56}$$

$$\mathbb{A}^\dagger = \frac{1}{\sqrt{2\hbar}}\left(\sqrt{m\omega}\mathbb{Q} - \frac{i}{\sqrt{m\omega}}\mathbb{P}\right) \tag{1.57}$$

gegeben, wobei $\mathbb{N}$ der **Besetzungszahloperator** und $\mathbb{A}$ bzw. $\mathbb{A}^\dagger$ die **Vernichtungs-** bzw. **Erzeugungsoperatoren** sind, denn diese erniedrigen oder erhöhen die Quantenzahl n des Eigenzustandes $|n\rangle$ um 1, d. h. $\mathbb{A}|n\rangle = \sqrt{n}|n-1\rangle$ und $\mathbb{A}^\dagger|n\rangle = \sqrt{n+1}|n+1\rangle$.

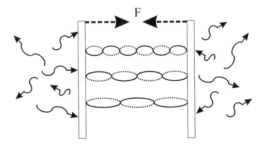

Abb. 1.9 Casimir-Kraft zwischen zwei Metallplatten.

Wie wir wissen, sind die möglichen Energieniveaus beim quantenmechanischen Oszillator gleichmäßig mit einem Abstand von $\hbar\omega$ verteilt, wie in Abb. 1.8 gezeigt, und die Energieeigenwerte sind gegeben durch:

$$\mathbb{H}_{HO}|n\rangle = E_n|n\rangle \quad \text{mit} \quad E_n = \hbar\omega(n + \frac{1}{2}) . \tag{1.58}$$

Als Ergebnis können wir festhalten, dass eine Photonenmode, die aus n Photonen besteht, als ein harmonischer Quantenoszillator angesehen werden kann, der den Zustand mit der Quantenzahl n besetzt. Der lineare Zusammenhang zwischen der Photonenanzahl n und der Gesamtenergie E_n der Mode ist wie erwartet, da das Hinzufügen eines Photons nur diese Modenenergie mit $\hbar\omega$ erhöhen sollte. Trotzdem hat der unterste Zustand $|0\rangle$, wie schon vom Quantenoszillator bekannt, die endliche Energie $\frac{1}{2}\hbar\omega$. Da sich das quantenmechanische System im Grundzustand normalerweise am absoluten Nullpunkt befindet, also $T = 0$ K, wird diese Energie **Nullpunktsenergie** genannt. Wir finden deshalb, dass in der Quantenelektrodynamik das Vakuum kein leerer Raum ist. Elektrodynamisch gesehen, kann es durch eine unendliche Menge an Moden beschrieben werden, die alle in ihrem Grundzustand sind, also unbesetzt. Allerdings können wir aus der **Heisenbergschen Unschärferelation**

$$\Delta E \Delta t \geq \frac{\hbar}{2} \tag{1.59}$$

folgern, dass es quantendynamisch erlaubt ist, ein Photon der Energie $\hbar\omega$ spontan „aus dem Nichts" für eine kurze Zeitperiode $\Delta t \leq \frac{1}{2\omega}$ zu erzeugen, sodass die benötigte Energie $\hbar\omega$ innerhalb der theoretisch erlaubten Unschärfe

$$\Delta E \geq \frac{\hbar}{2\Delta t} \geq \hbar\omega \tag{1.60}$$

liegt. Ohne genauer auf die Details einzugehen, wollen wir hier nur festhalten, dass diese „virtuellen" Photonen existieren und **Vakuumfluktuationen** genannt werden. Im klassischen Bild ist diese Erklärung nicht möglich, da die Zeit $\Delta t \leq \frac{1}{2\omega}$ das Auftreten einer vollen Schwingung nicht erlaubt.

Ein experimenteller Beweis der Vakuumfluktuationen ist z. B. der **Casimir-Effekt**, bei dem zwischen zwei ungeladenen parallelen Metallplatten, die sehr nah zueinander platziert werden, eine zusätzliche attraktive Kraftkomponente auftritt. Dies kann dadurch erklärt werden, dass zwischen diesen Platten nur die Vakuumfluktuationen erscheinen, die mit den erlaubten stehenden Moden übereinstimmen, wie Abb. 1.9 zeigt, während außerhalb alle Vakuumfluktuationen auftreten. Dadurch entsteht ein äußerer Druck, der die Platten zusammendrückt.

Da wir jetzt wissen, dass das physikalische Vakuum kein „leerer" Raum ist, sondern Vakuumfluktuationen auftreten, können wir die spontane Emission in einer grundlegenderen Weise verstehen. Durch Ausnutzen der Quantennatur des elektromagnetischen Feldes, die dadurch zustande kommt, dass Moden mit einer Anzahl von Photonen besetzt sind, können wir das elektromagnetische Feld in einen reellen Teil, der aus echten Photonen besteht, und in einen virtuellen Teil aus virtuellen Photonen der Vakuumfluktuationen aufteilen. Demnach können wir den Prozess der spontanen Emission als einen Prozess der stimulierten Emission beschreiben, der durch ein virtuelles Photon der Vakuumfluktuationen ausgelöst wird. Wie bei der normalen stimulierten Emission, die von einem reellen Photon ausgelöst wird, ist auch hier das emittierte Photon eine exakte Kopie des virtuell eingelaufenen Photons. Trotzdem findet keine echte Photonenverstärkung statt, denn das virtuelle Photon muss nach dem Prozess verschwinden, um Gl. 1.59 zu gehorchen. Vakuumfluktuationen weisen ein statistisches Verhalten auf, d. h., sowohl der Zeitpunkt der Erzeugung eines virtuellen Photons ist zufällig als auch die Mode, in welche das Photon emittiert wird. Dieses statistische Verhalten wird deshalb auf den gesamten Emissionsprozess übertragen und erklärt somit das statistische Verhalten der spontanen Emission.

Als Ergebnis dieser grundlegenderen Sichtweise halten wir fest, dass jeder Zustand eines quantenmechanischen Systems, der mit dem elektromagnetischen Feld koppelt und der nicht der Grundzustand des Systems ist, spontane Emission zu energetisch niedriger gelegenen Zuständen zeigen wird.

1.4 Wirkungsquerschnitte und Verbreiterung von Spektrallinien

Um die verschiedenen Eigenschaften eines optischen Übergangs im Lasermedium zu quantifizieren und um in Kap. 2 eine allgemeine mathematische Beschreibung des Lasers zu geben, wollen wir in diesem Abschnitt die spektroskopischen Eigenschaften vorstellen, die ein Lasermedium beschreiben. Auch die Mechanismen der Linienverbreiterung, die das spektrale Verhalten und die Lasereffizienz bestimmen, werden erklärt.

1.4.1 Wirkungsquerschnitte von Absorption und Emission

Wenn eine elektromagnetische Welle in einem absorbierendem Medium entlang der z-Achse propagiert, wird ihre Intensität $I(z)$ während der Ausbreitung gedämpft. Während dieses Prozesses kann jede Frequenz- oder Wellenlängenkomponente der Strahlung eine

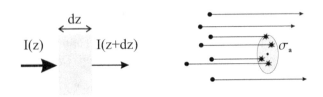

Abb. 1.10 Absorption von Licht in einem Medium und geometrische Interpretation des Wirkungsquerschnittes bei einem Absorptionsprozess von Teilchen.

unterschiedliche Absorptionsstärke erfahren. Deshalb führen wir die spektrale Intensität $\tilde{I}(z,\lambda)$ ein:

$$I(z) = \int \tilde{I}(z,\lambda)d\lambda \ . \tag{1.61}$$

Nach jeder infinitesimalen Ausbreitungsstrecke dz wird jede Wellenlängenkomponente proportional zur ankommenden spektralen Intensität wie folgt gedämpft:

$$\frac{d\tilde{I}(z,\lambda)}{dz} = -\alpha(\lambda)\tilde{I}(z,\lambda) \ , \tag{1.62}$$

siehe auch Abb. 1.10.

Integration dieser Gleichung unter der Annahme eines räumlich konstanten Absorptionskoeffizienten α führt auf das **Lambert-Beersche Gesetz** der Absorption

$$\tilde{I}(z,\lambda) = \tilde{I}(0,\lambda)e^{-\alpha(\lambda)z} \ . \tag{1.63}$$

In dem wichtigen Fall, in dem die Absorption durch einen optischen Übergang vom unteren Niveau $|1\rangle$ in das obere Niveau $|2\rangle$ verursacht wird, wie in Gl. 1.4, ist der Absorptionskoeffizient proportional zur Teilchendichte N_1 von Atomen, Ionen, Molekülen etc. in Niveau $|1\rangle$ und kann wie folgt geschrieben werden:

$$\alpha(\lambda) = \sigma_a(\lambda)N_1 \ . \tag{1.64}$$

Die Proportionalitätskonstante $\sigma_a(\lambda)$ wird **Absorptionswirkungsquerschnitt** genannt. Dieser hat die Einheit einer Fläche und kann als eine effektive „Wirkungsquerschnittsfläche" interpretiert werden, die z. B. an ein Atom gehängt wird, das wie in Abb. 1.10 die einfallenden Photonen absorbiert. Allerdings kann er, abhängig von der Stärke des Übergangs, für verschiedene Übergänge in einem Atom schwanken und man sollte ihn deshalb nicht mit der geometrischen Größe des Atoms selbst verwechseln.

Ebenso kann auch die stimulierte Emission als eine Verstärkung des einkommenden Lichts mit

$$\frac{d\tilde{I}(z,\lambda)}{dz} = \gamma(\lambda)\tilde{I}(z,\lambda) \tag{1.65}$$

beschrieben werden, was zu

$$\tilde{I}(z,\lambda) = \tilde{I}(0,\lambda)e^{\gamma(\lambda)z} \tag{1.66}$$

führt. Analog zum Absorptionskoeffizienten ist der Emissionskoeffizient proportional zur Besetzungszahldichte N_2 der Atome im oberen Zustand

$$\gamma(\lambda) = \sigma_e(\lambda)N_2 \ , \tag{1.67}$$

für die die Proportionalitätskonstante $\sigma_e(\lambda)$ der **Emissionswirkungsquerschnitt** ist. Nimmt man beide Prozesse zusammen, ergibt sich die Gesamtentwicklung der spektralen Intensität zu

$$\tilde{I}(z,\lambda) = \tilde{I}(0,\lambda)e^{(\sigma_e(\lambda)N_2 - \sigma_a(\lambda)N_1)z} \ . \tag{1.68}$$

Im speziellen Fall des Zwei-Niveau-Systems aus Abb. 1.2, worin N_i die Besetzungsdichte der zwei Niveaus $|i\rangle$ bezeichnet, folgt aus Gl. 1.12, dass die mit dem intrinsischen Übergang verwandten Wirkungsquerschnitte der Emission und Absorption gleich sind, d. h. $\sigma_e(\lambda) = \sigma_a(\lambda)$. Sie werden deshalb intrinsische Wirkungsquerschnitte genannt. Wie wir jedoch in Kap. 2 sehen werden, gibt es komplexere Niveau-Schemata, insbesondere für ionische Zustände in Festkörpern. Die Niveaus sind dann durch den Stark-Effekt aufgespalten und es entstehen Mannigfaltigkeiten, für die es einfacher ist, mit N_i die gesamte Mannigfaltigkeiten-Besetzung zu bezeichnen und so z. B. die thermischen Besetzungsverteilungen innerhalb einer Untergruppe im extern gemessenen spektroskopischen Wirkungsquerschnitt zu berücksichtigen, für die $\sigma_e(\lambda)$ und $\sigma_a(\lambda)$ normalerweise unterschiedlich sind. Dies wird in Kap. 2 genauer erklärt.

Um die spektroskopische Beschreibung mit den Einstein-Koeffizienten zu verknüpfen, wird nun die aufgrund von stimulierter Emission im Medium des Volumens $dV = dAdz$ emittierte spektrale Leistungsdichte pro Volumen untersucht. Dafür benutzen wir die Beschreibung aus Gl. 1.5 und nehmen an, dass jeder Emissionsprozess die Energie eines Photons $h\nu$ in die ausbreitende Mode emittiert. Wir nehmen an, dass die Photonenenergien selbst um $h\nu_0 = E_2 - E_1$ verteilt sind, wobei diese Fluoreszenz durch eine normalisierte Verteilung $\rho_f(\nu)$ gegeben ist. Es gilt

$$\int \rho_f(\nu)d\nu = 1 \ . \tag{1.69}$$

Demnach bestimmt $\rho_f(\nu)$, welche Frequenzen durch die stimulierte Emission verstärkt werden. Die emittierte spektrale Leistungsdichte pro Volumen ist dann gegeben durch:

$$\frac{\partial \tilde{P}}{\partial V} = -h\nu\rho_f(\nu)\frac{\partial N_2}{\partial t} = h\nu\rho_f(\nu)B_{21}u(\nu)N_2 \ . \tag{1.70}$$

Auf der anderen Seite ergibt die spektroskopische Ansicht

$$\frac{\partial \tilde{P}}{\partial V} = \frac{\partial \tilde{I}}{\partial z} = \gamma(\nu)\tilde{I}(\nu) = N_2\sigma_e(\nu)\frac{c}{n}u(\nu) \ . \tag{1.71}$$

Dabei wurde angenommen, dass $\tilde{I}(\nu)$ einen kollimierten homogenen Strahl bezeichnet, der mit der Energiedichte durch $\tilde{I}(\nu) = \frac{c}{n}u(\nu)$ verknüpft ist und beschreibt, dass sich die Energie mit der Lichtgeschwindigkeit $\frac{c}{n}$ im Medium mit dem Brechungsindex n „bewegt".
Ein Vergleich von Gl. 1.70 mit Gl. 1.71 ergibt

$$\sigma_e(\nu) = \frac{h\nu n}{c}B_{21}\rho_f(\nu) \ . \tag{1.72}$$

Die Beziehungen der Einstein-Koeffizienten aus Gl. 1.14 und Gl. 1.12 ändern sich in einem Medium mit Brechungsindex n aufgrund der veränderten Modendichte aus Gl. 1.46 zu

$$A_{21} = \frac{8\pi h \nu^3 n^3}{c^3} B_{21} \qquad (1.73)$$

und es ergibt sich die wichtige Relation

$$\sigma_e(\nu) = \frac{c^2}{8\pi n^2 \nu^2 \tau_{21,sp}} \rho_f(\nu) . \qquad (1.74)$$

Darin wurde ausführlich geschrieben, dass der A_{21}-Koeffizient mit dem spontanen Zerfall über die Zerfallszeit $\tau_{21,sp}$ durch

$$A_{21} = \frac{1}{\tau_{21,sp}} \qquad (1.75)$$

verknüpft ist. Demnach ist die vom Volumen dV emittierte spektrale Verteilung $\rho_f(\nu)$ des Lichts eng mit dem spektroskopischen Emissionswirkungsquerschnitt $\sigma_e(\nu)$ verbunden. Durch Ausnutzen der Normalisierung von $\rho_f(\nu)$ kann schließlich eine Beziehung zwischen der Lebensdauer des oberen Niveaus und dem integralen Emissionswirkungsquerschnitt hergeleitet werden:

$$\frac{1}{\tau_{21,sp}} = \frac{8\pi n^2}{c^2} \int \sigma_e(\nu)\nu^2 d\nu = 8\pi n^2 c \int \frac{\sigma_e(\lambda)}{\lambda^4} d\lambda . \qquad (1.76)$$

Im letzten Schritt wurde $|d\nu| = \frac{c}{\lambda^2}|d\lambda|$ benutzt.

Gl. 1.76 wird **Füchtbauer-Ladenburg-Beziehung** genannt. Sie gilt auch für spektroskopische Wirkungsquerschnitte und λ bezieht sich darin immer auf Vakuumwellenlängen. Sie erlaubt die Berechnung der **Lebensdauer der spontanen Emission** $\tau_{21,sp}$ aus gemessenen Spektren, die auch **strahlende Lebensdauer** genannt wird. Im umgekehrten Fall werden aus der Kalibrierung der gemessenen spektralen Intensitäten $\tilde{I}(\lambda)$ die Absolutgrößen des Emissionswirkungsquerschnittes $\sigma_e(\lambda)$ bestimmt.

Für diese Anwendung wird die spektrale Fluoreszenz einer angeregten Probe aufgenommen und der Emissionswirkungsquerschnitt wird dann wie folgt berechnet:

$$\sigma_e(\lambda) = \frac{\lambda^4 \tilde{I}(\lambda)}{8\pi n^2 c \tau_{21,sp} \int \tilde{I}(\lambda) d\lambda} . \qquad (1.77)$$

Ein Schema dieses Messaufbaus ist in Abb. 1.11 gezeigt. Eine Er^{3+}:YAG-Probe wird von einem Ti:Saphir-Laser angeregt und ihre Fluoreszenz wird von einem 1-m-Spektrometer aufgenommen. Da die Anzahl der vom Spektrometer aufgenommenen Fluoreszenzphotonen oft sehr gering ist, wird der Anregungsstrahl mit der Frequenz f_{mod} moduliert, sodass nur das Detektionssignal mit dieser Frequenzkomponente mit der Lock-In-Technik aufgenommen wird. Dies führt zu einem Anstieg des Signal-zu-Rausch-Verhältnisses, besonders wenn geringe Wirkungsquerschnitte detektiert werden sollen. Um den Absorptionswirkungsquerschnitt zu messen, wird eine breitbandige Wolframlampe als Quelle verwendet und das Spektrometer nimmt das von der Probe transmittierte

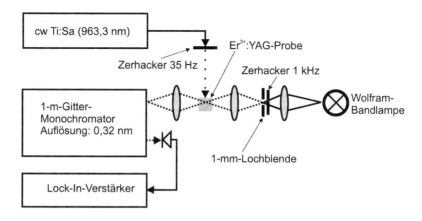

Abb. 1.11 Messaufbau zur Bestimmung von Absorptions- und Emissionswirkungsquerschnitten für z. B. eine Er^{3+}:YAG-Probe.

Intensitätsspektrum auf. Nach der Datenkorrektur für den spektralen Emissionscharakter der Lampe (vgl. Plancksches Gesetz) kann der Absorptionswirkungsquerschnitt durch die relative Intensitätsänderung berechnet werden, unter Verwendung von

$$\sigma_a(\lambda) = -\frac{1}{LN_1} \ln \frac{I_t(\lambda)}{I_{0,t}(\lambda)} \; . \tag{1.78}$$

Darin stimmt N_1 mit der Er^{3+}-Ionendichte überein, da die Anregungsleistung der Lampe so gering gewählt wird, dass sie nicht den Grundzustand ausbleicht. L ist die Länge der Probe, $I_t(\lambda)$ das transmittierte Intensitätssignal und $I_{0,t}(\lambda)$ die mit einer undotierten Probe aufgenommene Referenz.

1.4.2 Natürliche Linienbreite und Verbreiterung von Spektrallinien

Aufgrund der Heisenbergschen Unschärferelation, Gl. 1.59, kann ein Übergang zwischen zwei quantenmechanischen Niveaus nicht unendlich scharf sein, wenn das dazugehörende obere Niveau eine endliche Lebensdauer τ hat, d. h., die dazugehörenden Wirkungsquerschnitte $\sigma_e(\nu)$ und $\sigma_a(\nu)$ sowie die vorher behandelte Fluoreszenzverteilung $\rho_f(\nu)$ sind keine δ-Funktionen. Wie in Abschnitt 1.3.2 gezeigt, besitzt jedes Niveau oberhalb des Grundzustandes mindestens seine natürliche Lebensdauer. Diese wird durch die spontane Emission und demnach durch die Vakuumfluktuationen bestimmt. Daher zeigt jeder optische Übergang eine minimale Linienbreite, die sogenannte **natürliche Linienbreite** des Übergangs, und die Spektrallinie kann durch eine Linienformfunktion $g(\nu)$ dargestellt werden, die identisch zur Fluoreszenzverteilung $\rho_f(\nu)$ ist.

Die Tatsache, dass ein Lasermedium normalerweise aus mehreren identischen Absorptions- und Emissionssystemen, z. B. Atomen, Ionen oder Molekülen, besteht, teilt die Wechselwirkungen zwischen ihnen und dem elektromagnetischen Feld in zwei Fälle ein, die die zwei verschiedenen Linienverbreiterungsmechanismen definieren:

- **Homogene Linienverbreiterung**: In diesem Fall zeigen alle Absorptions- und Emissionssysteme dieselbe Übergangsfrequenz ν_0, Linienbreite $\Delta\nu$ und Linienformfunktion $g(\nu)$. Daher tragen sie alle in gleicher Weise zur Emission oder Absorption eines Photons der Energie $h\nu$ bei, d. h. mit derselben Wahrscheinlichkeit. Sie können durch Prozesse beschrieben werden, die die Lebensdauer des oberen Niveaus in einer homogenen Weise für alle Systeme verkürzen, was zu einer gleichen Verbreiterung aller Systeme um dieselbe Resonanzfrequenz ν_0 führt. Diese Prozesse sind z. B. spontane Emission (**natürliche Linienbreite**), Gitterschwingungen (Phononen) der Kristallmatrix in Festkörperlasern, die eine **Mehr-Phononen-Relaxation** verursachen, oder atomare Stoßprozesse in Gaslasern, die eine Stoßrelaxation (**Druckverbreiterung**) zur Folge haben.

- **Inhomogene Linienverbreiterung**: In diesem Fall variiert die Übergangsfrequenz der verschiedenen Systeme, was zu unterschiedlichen Übergangswahrscheinlichkeiten zwischen Photonen der Energie $h\nu$ und unterschiedlichen Systemen führt. Diese inhomogene Verteilung der Resonanzfrequenzen über die verschiedenen Systeme kann zeitlich konstant sein, wie z. B. in mit Ionen dotierten amorphen Festkörpern wie Fasern, in denen der **Stark-Effekt** die Energieniveaus um einen festen Betrag für ein gegebenes Ion verschiebt, der aber lokal in der Glasmatrix variiert. Sie kann für ein gegebenes System aber auch zeitabhängig sein, wie z. B. die Doppler-Verschiebung in Gaslasern, die von der lokalen Geschwindigkeit des Atoms oder Moleküls abhängt (**Doppler-Verbreiterung**). Demnach ändert das Atom selbst seine Resonanzfrequenz im Laufe der Zeit aufgrund seiner Stöße und den daraus resultierenden Änderungen der Geschwindigkeit und Richtung. Dennoch folgt für das Ensemble der konstante effektive Mittelwert aus der Maxwell-Verteilung.

Homogene Linienverbreiterung

Um die Linienformfunktion einer homogen verbreiterten Linie $g(\nu)$ zu finden, werden wir ein klassisches Beispiel untersuchen. Die spontane Emission kann durch ein plötzlich emittiertes elektrisches Feld beschrieben werden, das mit der Resonanz $\hbar\omega_0 = h\nu_0 = E_2 - E_1$ oszilliert, wobei die exponentiell abfallende Amplitude eine Zeitkonstante von 2τ hat (die Zeitkonstante τ entspricht der Intensität $I \propto E^2$):

$$E(t) = \begin{cases} 0 & \text{for } t \leq 0 \\ E_0 e^{-\frac{t}{2\tau}} \cos\omega_0 t & \text{für } t > 0 \end{cases} = \begin{cases} 0 & \text{for } t \leq 0 \\ \frac{E_0}{2} e^{-\frac{t}{2\tau}} \left(e^{i\omega_0 t} + e^{-i\omega_0 t} \right) & \text{für } t > 0 \end{cases} \tag{1.79}$$

Die spektralen Komponenten dieses elektrischen Feldes sind durch die Fourier-Transformation gegeben:

$$E(\nu) = \int_{-\infty}^{\infty} E(t) e^{-i2\pi\nu t} dt = i\frac{E_0}{4\pi} \left(\frac{1}{\nu_0 - \nu + \frac{i}{4\pi\tau}} - \frac{1}{\nu_0 + \nu - \frac{i}{4\pi\tau}} \right) , \tag{1.80}$$

was zur spektralen Intensität führt, die durch eine **Lorentz-Funktion** gegeben ist:

$$\tilde{I}(\nu) = I g(\nu) = \sqrt{\frac{\epsilon_0}{\mu_0}} |E(\nu)|^2 = I \frac{2}{\pi} \frac{\Delta\nu}{4(\nu - \nu_0)^2 + (\Delta\nu)^2} . \tag{1.81}$$

Darin beschreibt $\Delta\nu = \frac{1}{2\pi\tau}$ die natürliche Linienbreite, die mit der Halbwertsbreite (FWHM= Full width at half maximum, auf Deutsch: volle Breite bei halbem Maximum) der Linie angegeben wird.

Inhomogene Linienverbreiterung

Der wichtigste Verbreiterungsprozess in Gaslasern ist die Doppler-Verbreiterung, die wir nun als ein Beispiel von inhomogener Verbreiterung beschreiben werden. In einem Gas haben die verschiedenen Atome oder Ionen eine kinetische Geschwindigkeitsverteilung bezüglich einer Ausbreitungsrichtung, z. B. der z-Achse, was durch eine normalisierte Maxwell-Verteilung gegeben ist:

$$P(v_z) = \sqrt{\frac{m}{2\pi k_B T}}e^{-\frac{mv_z^2}{2k_B T}} \; . \tag{1.82}$$

Dabei bezeichnet m die Masse des Atoms, v_z die Geschwindigkeitskomponente entlang der z-Achse und T die kinetische Gastemperatur. Während die Atome selbst noch dieselbe Resonanzfrequenz ν_0 in ihrem lokalen Ruhesystem haben, sieht ein entlang der z-Achse schauender externer Beobachter eine Doppler-verschobene Frequenz

$$\nu = \nu_0\left(1 + \frac{v_z}{c}\right) \; , \tag{1.83}$$

die hier im nicht-relativistischen Grenzfall angenommen wird. Da die Geschwindigkeitsverteilung direkt die Wahrscheinlichkeit der Geschwindigkeitskomponente im Gas bestimmt, kann die Linienformfunktion einfach zu

$$g(\nu) = \frac{2\sqrt{\pi\ln 2}}{\pi\Delta\nu_D}e^{-\left(2\frac{\nu-\nu_0}{\Delta\nu_D}\right)^2\ln 2} \tag{1.84}$$

hergeleitet werden mit der Doppler-Breite

$$\Delta\nu_D = \nu_0\sqrt{\frac{8k_B T\ln 2}{mc^2}} \; . \tag{1.85}$$

Im Gegensatz zur homogenen Verbreiterung ist die Formfunktion einer inhomogenen Doppler-Verbreiterung hier eine **Gauß-Funktion**.

Kombinierte Linienverbreiterungsprozesse

Im Fall von gleichzeitig vorkommenden verschiedenen homogenen Verbreiterungsmechanismen, wie z. B. der spontanen Emission und Mehr-Phononen-Relaxation in einem Festkörperlaser, leistet jeder Prozess einen Beitrag zum Gesamtzerfall des oberen Niveaus und kann durch seine eigene Lebensdauer oder Zerfallskonstante beschrieben werden. In diesem Beispiel tragen sowohl die spontane Lebensdauer τ_{sp} als auch die nicht-strahlende Relaxationslebensdauer τ_r zum Zerfall des oberen Niveaus bei:

$$\frac{dN_2}{dt} = -\frac{N_2}{\tau_{sp}} - \frac{N_2}{\tau_r} = -\frac{N_2}{\tau} \; . \tag{1.86}$$

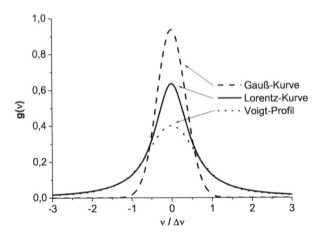

Abb. 1.12 Elementare Lorentz- und Gauß-Linienformfunktion und ihre Faltung, die Voigt-Funktion.

Darum addieren sich für verschiedene homogene Verbreiterungsprozesse die unterschiedlichen Lebensdauern umgekehrt proportional zur Gesamtlebensdauer τ, ähnlich der Parallelschaltung von Widerständen:

$$\frac{1}{\tau} = \sum_i \frac{1}{\tau_i} \; . \tag{1.87}$$

Die entsprechenden Linienbreiten addieren sich proportional, wie bei der Parallelschaltung von Kondensatoren:

$$\Delta\nu = \sum_i \Delta\nu_i \; . \tag{1.88}$$

Die Linienformfunktion $g(\nu)$ der gemeinsamen Linienform ist selbst wieder eine Lorentz-Funktion.

Im Fall von zwei inhomogenen Prozessen der Linienformfunktionen $g_1(\nu)$ und $g_2(\nu)$ oder bei der Kombination eines homogenen mit einem inhomogenen Prozess ist die Gesamtlinienformfunktion im Allgemeinen als Faltung der Linienformfunktion der verschiedenen Prozesse gegeben:

$$g(\nu) = \int_{-\infty}^{\infty} g_1(\nu')g_2(\nu - \nu')d\nu' \; . \tag{1.89}$$

Zwei Gauß-Linienformen ergeben eine neue Gauß-Linienform mit der Linienbreite

$$\Delta\nu = \sqrt{\Delta\nu_1^2 + \Delta\nu_2^2} \; , \tag{1.90}$$

während eine Mischung von Lorentz- und Gauß-Linienformfunktion nicht analytisch gelöst werden kann und sich ein **Voigt-Profil** ergibt. Alle drei Linienformen sind zum Vergleich in Abb. 1.12 gezeigt.

2 Prinzip der Laser

Mit den im vorherigen Kapitel behandelten grundlegenden quantenmechanischen Eigenschaften der Absorption und der Emission von Quanten-Systemen können wir einen Laser nun verstehen und beschreiben. Das Prinzip der Laser ist bereits durch sein Akronym gegeben: LASER steht für Light Amplification by Stimulated Emission of Radiation (Verstärkung von Licht durch stimulierte Emission von Strahlung). Die Grundlage für Laser bildet also der stimulierte Emissionsprozess, der 1917 von Einstein postuliert wurde. Es dauerte jedoch noch 43 Jahre, bis der erste Laser, ein Rubin-Festkörperlaser (Cr^{3+}:Al_2O_3), von Maiman im Jahre 1960 tatsächlich realisiert wurde.

Nach Gl. 1.66 ist die stimulierte Emission der Grund für die Lichtverstärkung und wir können daher durch Verwendung einer Rückkopplung im Verstärkermedium einen Lichtoszillator realisieren, ähnlich wie auch bei elektrischen Oszillatoren verfahren wird. Jedoch kann Licht auch in gleichem Maße vom Medium absorbiert werden, wie in Gl. 1.12 gezeigt wurde. Dies macht es schwieriger, eine ausreichende Verstärkung zu erzielen. Aus diesem Grund werden wir in den folgenden Abschnitten die grundlegenden Beziehungen für den Laserbetrieb näher untersuchen.

2.1 Besetzungsinversion und Rückkopplung

Durch Kombination der Gl. 1.63 mit Gl. 1.66 finden wir für die absolute Verstärkung einer einfallenden spektralen Intensität $\tilde{I}(0, \lambda)$:

$$\tilde{I}(z, \lambda) = \tilde{I}(0, \lambda)e^{(\gamma(\lambda)-\alpha(\lambda))z} \tag{2.1}$$

und daher eine effektive Verstärkung $G(z, \lambda)$ von

$$G(z, \lambda) = \frac{\tilde{I}(z, \lambda)}{\tilde{I}(0, \lambda)} = e^{(\sigma_e(\lambda)N_2 - \sigma_a(\lambda)N_1)z} \ . \tag{2.2}$$

Um das eingestrahlte Licht zu verstärken, muss $G > 1$ gelten. Hieraus erhalten wir

$$\sigma_e(\lambda) N_2 > \sigma_a(\lambda) N_1 \quad \text{oder} \quad N_2 > \frac{\sigma_a(\lambda)}{\sigma_e(\lambda)} N_1 \ . \tag{2.3}$$

Dieser Ausdruck wird effektive Besetzungsinversion genannt und besagt, dass die Besetzung des oberen Niveaus, welches Emission zeigt, größer ist als die Besetzung des unteren Niveaus, welches Absorption zeigt. Für eine einzelne atomare Linie ($\sigma_a(\lambda) = \sigma_e(\lambda)$) vereinfacht sich der Ausdruck zu

$$N_2 > N_1 \ , \tag{2.4}$$

was bedeutet, dass im Bezug zur Besetzungsdichte der beiden am Übergang beteiligten Niveaus das obere Niveau stärker besetzt ist als das untere Niveau. Die Beziehung der Besetzungsdichten im thermischen Gleichgewicht ist jedoch direkt durch die Boltzmann-Verteilung

$$\frac{N_2}{N_1} = e^{-\frac{h\nu_{21}}{k_B T}} \tag{2.5}$$

gegeben. Aus diesem Grund kann im thermischen Gleichgewicht, d. h. in einem statischen Prozess, niemals eine Besetzungsinversion erreicht werden. Daher benötigen wir stets einen dynamischen Prozess, der permanent sicherstellt, dass wir uns im Nicht-Gleichgewichtszustand aus Gl. 2.4 befinden.

2.1.1 Das Zwei-Niveau-System

In diesem Abschnitt wollen wir untersuchen, ob die Besetzungsinversion als Bedingung für den Laserbetrieb in einem einfachen **Zwei-Niveau-System** durch optisches Pumpen realisiert werden kann, d. h. durch Bereitstellen einfallender Pumpstrahlung, welche vom Zwei-Niveau-System absorbiert wird (vgl. Abb. 1.2). Aus Gl. 1.8 folgt für den stationären Zustand

$$\frac{dN_2}{dt} = B_{12} u(\nu)(N_1 - N_2) - A_{21} N_2 \overset{!}{=} 0 \tag{2.6}$$

$$\Rightarrow \frac{N_2}{N_1} = \frac{B_{12} u(\nu)}{B_{12} u(\nu) + A_{21}} < 1 \quad \forall \ u(\nu) > 0 \ . \tag{2.7}$$

Dies zeigt, dass durch das Pumpen eines Zwei-Niveau-Systems keine Besetzungsinversion im stationären Zustand erreicht werden kann und ein Zwei-Niveau-System daher unzureichend für die Aufrechterhaltung des Laserbetriebs ist. Sogar durch eine unendliche Pumpintensität, welche $u(\nu) \to \infty$ enspricht, erreichen wir lediglich ein Gleichgewicht zwischen den zwei Besetzungsdichten $N_2 \to N_1$. Obwohl dieses negative Ergebnis hier lediglich für einen optischen Pumpprozess gezeigt wurde, kann quantenmechanisch bewiesen werden, dass auch alle anderen Pumpprozesse (chemische Reaktionen, elektrische Entladungen usw.) das gleiche Ergebnis für ein reines Zwei-Niveau-System liefern würden.

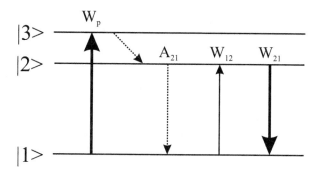

Abb. 2.1 Drei-Niveau-System und entsprechende Übergänge.

2.1.2 Drei- und Vier-Niveau-Systeme

Die Probleme mit dem Zwei-Niveau-System sind quantenmechanisch begründet und werden durch die Symmetrie des Absorptions- und Emissionsprozesses in Gl. 1.12 beschrieben. Diese Symmetrie wird lediglich durch die spontane Emission des Zwei-Niveau-Systems gebrochen, welche zu $\frac{N_2}{N_1} < 1$ führt. Um dieses Problem zu umgehen und eine Inversion zu erzeugen, müssen wir die stimulierte Emission in die Pumpwelle vermeiden. Diese Bedingung ist erfüllt, falls die stimulierte Emission in das untere Niveau bei einer anderen Wellenlänge als bei der (gepumpten) Absorption geschieht. Daher wird mindestens ein Drei-Niveau-System, wie in Abb. 2.1 zu sehen, benötigt.

Der Drei-Niveau-Laser

Im Drei-Niveau-System wird Niveau $|3\rangle$ durch die Pumpstrahlung $u_p(\nu_p)$ mit der Rate

$$\left(\frac{dN_3}{dt}\right)_{pump} = B_{13}u_p(\nu_p)N_1 = W_pN_1 \tag{2.8}$$

gepumpt. Hierzu haben wir W_p als die Pumprate des Übergangs $|1\rangle \to |3\rangle$ eingeführt. Wir nehmen nun an, dass ein sehr schneller Übergang von Niveau $|3\rangle$ in Niveau $|2\rangle$ auftritt, wie er z. B. durch Phononen in einem Wirtskristall induziert wird. Dieser Übergang muss mit einer Rate erfolgen, welche viel schneller als das Pumpen des Niveaus $|3\rangle$ ist. In diesem Fall kann keine effiziente Rückemission in das Pumplicht geschehen, da die absolute Besetzung des Niveaus $|3\rangle$ niedrig bleibt, d. h. $N_3 \approx 0$. Wir können somit annehmen, dass die Pumprate des Niveaus $|2\rangle$, also die Änderung der Besetzung des Niveaus $|2\rangle$, durch den Pumpprozess pro Zeiteinheit gleich dem Produkt W_pN_1 ist. Die Gleichgewichtsratengleichung mit Emission und Absorption der beiden Laserniveaus ergibt sich zu

$$\frac{dN_2}{dt} = W_pN_1 + W_{12}N_1 - W_{21}N_2 - A_{21}N_2 \tag{2.9}$$

$$= W_pN_1 - W_{21}(N_2 - N_1) - A_{21}N_2 \overset{!}{=} 0 \tag{2.10}$$

$$N_2 + N_1 \approx N = \text{konst.} , \qquad (2.11)$$

was zu

$$\frac{N_2}{N_1} = \frac{W_p + W_{21}}{A_{21} + W_{21}} > 1 \quad \text{für} \quad W_p > \frac{1}{\tau_2} \qquad (2.12)$$

führt. Dabei ist $\tau_2 = A_{21}^{-1}$ die Lebensdauer des oberen Niveaus. Aus diesem Grund kann in einem Drei-Niveau-System eine Besetzungsinversion erreicht werden. Die nötige Pumprate, d. h. Pumpintensität, die zur Herstellung der Besetzungsinversion benötigt wird, hängt von der Rate der spontanen Emission ab und muss die spontanen Verluste kompensieren, um die gebrochene Symmetrie wieder herzustellen. Die Pumprate muss bei Medien mit einer starken spontanen Emission, d. h. für Medien mit einer kurzen Lebenszeit des oberen Niveaus, größer sein.

Dieses Drei-Niveau-System ist jedoch immer noch sehr ineffizient, da mindestens 50% der Gesamtpopulation (unter der Annahme $N_3 \approx 0$) in das obere Laserniveau $|2\rangle$ gepumpt werden müssen, um $G > 1$ zu gewährleisten. Daher benötigt allein das Aufrechterhalten der Inversion die minimale Pumprate $A_{21}N_2$, welches eine hohe **Laserschwelle** zur Folge hat.

Die Laserschwelle selbst ist definiert durch die Pumpleistung, die benötigt wird, um die Laseroszillation auszulösen. Um diese Schwelle möglichst gering zu halten, müssen wir den Bedarf einer hohen Population des oberen Niveaus N_2 verringern, um eine Besetzungsinversion zu erreichen. Dies kann durch Verwendung einer ähnlichen Idee wie beim Übergang von einem Zwei- in ein Drei-Niveau-System geschehen: Wir müssen die Population des unteren Laserniveaus durch einen Relaxationsprozess verringern, was uns zum Vier-Niveau-Schema aus Abb. 2.2 führt.

Der Vier-Niveau-Laser

In einem solchen Vier-Niveau-System kann die Pumprate W_p durch

$$\left(\frac{dN_4}{dt}\right)_{pump} = B_{14}u_p(\nu_p)N_1 = W_pN_1 \qquad (2.13)$$

definiert werden. Wie auch im Drei-Niveau-System nehmen wir eine sehr schnelle Relaxation vom Niveau $|4\rangle$ in das Niveau $|3\rangle$ mit einer Rate an, die sehr viel höher als die Pumprate des Niveaus $|4\rangle$ ist. Zusätzlich ist das untere Laserniveau $|2\rangle$ nun nicht länger das Grundniveau des Systems. Wir nehmen eine zweite schnelle Relaxation vom Niveau $|2\rangle$ in das Grundniveau $|1\rangle$ an. Wir fordern zusätzlich, dass die Energiedifferenz zwischen den Niveaus $|2\rangle$ und $|1\rangle$ groß genug ist, damit das Niveau $|2\rangle$ nicht thermisch durch das Niveau $|1\rangle$ besetzt wird. Hieraus können wir $N_4 \approx 0$ und $N_2 \approx 0$ folgern, was uns zu der Ratengleichung

$$\frac{dN_3}{dt} = W_pN_1 + W_{23}N_2 - W_{32}N_3 - (A_{32} + A_{31})N_3 \qquad (2.14)$$

$$\approx W_pN_1 - W_{32}N_3 - (A_{32} + A_{31})N_3 \overset{!}{=} 0 \qquad (2.15)$$

$$N_3 + N_1 \approx N = \text{konst.} \qquad (2.16)$$

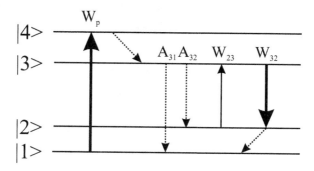

Abb. 2.2 Vier-Niveau-System und entsprechende Übergänge.

und somit auch zu

$$N_3 = \frac{W_p}{W_p + W_{32} + A_{32} + A_{31}} N > 0 \quad \forall \quad W_p > 0 \tag{2.17}$$

führt. Da die Besetzung des unteren Laserniveaus $N_2 \approx 0$ ist, wird die Laserstrahlung durch den Übergang $|3\rangle \rightarrow |2\rangle$ nicht durch erneute Absorption verringert und jede Besetzung des Niveaus $|3\rangle$ resultiert in einer Besetzungsinversion. Daher zeigt ein solcher Vier-Niveau-Laser die geringste Laserschwelle.

Der Quasi-Drei-Niveau-Laser

In der Realität sind die Bedingungen für einen Drei- bzw. Vier-Niveau-Laser nicht immer erfüllt, was zu einer tatsächlich geringeren Population N_2 des unteren Niveaus und zu einer reduzierten, jedoch existenten Rückemission in das Pumplicht führt. Dies ist oft, besonders aber bei Festkörperlasern, durch den geringen Energieunterschied zwischen Niveau $|1\rangle$ und $|2\rangle$ und ebenso zwischen dem Niveau $|4\rangle$ und $|3\rangle$ bedingt. Da solche Laser als zwischen dem Drei-Niveau-Laser und dem Vier-Niveau-Laser liegend angesehen werden können, werden diese auch **Quasi-Drei-Niveau-Laser** genannt. In der Literatur werden diese zum Teil auch mit **Quasi-Vier-Niveau-Laser** bezeichnet. Im Folgenden werden wir einige wichtige Beziehungen für Quasi-Drei-Niveau-Laser herleiten und zudem deren Beschreibung motivieren.

Die spektroskopische Beschreibung der Ratengleichungen eines Lasermediums, wie sie für die vollständige Beschreibung eines Quasi-Drei-Niveau-Lasers nötig ist, kann als die allgemeinste Beschreibung angesehen werden und wir wollen diese daher im Detail in Abschnitt 2.2 untersuchen. In diesem Abschnitt folgen wir einer einfacheren Beschreibung, um ein Quasi-Drei-Niveau-System mit den bereits erwähnten anderen Systemen zu vergleichen. Wir nehmen hierzu erneut an, dass eine schnelle Relaxation des Niveaus $|4\rangle$ in Niveau $|3\rangle$ auftritt, welche viel schneller ist als die Pumprate des Niveaus $|4\rangle$. Jedoch ist nun das untere Laserniveau $|2\rangle$ so nahe am Grundniveau $|1\rangle$, dass dieses durch thermische Aktivierung bevölkert ist. Da diese Aktivierung sehr viel schneller als alle anderen

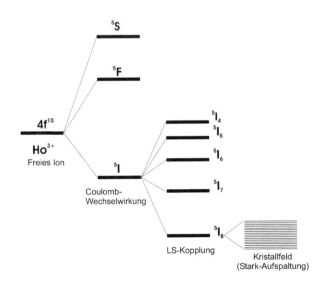

Abb. 2.3 Aufspaltung der Energielevel in einem Festkörper am Beispiel von Ho^{3+}-Ionen [6].

betrachteten Prozesse stattfindet, können wir annehmen, dass die Besetzungsdichte des Niveaus $|2\rangle$ ein konstanter Bruchteil $f > 0$ der Besetzungsdichte des Niveaus $|1\rangle$ ist:

$$N_2 = fN_1 \; . \tag{2.18}$$

Dies führt zur Ratengleichung

$$\frac{dN_3}{dt} = W_p N_1 + W_{23} N_2 - W_{32} N_3 - (A_{32} + A_{31}) N_3 \tag{2.19}$$

$$= \frac{W_p}{f} N_2 + W_{32} N_2 - W_{32} N_3 - (A_{32} + A_{31}) N_3 \overset{!}{=} 0 \tag{2.20}$$

und daher auch zu

$$\frac{N_3}{N_2} = \frac{\frac{W_p}{f} + W_{32}}{W_{32} + A_{32} + A_{31}} > 1 \;\; \forall \;\; W_p > \frac{f}{\tau_3} \; . \tag{2.21}$$

Hier entspricht die Lebensdauer des oberen Niveaus $\tau_3 = (A_{32} + A_{31})^{-1}$. Nun erfährt die Laserstrahlung durch den Übergang $|3\rangle \rightarrow |2\rangle$ eine Verringerung durch Reabsorption und eine Besetzungsinversion zwischen dem Niveau $|3\rangle$ und dem Niveau $|2\rangle$ wird nur mit einer minimalen Pumprate erreicht. Da jedoch $f < 1$ gilt, weist dieser Quasi-Drei-Niveau-Laser eine niedrigere Schwelle als ein Drei-Niveau-Laser auf, wie auch aus Gl. 2.12 deutlich wird.

In einem Festkörperlaser, d. h. einem Laser, der auf einem mit aktiven Ionen dotierten Medium beruht, sind die intrinsischen Energieniveaus der Elektronen der Dotieratome aufgespalten und durch das Kristallfeld des Wirtskristalls verschoben. Bei den Ionen der seltenen Erden, z. B. Nd^{3+}, Er^{3+}, Tm^{3+} oder Ho^{3+}, gehört das optisch aktive Elektron zu einer inneren Schale der Ionenkonfiguration und wird daher von einem starken Einfluss des Kristallfeldes abgeschirmt. Die elektronischen Niveaus selbst sind durch

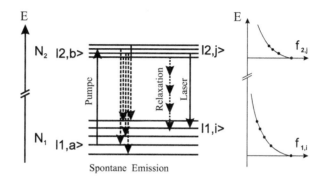

Abb. 2.4 Quasi-Drei-Niveau-System in einem Festkörperlaser.

die nicht-zentralsymmetrische **Coulomb-Wechselwirkung** und die **Spin-Bahn(LS)-Kopplung** innerhalb der Ionen in verschiedene Energielevel aufgespalten. Der abgeschwächte Einfluss des Kristallfeldes bewirkt eine Aufspaltung der verschiedenen Terme durch den **Stark-Effekt** und ist in Abb 2.3 für Ho^{3+}-Ionen zu sehen. Da die Energiedifferenz der **Stark-Aufspaltung** (einige $100\,cm^{-1}$) geringer als die Energiedifferenz zwischen den Haupttermen ($1000\,cm^{-1}$) ist, z. B. eine Aufspaltung von $\approx 5000\,cm^{-1}$ für $^5I_8$ und $^5I_7$, bilden die Stark-Niveaus eine eigene Untergruppe innerhalb der Spektrallinienaufspaltung, sogenannte Mannigfaltigkeiten. In diesem Beispiel verbindet ein Pump- und Laserübergang die verschiedenen Stark-Niveaus $^5I_8$ und $^5I_7$, wie in Abb. 2.4 zu sehen ist.

Diese Struktur der Mannigfaltigkeiten ist allen Ionen der seltenen Erden in Festkörpern gemein, wie aus Abb. 2.5 für Ionen der seltenen Erden im Wirtskristall $LaCl_3$ abgelesen werden kann. Da die Energieverschiebungen hauptsächlich durch die Coulomb-Wechselwirkung und die Spin-Bahn-Kopplung zustande kommen, welches beides von den Ionen bedingte Prozesse sind, während die Stark-Aufspaltung vergleichsweise schwach ist, zeigt dieses Diagramm qualitativ auch die energetischen Positionen der Mannigfaltigkeiten in anderen Wirtskristallen. In diesem Bild der Stark-Mannigfaltigkeiten bezeichnen wir mit N_m die absolute Besetzung einer Mannigfaltigkeit m, hier N_1 für das Grundniveau und N_2 für das obere Niveau, während die Pumpstrahlung die Niveaus $|1, a\rangle$ und $|2, b\rangle$ verbindet und die Laserstrahlung die Niveaus $|2, j\rangle$ und $|1, i\rangle$ koppelt. Da die Niveaus innerhalb einer Mannigfaltigkeit nahe genug beieinander liegen, sodass eine thermische Besetzungsverteilung innerhalb dieser vorherrscht, ist die teilweise Besetzung innerhalb der einzelnen Niveaus gegeben durch

$$f_{1,a} = \frac{1}{Z_1} d_{1,a} e^{-\frac{E_{1,a}}{k_B T}} , \tag{2.22}$$

$$f_{2,b} = \frac{1}{Z_2} d_{2,b} e^{-\frac{E_{2,b}}{k_B T}} , \tag{2.23}$$

$$f_{2,j} = \frac{1}{Z_2} d_{2,j} e^{-\frac{E_{2,j}}{k_B T}} , \tag{2.24}$$

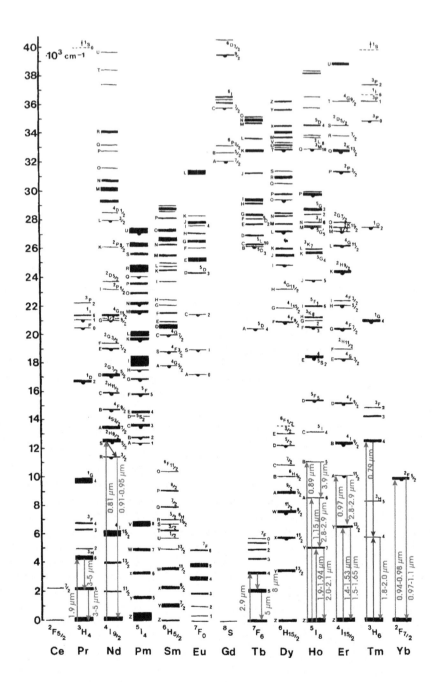

Abb. 2.5 Energieschema dreiwertiger Ionen der seltenen Erden in LaCl₃ mit einigen Quasi-Drei-Niveau-Übergängen und deren Übergangswellenlängen [7].

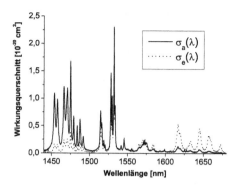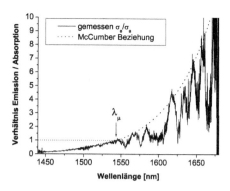

Abb. 2.6 Emissions- und Absorptionswirkungsquerschnitte von Er^{3+}:YAG und das entsprechende Verhältnis im Vergleich zur McCumber-Beziehung.

$$f_{1,i} = \frac{1}{Z_1} d_{1,i} e^{-\frac{E_{1,i}}{k_B T}} , \tag{2.25}$$

mit der Zustandssumme

$$Z_m = \sum_{i \in m} d_{m,i} e^{-\frac{E_{m,i}}{k_B T}} \tag{2.26}$$

der Mannigfaltigkeit m, der Entartung $d_{m,i}$ und der absoluten Energie $E_{m,i}$ des Niveaus i in dieser Mannigfaltigkeit.

Im Folgenden werden wir zeigen, dass die Absorptions- und Emissionswirkungsquerschnitte aufgrund von thermodynamischen Randbedingungen nicht unabhängig voneinander sein können. Wie in Abb. 2.4 zu sehen, muss beachtet werden, dass für den Übergang $|2,j\rangle \leftrightarrow |1,i\rangle$ zwischen den Mannigfaltigkeiten $m = 2$ und $m = 1$ die Querschnitte $\sigma_a(\lambda)$ und $\sigma_e(\lambda)$ proportional sind zur Übergangswahrscheinlichkeit $p_{i \to j}$ für den Übergang $|1,i\rangle \to |2,j\rangle$, bzw. zur Übergangswahrscheinlichkeit $p_{j \to i}$ für den Übergang $|2,j\rangle \to |1,i\rangle$. Diese sind nach Fermis Goldener Regel durch

$$\sigma_{a,ij}(\lambda) \propto p_{i \to j} = \frac{2\pi}{\hbar} |M_{ij}(\lambda)|^2 f_{1,i} , \tag{2.27}$$

$$\sigma_{e,ij}(\lambda) \propto p_{j \to i} = \frac{2\pi}{\hbar} |M_{ji}(\lambda)|^2 f_{2,j} \tag{2.28}$$

gegeben. Da die intrinsischen atomaren Matrixelemente $|M_{ij}|$ für die Absorption und die Emission aufgrund von Wechselseitigkeit identisch sind (nach Gl. 1.12) und die Proportionalitätsfaktoren ebenfalls in beiden Fällen übereinstimmen, ist das Verhältnis aus Emissions- und Absorptionswirkungsquerschnitt bei einer Wellenlänge λ gegeben durch:

$$\frac{\sigma_{e,ij}(\lambda)}{\sigma_{a,ij}(\lambda)} = \frac{f_{2,j}}{f_{1,i}} = \frac{Z_1}{Z_2} e^{-\frac{E_{2,j} - E_{1,i}}{k_B T}} = e^{-\frac{hc}{k_B T}\left(\frac{1}{\lambda} - \frac{1}{\lambda_\mu}\right)} . \tag{2.29}$$

Wie aus Abb. 2.6 ersichtlich wird, sind in mit seltenen Erden dotierten Festkörpern die Übergangslinien zwischen zwei Mannigfaltigkeiten oft deutlich in den Absorptions- und Emissionswirkungsquerschnitten sichtbar. Der Grund hierfür liegt in der geringen Wechselwirkung der Elektronen der inneren Schalen, die für die Übergänge verantwortlich sind, mit dem Kristallfeld des Wirtskristalls. Dies gilt im Vergleich zu z. B. mit Übergangsmetallen dotierten Festkörpern, bei denen die Elektronen der äußeren Schalen für die optischen Übergänge verantwortlich sind, die Elektronen jedoch nicht vom Kristallfeld abgeschirmt werden. Die spektroskopischen Absorptions- und Emissionswirkungsquerschnitte, d. h. die extern gemessenen Wirkungsquerschnitte nach Gl. 1.68, können daher als die Summe über alle atomaren intrinsischen Wirkungsquerschnitte σ_{ij} angegeben werden, welche die verschiedenen Niveaus verknüpfen:

$$\sigma_a(\lambda) = \sum_{ij} f_{1,i} \sigma_{ij}(\lambda) d_{2,j} \; , \tag{2.30}$$

$$\sigma_e(\lambda) = \sum_{ij} f_{2,j} \sigma_{ji}(\lambda) d_{1,i} \; . \tag{2.31}$$

In Gl. 1.68 bezeichnet N_m die Besetzungsdichte der Mannigfaltigkeit m, sodass in dieser Beschreibung die teilweise Besetzung jedes einzelnen Niveaus so wie die Entartung des finalen Niveaus eines jeden Übergangs in einer Größe absorbiert wird, welche als **spektroskopischer (Wirkungs-)Querschnitt** bezeichnet wird. Aus Reziprozitätsgründen, d. h. aus Gl. 1.12, folgt für die intrinsischen Wirkungsquerschnitte $\sigma_{ij}(\lambda) = \sigma_{ji}(\lambda)$.

Mit Hilfe von Gl. 2.29 können wir die äquivalente Gleichung

$$\frac{\sigma_e(\lambda)}{\sigma_a(\lambda)} = e^{-\frac{hc}{k_B T}\left(\frac{1}{\lambda} - \frac{1}{\lambda_\mu}\right)} \tag{2.32}$$

herleiten. Diese Gleichung ist auch als die **McCumber-Beziehung** bekannt und ist für Er^{3+}:YAG in Abb. 2.6 dargestellt. Die genaue Herleitung kann in [8] gefunden werden. Die Wellenlänge λ_μ, welche dem chemischen Potential entspricht, kann durch

$$\lambda_\mu = \frac{hc}{k_B T} \left(\ln \frac{Z_1}{Z_2} \right)^{-1} \tag{2.33}$$

ausgedrückt werden. Vom spektroskopischen Standpunkt aus ist diese Größe durch den Schnittpunkt zwischen den spektroskopischen Absorptions- und Emissionsquerschnitten gegeben. Die McCumber-Beziehung ermöglicht die Bestimmung des Emissionsquerschnittes $\sigma_e(\lambda)$ aus dem Absorptionsquerschnitt $\sigma_a(\lambda)$. Sie kann zusammen mit der Füchtbauer-Ladenburg-Beziehung (Gl. 1.76) auch zur Überprüfung von gewonnenen Messdaten verwendet werden. Jedoch muss hierzu gesagt werden, dass spektroskopische Messungen oft große Messunsicherheiten aufweisen, besonders wenn die Wirkungsquerschnitte klein sind und das Detektionsrauschen dominant wird. In diesem Fall ist, wie in Abb. 2.6 zu sehen, eine Abweichung zwischen dem experimentell bestimmten Verhältnis und der McCumber-Beziehung zu finden. Jedoch findet sich für diejenigen Maxima der Wirkungsquerschnitte, bei denen das Rauschen gering ausfällt, eine gute Übereinstimmung zwischen der McCumber-Beziehung und den Messwerten.

Die Fluoreszenzzerfallzeit τ_f einer Anregung, oft auch (Fluoreszenz-) Lebensdauer einer Mannigfaltigkeit genannt, ist im Übrigen nicht gleich der Strahlungslebensdauer oder der Lebensdauer der spontanen Emission $\tau_{21,sp}$ aus der Füchtbauer-Ladenburg-Gleichung Gl. 1.76. Da die Absorption und die Emission miteinander gekoppelt sind, kann ein emittiertes Photon auch an einer anderen Stelle der Probe wieder absorbiert werden. Dieser Prozess, welcher **Strahlungseinfang** genannt wird, bewirkt einen systematischen Fehler bei der Bestimmung der Lebenszeiten und führt bezüglich den intrinsischen Lebenszeiten in der Regel zu längeren gemessenen Werten. Um diesen Strahlungseinfang zu vermeiden, muss die Probe nahe ihrer Oberfläche angeregt und die Fluoreszenz ebenfalls nahe dieser Oberfläche, möglichst an einer Ecke der Probe, gemessen werden.

Selbst wenn der Strahlungseinfang durch einen guten experimentellen Aufbau vermieden werden kann, so wird die Fluoreszenzlebensdauer auch noch durch mehrere weitere Prozesse beeinflusst. Für Festkörperlaser wirken die Relaxationsprozesse hauptsächlich als homogene Verbreiterungsprozesse und die Fluoreszenzlebensdauer, wie in Abschnitt 1.4.2 beschrieben, ist durch die Summe über alle strahlenden Übergänge und Relaxationsprozesse durch

$$\frac{1}{\tau_f} = \frac{1}{\tau_{21,sp}} + \frac{1}{\tau_r} \qquad (2.34)$$

gegeben, wobei $\tau_{21,sp}$ die strahlende Lebensdauer und τ_r die nicht-strahlende oder **Relaxationslebensdauer** ist. Die radiative Lebensdauer $\tau_{21,sp}$ ist die mittlere spontane Lebensdauer einer Mannigfaltigkeit $|2\rangle$

$$\frac{1}{\tau_{2,sp}} = \sum_{j \in |2\rangle} \frac{f_{2,j}}{\tau_{2,sp,j}} \ , \qquad (2.35)$$

sodass die intrinsische Lebensdauer des Niveaus j innerhalb von $|2\rangle$ durch

$$\frac{1}{\tau_{2,sp,j}} = 8\pi n^2 c \sum_{i \in |1\rangle} \int \frac{\sigma_{ji}(\lambda)d_i}{\lambda^4} d\lambda \qquad (2.36)$$

ausgedrückt werden kann.

Bei niedrigen Ionenkonzentrationen ist der nicht-strahlende Beitrag hauptsächlich durch **Multi-Phononen-Relaxationen** gegeben, bei denen die Energielücke ΔE zwischen zwei Mannigfaltigkeiten durch die Emission von $n_P \approx \frac{\Delta E}{E_P}$ Phononen zum Kristallgitter überbrückt wird, wobei E_P die dominierende Phononenenergie ist. Falls das Kristallgitter selbst eine Phononenbesetzungszahl n^* hat, so erhalten wir die **Mehr-Phononen-Übergangsrate** W_{MP}, die durch [9]

$$W_{MP} = \frac{1}{\tau_r} = W_0(n^* + 1)^{n_P} \qquad (2.37)$$

gegeben ist. Hierbei ist W_0 die spontane Multi-Phononen-Übergangsrate bei der Temperatur $T = 0\,\mathrm{K}$ aufgrund der Nullpunktfluktuationen des Phononenfeldes. Mit dem Besetzungsdurchschnitt der Bosonen $\langle n^* \rangle = \frac{1}{e^{\frac{E_P}{k_B T}} - 1}$ erhalten wir

$$W_{MP} = \frac{1}{\tau_r} = \frac{W_0}{\left(1 - e^{-\frac{E_P}{k_B T}}\right)^{n_P}} \ . \qquad (2.38)$$

Die spontane Multi-Phononen-Übergangsrate W_0 wird oft in der Form

$$W_0 = Be^{-a\Delta E} \tag{2.39}$$

angegeben, wobei B und a Materialparameter sind, welche experimentell bestimmt werden müssen. Wegen der exponentiellen Abhängigkeit von der Energielücke muss oft nur die Multi-Phononen-Relaxation von einem Niveau oder Mannigfaltigkeit zum nächstniedrigeren Niveau oder Mannigfaltigkeit beachtet werden.

Für alle bisher behandelten Prozesse ist die gemessene Fluoreszenzlebensdauer unabhängig von der Anregungsdichte und der absoluten Dichte der aktiven Ionen in der Probe, falls die Laserbedingung nicht erfüllt ist und der Strahlungseinfang vernachlässigt werden kann. Dichteabhängige Fluoreszenzlebensdauern können jedoch auftreten und diese sind mit energieübertragenden Prozessen verknüpft, welche in Abschnitt 5.2.2 besprochen werden.

Während der geringe Unterschied des unteren Laserniveaus und des absoluten Grundzustands $|1, 0\rangle$ die Laserleistung eines Quasi-Drei-Niveau-Lasers durch die erhöhte Reabsorption auf der einen Seite negativ beeinflusst, so ermöglicht dieser geringe Unterschied auf der anderen Seite einen hocheffizienten Betrieb im Bezug auf relative Photonenergien, da die Umwandlungseffizienz vom Pump- zum Lasersignal eines einmaligen geschlossenen Übergangs, also die **Quanteneffizienz** η_Q, durch das Verhältnis der Photonenergien durch

$$\eta_Q = \frac{\nu_s}{\nu_p} = \frac{\lambda_p}{\lambda_s} \tag{2.40}$$

gegeben ist. Hier bezeichnen s und p das Lasersignal und die Pumpstrahlung.

2.1.3 Die Rückkopplungsbedingung

Bis jetzt haben wir die Möglichkeit der Erzeugung einer Besetzungsinversion untersucht, was eine notwendige Voraussetzung für die Umsetzung einer effektiven Verstärkung $G > 1$ in einem Lasermedium darstellt. Es ist wohl bekannt, dass ein verstärkendes Element durch die Rückkopplung zu einem oszillierenden System umgewandelt werden kann. Um das optisch verstärkende Medium in einen Laser zu verwandeln, muss ein **optischer Resonator** hinzugefügt werden, welcher die verstärkte Strahlung im optisch verstärkenden Medium hin und her reflektiert, wie es auch in Abb. 2.7 zu sehen ist. Ein derartiger Resonator wird oft auch als **Laserresonator** bezeichnet.

Um diesen Aufbau zu realisieren, werden an zwei gegenüberliegenden Enden des laseraktiven Mediums Spiegel angebracht, wobei einer davon eine hohe Reflektivität (HR-Spiegel) bei der Laserwellenlänge aufweist, während der andere nur eine partielle Reflexion ($R_{OC} < 1$) bei der Laserwellenlänge zeigt. Dieser nur teilweise reflektierende Spiegel wird auch **Auskoppelspiegel** (OC-Spiegel, OC = output coupler) genannt, da er der Strahlung erlaubt, den Resonator zu verlassen. Aus Abb. 2.7 kann die notwendige Besetzungsinversion eines Laseroszillators hergeleitet werden. In dieser Beschreibung sind alle internen passiven Verluste des Resonators im Verlustparameter Λ zusammengefasst. Wei-

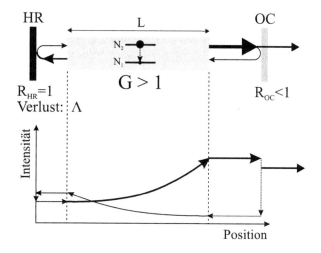

Abb. 2.7 Schematische Darstellung der Rückkopplungsbedingung in einem Laser und die entsprechende Intensitätsverteilung.

terhin wird angenommen, dass diese Verluste am HR-Spiegel auftreten. Aus Konsistenzgründen der internen Laserintensität nach einem vom OC-Spiegel nach links laufenden Durchgang können wir

$$G \cdot R_{HR} \cdot (1 - \Lambda) \cdot G \cdot R_{OC} = G^2 R_{HR}(1 - \Lambda) R_{OC} = 1 \qquad (2.41)$$

herleiten, welches in einer notwendigen Verstärkung G pro Umlauf von

$$G = \frac{1}{\sqrt{R_{HR}(1 - \Lambda) R_{OC}}} \qquad (2.42)$$

resultiert. Im Folgenden werden wir diese Gleichung mit den Besetzungsdichten der Mannigfaltigkeiten für ein Lasermedium verknüpfen, in welchem die Verstärkung aus einer effektiven Besetzungsinversion zwischen den Mannigfaltigkeiten $|2\rangle$ und $|1\rangle$ resultiert.

Da die Intensität lokal aufgrund der Verstärkung im Lasermedium variiert, müssen wir eine axial variierende Besetzungsdichte berücksichtigen. Um jedoch trotzdem eine einfache Beschreibung zu erhalten, führen wir die axiale Mittelung entlang der Laserachse ein:

$$\langle \cdot \rangle = \frac{1}{L} \int_0^L \cdot \, dz. \qquad (2.43)$$

Unter der Annahme, dass keine weiteren Mannigfaltigkeiten beteiligt sind, d. h. $N_1 + N_2 = N$, können wir Gl. 2.2 verwenden. In diesem Fall sind die jeweiligen Besetzungsdichten gegeben durch:

$$\langle N_2 \rangle = \frac{\sigma_a(\lambda_s)}{\sigma_a(\lambda_s) + \sigma_e(\lambda_s)} \langle N \rangle + \frac{1}{L} \frac{\ln G}{\sigma_a(\lambda_s) + \sigma_e(\lambda_s)} \ , \qquad (2.44)$$

$$\langle N_1 \rangle = \frac{\sigma_e(\lambda_s)}{\sigma_a(\lambda_s) + \sigma_e(\lambda_s)} \langle N \rangle - \frac{1}{L} \frac{\ln G}{\sigma_a(\lambda_s) + \sigma_e(\lambda_s)} \ . \qquad (2.45)$$

Hierbei bezeichnet λ_s die Emissionswellenlänge des Lasers. Dies ist die zweite zur Umsetzung des Lasers notwendige Beziehung. Dies bedeutet, dass eine effektive Besetzungsinversion nach Gl. 2.3 eine notwendige, jedoch keine hinreichende Bedingung für den Laserbetrieb darstellt. Weiterhin müssen auch die internen Verluste sowie die Auskopplung aus dem Laser zusätzlich kompensiert werden. Daher erhalten wir das Besetzungsdichteverhältnis

$$\frac{\langle N_2 \rangle}{\langle N_1 \rangle} = \frac{\sigma_a(\lambda_s)\langle N \rangle L + \ln G}{\sigma_e(\lambda_s)\langle N \rangle L - \ln G} \ . \tag{2.46}$$

In dieser Schreibweise wird ein echter Vier-Niveau-Laser durch $\sigma_a(\lambda_s) = 0$ beschrieben, während für einen echten Drei-Niveau-Laser $\sigma_a(\lambda_s) = \sigma_e(\lambda_s)$ gilt. Dies zeigt erneut, dass im echten Drei-Niveau-Laser mindestens die Hälfte der Population im Niveau $|2\rangle$ sein muss. Dann beziehen sich die Besetzungsdichten N_i erneut auf die einzelnen Niveaus.

2.2 Spektroskopische Laser-Ratengleichungen

Im Folgenden werden wir die Laser-Ratengleichungen inklusive des Photonenfeldes des Resonators aufstellen, um in Abschnitt 2.2.1 das Verhalten eines Laseroszillators im **Dauerstrichbetrieb** (CW für continous wave) zu untersuchen. Dies entspricht dem stationären Zustand der Ratengleichungen. Sobald der stationäre Zustand durch externe Einflüsse oder beim Start des Lasers gestört wird, treten Relaxationsoszillationen auf, welche im Abschnitt 2.2.2 beschrieben werden. Wir werden dazu die Beschreibung durch die spektroskopischen Laser-Ratengleichungen aus Abschnitt 2.1.3 verwenden. Der Unterschied von Drei- und Vier-Niveau-Lasern ist auch hier wieder durch $\sigma_a(\lambda_s) = \sigma_e(\lambda_s)$ bzw. durch $\sigma_a(\lambda_s) = 0$ gegeben, wobei sich der Quasi-Drei-Niveau-Laser zwischen diesen Grenzen bewegt. Im Abschnitt 2.3 wird ein mögliches Modell eines Lasers vorgestellt, welches das Laserfeld mit einer Intensität und einer Phase beschreibt und somit die Kohärenzeigenschaften des Laserfeldes erklären kann.

2.2.1 Besetzung der Niveaus und stationärer Betrieb

In dieser Beschreibung beziehen wir uns auf das Schema der Mannigfaltigkeiten aus Abb. 2.4. Wir verwenden die Gln. 1.70 und 1.71, um die Ratengleichungen für die Besetzungsdichte N_2 des oberen Laserniveaus herzuleiten. Dies ergibt

$$\left(\frac{\partial N_2}{\partial t}\right)_{em} = -\int \frac{1}{h\nu} \frac{\partial \tilde{P}}{\partial V} d\nu = -N_2 \int \frac{\sigma_e(\nu)\tilde{I}(\nu)}{h\nu} d\nu = -\frac{N_2}{hc} \int \lambda \sigma_e(\lambda)\tilde{I}(\lambda) d\lambda \tag{2.47}$$

für die Änderung von N_2 pro Einheitszeitintervall, welche durch die stimulierte Emission ausgelöst wird. Aus Gründen der Einfachheit nehmen wir die Intensität für eine einzelne

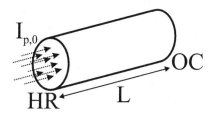

Abb. 2.8 Aufbau eines longitudinal gepumpten Lasermediums mit integrierten Spiegeln.

Laserfrequenz als $\tilde{I}(\lambda) = I_s \delta(\lambda - \lambda_s)$ an. In diesem Fall ist die Ratengleichung für die stimulierte Emission durch

$$\left(\frac{\partial N_2}{\partial t}\right)_{em} = -\frac{\lambda_s}{hc}\sigma_e(\lambda_s)I_s N_2 = -W_{21}N_2 \tag{2.48}$$

gegeben. Daraus kann gefolgert werden, dass die Übergangsrate W_{12} proportional zur Intensität der eintreffenden Übergangswellenlänge ist. Es gilt:

$$W_{21} = \frac{\lambda_s}{hc}\sigma_e(\lambda_s)I_s \ . \tag{2.49}$$

Die entsprechende Übergangsrate des rückwärtigen Prozesses, also die Absorptionsrate W_{12}, wird analog zur Emissionsrate bestimmt und wir schreiben

$$W_{12} = \frac{\lambda_s}{hc}\sigma_a(\lambda_s)I_s \ . \tag{2.50}$$

Im Folgenden wird ein longitudinal gepumptes Lasermedium analysiert, wie es in Abb. 2.8 zu sehen ist. Unter der Annahme $N_2 + N_1 = N$ und mit der Pumpintensität I_p, der Laserintensität I_s und der spontanen Zerfallszeit τ sind die Ratengleichungen der Besetzungsdichten dieses longitudinal gepumpten Lasermediums gegeben durch:

$$\begin{aligned}
\frac{\partial N_2}{\partial t} &= \frac{\lambda_p}{hc}\alpha(z)I_{p,0}e^{-\int_0^z \alpha(z')dz'} + \frac{\lambda_s}{hc}I_s[\sigma_a(\lambda_s)N_1 - \sigma_e(\lambda_s)N_2] - \frac{N_2}{\tau} \\
\frac{\partial N_1}{\partial t} &= -\frac{\partial N_2}{\partial t} \ ,
\end{aligned} \tag{2.51}$$

wobei $\alpha = \sigma_a(\lambda_p)N_1 - \sigma_e(\lambda_p)N_2$ der Pumpabsorptionskoeffizient ist. Die einfallende Pumpintensität $I_{p,0}$, welche in Richtung der Ausbreitungsrichtung z abnimmt, ist gegeben durch

$$I_p = I_{p,0}e^{-\int_0^z \alpha(z')dz'} \ . \tag{2.52}$$

Mit Hilfe der Pumpabsorptionseffizienz

$$\eta_{abs} = 1 - e^{-\int_0^L \alpha(z')dz'} \tag{2.53}$$

können die Ratengleichungen mit einer Mittelung entlang der Ausbreitungsachse z als

$$\begin{aligned}
\frac{\partial \langle N_2 \rangle}{\partial t} &= \frac{\lambda_p}{hc}I_p\frac{\eta_{abs}}{L} + \frac{\lambda_s}{hc}[\sigma_a(\lambda_s)\langle I_s N_1 \rangle - \sigma_e(\lambda_s)\langle I_s N_2 \rangle] - \frac{\langle N_2 \rangle}{\tau} \\
\frac{\partial \langle N_1 \rangle}{\partial t} &= -\frac{\partial \langle N_2 \rangle}{\partial t}
\end{aligned} \tag{2.54}$$

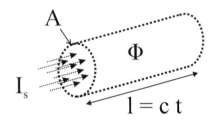

Abb. 2.9 Darstellung der Intensität I_s als konstante Photonendichte Φ im Volumen $V = Al$.

geschrieben werden.

In Analogie hierzu werden wir nun eine Rategleichung für die Photonendichte im Resonator aufstellen. Die Photonendichte Φ ist direkt mit der Intensität des Feldes I_s verknüpft. Wir betrachten hierzu Abb. 2.9 zur Herleitung. Die Laserintensität I_s, welche senkrecht auf die Fläche A trifft, wird während der Zeit t die Distanz $l = ct$ zurücklegen. Dies entspricht einer im Volumen $V = Al$ beinhalteten Gesamtenergie E_s von

$$E_s = I_s At = I_s A \frac{l}{c} = \frac{I_s}{c} V \overset{!}{=} h\nu\Phi V \ . \tag{2.55}$$

Hieraus ergibt sich die Photonendichte

$$\Phi = \frac{\lambda_s}{hc^2} I_s \ . \tag{2.56}$$

Die Photonendichte im Resonator wird sich durch die stimulierte Emission und Absorption sowie aufgrund der Verluste durch die Auskopplung, welche durch die Photonenlebensdauer τ_c im Resonator gegeben ist, zeitlich verändern. Dies führt zu

$$\frac{\partial \Phi}{\partial t} = W_{21} N_2 - W_{12} N_1 - \frac{\Phi}{\tau_c} \ . \tag{2.57}$$

Zusammen mit Gl. 2.56 erhalten wir

$$\frac{\partial \Phi}{\partial t} = c[\sigma_e(\lambda_s) N_2 - \sigma_a(\lambda_s) N_1]\Phi - \frac{\Phi}{\tau_c} \ , \tag{2.58}$$

oder auch als axiale Mittelung

$$\frac{\partial \langle\Phi\rangle}{\partial t} = c[\sigma_e(\lambda_s)\langle\Phi N_2\rangle - \sigma_a(\lambda_s)\langle\Phi N_1\rangle] - \frac{\langle\Phi\rangle}{\tau_c} \ . \tag{2.59}$$

Unter der Annahme einer konstanten absoluten Besetzung $N = N_2 + N_1$, d. h. keine Besetzung in anderen Niveaus außer $|1\rangle$ und $|2\rangle$, können wir die Rategleichungen 2.54 und 2.59 umschreiben, indem wir eine neue Variable, die Inversion $\Delta N = N_2 - N_1$, einführen. Hieraus folgt:

$$\begin{aligned}
\frac{\partial \langle\Delta N\rangle}{\partial t} &= 2\frac{\lambda_p}{hc} I_p \frac{\eta_{abs}}{L} \\
&+ c\left([\sigma_a(\lambda_s) - \sigma_e(\lambda_s)]\langle\Phi N\rangle - [\sigma_a(\lambda_s) + \sigma_e(\lambda_s)]\langle\Phi\Delta N\rangle\right)
\end{aligned}$$

$$- \frac{\langle N \rangle + \langle \Delta N \rangle}{\tau} \tag{2.60}$$

$$\frac{\partial \langle \Phi \rangle}{\partial t} = \frac{c}{2} \left([\sigma_a(\lambda_s) + \sigma_e(\lambda_s)] \langle \Phi \Delta N \rangle - [(\sigma_a(\lambda_s) - \sigma_e(\lambda_s)] \langle \Phi N \rangle \right)$$
$$- \frac{\langle \Phi \rangle}{\tau_c} . \tag{2.61}$$

Die Dynamik des Lasers kann daher durch nur zwei zeitabhängige Variablen beschrieben werden: die gemittelte Inversionsdichte $\langle \Delta N \rangle(t)$ und die durchschnittliche Photonendichte $\langle \Phi \rangle(t)$. Der Term $\langle N \rangle$ wird absichtlich nicht zu N vereinfacht, da die Ratengleichungen in obiger Form auch die Beschreibung eines Lasermediums mit sich axial verändernder Dotierkonzentration ermöglichen.

Um weitere wichtige Lasereigenschaften herzuleiten, können wir Gl. 2.61 in folgende Form umschreiben:

$$\left\langle \frac{1}{\Phi} \frac{\partial \Phi}{\partial t} \right\rangle = \left\langle \frac{c}{2} \left([\sigma_a(\lambda_s) + \sigma_e(\lambda_s)] \Delta N - [(\sigma_a(\lambda_s) - \sigma_e(\lambda_s)] N - \frac{1}{\tau_c} \right) \right\rangle . \tag{2.62}$$

Da eine Laseroperation nur für $\frac{\partial \langle \Phi \rangle}{\partial t} \geq 0$ und für $\Phi > 0$ möglich ist, können wir die notwendige Bedingung

$$[\sigma_a(\lambda_s) + \sigma_e(\lambda_s)] \langle \Delta N \rangle - [\sigma_a(\lambda_s) - \sigma_e(\lambda_s)] \langle N \rangle \geq \frac{2}{c\tau_c} \tag{2.63}$$

herleiten. Diese besagt, dass die Anzahl der erzeugten Photonen pro Zeitintervall mindestens die Verluste des Resonators und die Auskopplung für das gleiche Einheitszeitintervall kompensieren muss. Im Falle von Gleichheit im Ausdruck 2.63 ist dieser übereinstimmend mit der Umlaufbedingung aus den Gln. 2.44 und 2.45 und ermöglicht die Herleitung der Photonenlebenszeit τ_c des Resonators:

$$\tau_c = \frac{L}{c \ln G} = -\frac{2L}{c \ln [R_{OC}(1 - \Lambda)R_{HR}]} . \tag{2.64}$$

Stationärer Betrieb

Im stationären Betrieb, d. h. für $\frac{\partial \langle \Delta N \rangle}{\partial t} = 0$ und $\frac{\partial \langle \Phi \rangle}{\partial t} = 0$, können die Gln. 2.60 und 2.61 nach $\langle \Delta N \rangle$ und $\langle \Phi \rangle$ aufgelöst werden, was uns zwei Sätze an Lösungen liefert. Die Erste ist hierbei gegeben durch:

$$\langle \Delta N \rangle = 2 \frac{\lambda_p \tau}{hc} I_{p,0} \frac{\eta_{abs}}{L} - \langle N \rangle , \tag{2.65}$$

$$\langle \Phi \rangle = 0 \tag{2.66}$$

und beschreibt das Pumpen eines Lasers unterhalb der Schwelle. Wie in Abb. 2.10 zu sehen, steigt die Besetzungsinversion in diesem Regime mit der Pumpintensität, bis die Schwellwert-Pumpintensität I_{th} erreicht ist. Es muss dabei beachtet werden, dass Gl. 2.65 aufgrund von $\eta_{abs}(\langle \Delta N \rangle)$ eine transzendente Gleichung ist. Explizit ergibt sich

$$\langle \Delta N \rangle = 2 \frac{\lambda_p \tau}{hc} \frac{I_{p,0}}{L} \left(1 - e^{-[\sigma_a(\lambda_p) - \sigma_e(\lambda_p)]\langle N \rangle L + [\sigma_a(\lambda_p) + \sigma_e(\lambda_p)]\langle \Delta N \rangle L} \right) - \langle N \rangle . \tag{2.67}$$

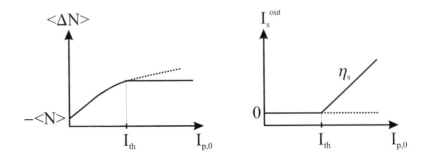

Abb. 2.10 Inversionsdichte und Laser-Ausgangsdichte als Funktion der Pumpintensität unterhalb und überhalb der Schwelle.

Daher existieren für das Verhalten unterhalb der Schwelle lediglich numerische Lösungen.

Für den Fall $I_p > I_{th}$ wird die erste Lösung instabil und die zweite Lösung beschreibt den Laserprozess

$$\langle \Delta N \rangle = \langle \Delta N \rangle_{th} = \frac{2 \ln G}{[\sigma_a(\lambda_s) + \sigma_e(\lambda_s)] L} + \frac{\sigma_a(\lambda_s) - \sigma_e(\lambda_s)}{\sigma_a(\lambda_s) + \sigma_e(\lambda_s)} \langle N \rangle \tag{2.68}$$

$$\langle \Phi \rangle = \frac{\lambda_p}{hc^2} \frac{\eta_{abs}}{\ln G} (I_p - I_{th}) \ . \tag{2.69}$$

Die Schwellwert-Pumpleistung führt zu

$$I_{th} = \frac{I_{sat}^p}{\eta_{abs}} (\ln G + \sigma_a(\lambda_s) \langle N \rangle L) \tag{2.70}$$

mit der Sättigungsintensität des Pumpprozesses

$$I_{sat}^p = \frac{hc}{\lambda_p [\sigma_a(\lambda_s) + \sigma_e(\lambda_s)] \tau} \ . \tag{2.71}$$

Der Übergang zwischen diesen beiden Bereichen tritt auf, wenn beide Lösungen zur gleichen gemittelten Besetzungsdichte $\langle \Delta N \rangle$ führen, was wiederum durch die Schwellwert-Pumpintensität I_{th} gegeben ist. Wie aus Gl. 2.68 ersichtlich, ist die Inversionsdichte $\langle \Delta N \rangle$ an ihr Schwellwertniveau $\langle \Delta N \rangle_{th}$ gekoppelt und jede weitere Erhöhung der zugeführten Leistung wird direkt in die Ausgangsleistung transferiert. Mit Gl. 2.56 und der Beziehung $I_s^{out} = \frac{1}{2}(1 - R_{OC}) \langle I_s \rangle$ zwischen der Intensität innerhalb des Resonators I_s und der Ausgangsintensität können wir die wichtige Beziehung von Ausgangs- zu Eingangsintensität des Lasers herleiten:

$$I_s^{out} = \frac{\lambda_p}{\lambda_s} \frac{(1 - R_{OC})}{2 \ln G} \eta_{abs} (I_p - I_{th}) \ . \tag{2.72}$$

Der Faktor $\frac{1}{2}$ ist dadurch begründet, dass die gemittelte Intensität $\langle I_s \rangle$ aus einem gleichwertigen Hin- und Rückweg im Resonator besteht. Die **differentielle Effizienz** beschreibt die differentielle Steigung der Ausgangs- gegenüber der Eingangsleistung eines Lasers und ist daher durch

$$\eta_s = \frac{\lambda_p}{\lambda_s} \frac{T_{OC}}{2 \ln G} \eta_{abs} \tag{2.73}$$

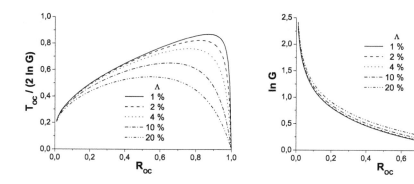

Abb. 2.11 $\frac{T_{OC}}{2\ln G}$ und $\ln G$ als Funktion der Auskopplungsreflektivität R_{OC} und der internen Verluste des Resonators Λ.

gegeben, wobei η_Q die Quanteneffizienz aus Gl. 2.40, $T_{OC} = 1 - R_{OC}$ der Auskopplungstransmission und η_{abs} die Pumpabsorptionseffizienz ist. Der Faktor $2\ln G$ beinhaltet die internen Verluste des Laserresonators (vgl. Gl. 2.42).

Um eine maximale Effizienz für einen gegebenen Laser zu erreichen, muss die Auskopplung aus dem Resonator oder die Auskopplungsreflektivität R_{OC} optimiert werden. Ein hoher Auskopplungsgrad resultiert in einer großen differentiellen Effizienz, aber auch in einer hohen Schwelle, während ein niedriger Auskopplungswert, d. h. eine hohe Reflektivität des OC-Spiegels, die im Resonator zirkulierende Intensität verstärkt und daher auch die Auswirkung der internen Verluste Λ erhöht. Diese Optimierung muss in der Regel in Abhängigkeit des Lasermediums durchgeführt werden, da die Absorptionseffizienz

$$\eta_{abs} = 1 - e^{2\frac{\sigma_a(\lambda_p)+\sigma_e(\lambda_p)}{\sigma_a(\lambda_s)+\sigma_e(\lambda_s)}\ln G} e^{\left(\sigma_e(\lambda_p)-\sigma_a(\lambda_p)+\frac{\sigma_a(\lambda_p)+\sigma_e(\lambda_p)}{\sigma_a(\lambda_s)+\sigma_e(\lambda_s)}[\sigma_a(\lambda_s)-\sigma_e(\lambda_s)]\right)\langle N\rangle L} \quad (2.74)$$

eine Funktion der Besetzungsinversion und der Verstärkung G ist und die spektroskopischen Eigenschaften des Lasermediums enthält. Jedoch können wir auch ohne Bezug auf ein spezielles Lasermedium die grundlegenden Ideen der Optimierung herleiten. Hierzu vernachlässigen wir die Abhängigkeit von η_{abs} und finden zusammen mit Gl. 2.73, dass der Ausdruck $\frac{T_{OC}}{2\ln G}$ optimiert werden muss, um eine hohe differentielle Effizienz zu erzielen. Um eine niedrige Pumpschwelle zu erreichen, müssen wir $\ln G$ und für den Fall eines Quasi-Drei-Niveau-Lasers auch die Reabsorption $\sigma_a(\lambda_s)\langle N\rangle L$, d. h. das longitudinale Konzentrationsprodukt des Lasermediums aus Gl. 2.70, verringern. Jedoch beruht der größte Einfluss der Pumpschwelle auf $\ln G$. Wie aus Abb. 2.11 ersichtlich, existiert eine optimale OC-Reflektivität für eine maximale differentielle Effizienz, welche für ein globales Optimum der Ausgangsleistung, d. h. unter Berücksichtigung der Schwelle selbst, in Richtung einer höheren OC-Reflektivität verschoben ist. Weiterhin ist ersichtlich, dass die inneren Verluste des Resonators hauptsächlich die differentielle Effizienz beeinflussen, während sie auf die Schwelle nahezu keinen Einfluss haben.

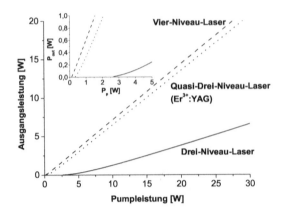

Abb. 2.12 Vergleich der verschiedenen Laserschemata.

Zum Vergleich ist in Abb. 2.12 das Verhältnis von Ausgangs- zu Eingangsleistung für die drei verschiedenen Laserschemata dargestellt. Diese beruhen auf numerischen Simulationen, welche etwas komplexer als die oben aufgeführte Beschreibung sind [15]. Dazu werden die spektroskopischen Eigenschaften eines realen Er^{3+}:YAG-Lasers mit Emissionswellenlänge $\lambda_s = 1645\,\text{nm}$ als Modell eines Quasi-Drei-Niveau-Lasers verwendet. Die gewonnenen Daten werden dann verändert, um einen Vier-Niveau-Laser mit den gleichen Eigenschaften zu beschreiben. Dies bedeutet, dass für den Vier-Niveau-Laser der Absorptionsquerschnitt $\sigma_a(\lambda_s)$ künstlich auf Null gesetzt wird, während der Absorptionsquerschnitt $\sigma_a(\lambda_s)$ für das Drei-Niveau-System künstlich mit dem Emissionsquerschnitt $\sigma_e(\lambda_s)$ gleichgesetzt wird. Wie bereits erwähnt, besitzt der Vier-Niveau-Laser die geringste Schwelle und die größte differentielle Effizienz, wohingegen der Drei-Niveau-Laser die höchste Schwelle und die geringste differentielle Effizienz besitzt. Die Nichtlinearität am Start des Drei-Niveau- und Quasi-Drei-Niveau-Lasers ist durch den Effekt begründet, dass der zusätzliche Reabsorptionsverlust im Resonator für hohe Laserintensität innerhalb des Resonators gesättigt wird. Daher steigt die differentielle Effizienz des Quasi-Drei-Niveau-Lasers mit der Pumpleistung an und konvergiert für hohe Laserleistung gegen die differentielle Effizienz des Vier-Niveau-Lasers. Der reale Quasi-Drei-Niveau-Laser bewegt sich zwischen diesen beiden Grenzen, wobei er für niedrigere Reabsorptions-Querschnitte $\sigma_a(\lambda_s) \ll \sigma_e(\lambda_s)$ näher am Vier-Niveau-Laser ist.

2.2.2 Relaxationsoszillationen

Aufgrund der gemischten Terme $\langle \Phi \Delta N \rangle$ in den Ratengleichungen 2.60 und 2.61 können keine analytischen Lösungen für das gesamte zeitliche Verhalten des Lasers gefunden werden. Es ist jedoch möglich, die Zeitentwicklung dieser Gleichungen für infinitesimale Abweichung von der Gleichgewichtslösung gegeben durch die Gln. 2.68 und 2.69 zu untersuchen. Die Abweichungen entstehen zum Beispiel durch äußere Störungen wie Vibrationen der Spiegel oder des gesamten Aufbaus. Um diese Effekte zu berechnen, müssen wir die Ratengleichungen linearisieren und die Inversionsdichte $\langle \Delta N \rangle(t)$ und die Photonendichte $\langle \Phi \rangle(t)$ in folgender Form schreiben:

$$\langle \Delta N \rangle(t) \;=\; \langle \Delta N_{th} \rangle + \langle \Sigma \rangle(t) \tag{2.75}$$

$$\langle \Phi \rangle \;=\; \langle \Phi_{cw} \rangle + \langle \Pi \rangle(t) \;, \tag{2.76}$$

wobei $\langle \Sigma \rangle(t) \ll \langle \Delta N_{th} \rangle$ und $\langle \Pi \rangle(t) \ll \langle \Phi_{cw} \rangle$ gilt und $\langle \Phi_{cw} \rangle$ die Gleichgewichtslösung aus Gl. 2.69 ist. Der Einfachheit halber nehmen wir weiter an, dass die Besetzungsinversionsdichte keine starke axiale Abhängigkeit zeigt, sodass jeder Mittelwert von Produkten als Produkt der Mittelwerte geschrieben werden kann, z. B. $\langle \Phi \Delta N \rangle \approx \langle \Phi \rangle \langle \Delta N \rangle$. Durch Zusammenfügen der Gleichungen 2.60 und 2.61 erhalten wir unter Vernachlässigung der doppelt infinitesimalen Terme $\langle \Pi \rangle \langle \Sigma \rangle$ die **linearisierten Ratengleichungen**

$$\frac{\partial \langle \Sigma \rangle}{\partial t} \;=\; c\,[\sigma_a(\lambda_s) - \sigma_e(\lambda_s)]\,\langle \Pi \rangle \langle N \rangle$$
$$- \; c\,[\sigma_a(\lambda_s) + \sigma_e(\lambda_s)]\,\langle \Pi \rangle \langle \Delta N_{th} \rangle$$
$$- \; c\,[\sigma_a(\lambda_s) + \sigma_e(\lambda_s)]\,\langle \Phi_{cw} \rangle \langle \Sigma \rangle - \frac{\langle \Sigma \rangle}{\tau} \tag{2.77}$$

$$\frac{\partial \langle \Pi \rangle}{\partial t}\bigg|_{\langle \Pi \rangle = 0} \;=\; \frac{c}{2}\,[\sigma_a(\lambda_s) + \sigma_e(\lambda_s)]\,\langle \Phi_{cw} \rangle \langle \Sigma \rangle \;. \tag{2.78}$$

Hierzu wurde die Gleichung für die Photonendichte um $\langle \Pi \rangle = 0$ linearisiert. Die Produkte können durch zeitliche Differentiation der Gl. 2.78 und unter Berücksichtigung von Gl. 2.77 eliminiert werden. Dies führt zu

$$\frac{\partial^2 \langle \Pi \rangle}{\partial t^2} + 2\xi \frac{\partial \langle \Pi \rangle}{\partial t} + \Omega_0^2 \langle \Pi \rangle = 0 \;. \tag{2.79}$$

Dies ist die Gleichung eines gedämpften harmonischen Oszillators. Sie besagt, dass die Photonendichte mit der Frequenz $\Omega = \sqrt{\Omega_0^2 - \xi^2}$ um die Gleichgewichtslösung oszilliert. Die Amplitude ist mit der Zeitkonstanten ξ wie folgt gedämpft:

$$\langle \Pi \rangle(t) = \hat{\Pi} e^{-\xi t} \cos \Omega t \;. \tag{2.80}$$

Die entsprechenden Zeitkonstanten sind durch

$$\xi \;=\; \frac{1}{2\tau}\left[\left(1 + \sigma_a(\lambda_s)\langle N \rangle c \tau_c \right)\left(\frac{I_p}{I_{th}} - 1\right) + 1 \right] \;, \tag{2.81}$$

$$\Omega_0 \;=\; \sqrt{\frac{1}{\tau}\left(\frac{1}{\tau_c} + \sigma_a(\lambda_s)\langle N \rangle c\right)\left(\frac{I_p}{I_{th}} - 1\right)} \tag{2.82}$$

gegeben, wobei sich diese für einen Vier-Niveau-Laser, d. h. für $\sigma_a(\lambda_s) = 0$, zu

$$\xi \;=\; \frac{1}{2\tau}\frac{I_p}{I_{th}} \;, \tag{2.83}$$

$$\Omega_0 \;=\; \sqrt{\frac{1}{\tau \tau_c}\left(\frac{I_p}{I_{th}} - 1\right)} \tag{2.84}$$

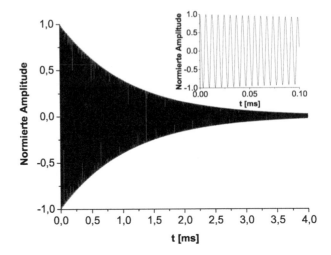

Abb. 2.13 Berechnete normierte Amplitude $\frac{\Pi(t)}{\Pi}$ der Relaxationsoszillationen eines Er^{3+}:YAG-Lasers. Der Einschub zeigt eine Vergrößerung des 100-μs-Bereichs.

vereinfachen. Als Beispiel wollen wir diese Gleichungen für einen Er^{3+}:YAG-Laser mit den Parametern $\tau = 7,64$ ms, $R_{OC} = 80\%$, $\Lambda = 2\%$, $L = 0,06$ m, $\sigma_a(1645$ nm$) = 6,67 \cdot 10^{-22}$ cm^2, $\langle N \rangle = 6,9 \cdot 10^{25}$ m^{-3} und $I_p = 5I_{th}$, d. h. $G = 1,129$ und $\tau_c = 1,65$ ns untersuchen. Wir erhalten

$$\xi = 923 \text{ s}^{-1} \tag{2.85}$$

$$\Omega_0 = 2\pi \cdot 163 \text{ kHz} . \tag{2.86}$$

Dies entspricht einer Oszillationsfrequenz von ≈ 163 kHz und einer Dämpfungszeit $\xi^{-1} = 1,08$ ms. Diese Relaxationsoszillation ist in Abb. 2.13 zu sehen.

Spiking

In einer besonderen Form treten diese Relaxationsoszillationen immer zu Beginn der Laseroszillation auf, d. h. beim Einschalten des Lasers. Das Verhalten, welches durch den Übergang zwischen den Lösungen unterhalb und oberhalb der Schwelle, also den Übergang von $\langle \Phi \rangle = 0$ in $\langle \Phi \rangle = \langle \Phi_{cw} \rangle$, gegeben ist, unterscheidet sich dadurch von der Gleichgewichtslösung, dass die Abweichung der Lösungen nicht gering zum Gleichgewichtswert ist. Daher wird dieses Verhalten in der Literatur **Spiking** genannt. Spiking ist immer dann mit der normalen Relaxationsoszillation überlagert, wenn eine starke äußere Störung den Laser beeinflusst. Durch die starke Abweichung vom Gleichgewicht kann das Spiking nicht durch die linearisierten Ratengleichungen beschrieben werden. Hier benötigen wir eine numerische Lösung, deren Berechnung in Abb. 2.14 zu sehen ist.

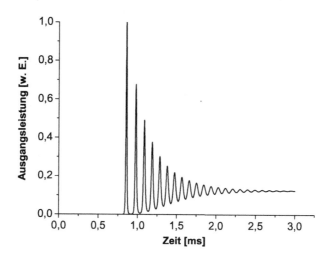

Abb. 2.14 Berechnetes Spiken eines Festkörperlasers unter kontinuierlichem Pumpen mit Startzeitpunkt $t = 0$.

Die Besetzungsinversion wird durch starkes Pumpen des Lasers rasch bis zur Schwelle anwachsen, während für das Photonenfeld innerhalb des Resonators $\langle\Phi\rangle \approx 0$ gilt. Da das Photonenfeld mehrere Umläufe benötigt, um sich aus dem Fluoreszenzrauschen abzusetzen, reagiert es nur mit einer gewissen zeitlichen Verzögerung auf eine Veränderung der Besetzungsdichte (also auf eine Änderung der Verstärkung). Daher kann sich kurz nach Anschalten des Pumpens für kurze Zeit eine Inversionsdichte $\langle\Delta N\rangle > \langle\Delta N_{th}\rangle$ aufbauen. Dies hat ein exponentiell wachsendes Resonatorfeld zur Folge, welches wiederum die Inversion stark verarmt. Dies kann sogar zu einem Abbruch der Laseroszillation führen, sodass ein neuer Zyklus mit einem zweiten Spike beginnt. Da nach jedem Zyklus eine anwachsende Restinversion nach dem Spike im Resonator verbleibt, nimmt die Intensität der Spikes ab und somit konvergiert die Ausgangsleistung nach mehreren solcher Spikes gegen den Gleichgewichtswert.

Es bleibt noch eine Frage aus den Gln. 2.60 und 2.61 zu beantworten: Wie kann das System den Übergang von der ersten Lösung unterhalb der Schwelle zur zweiten Lösung oberhalb der Schwelle bewerkstelligen, wenn für die erste Lösung $\langle\Phi \approx 0\rangle$ für alle Pumpleistungen unterhalb der Schwelle gilt? Die Antwort darauf ist die Existenz der spontanen Emission, welche auch unterhalb der Schwelle zu $\langle\Phi\rangle > 0$ führt. Dies kann durch Hinzufügen des Terms $c\sigma_e(\lambda_s)\langle N_2\rangle\Phi_0$ zu Gl. 2.61 ausgedrückt werden. Wir erhalten:

$$\frac{\partial\langle\Phi\rangle}{\partial t} = c[\sigma_e(\lambda_s)\langle\Phi N_2\rangle - \sigma_a(\lambda_s)\langle\Phi N_1\rangle] - \frac{\langle\Phi\rangle}{\tau_c} + c\sigma_e(\lambda_s)\langle N_2\rangle\Phi_0 \,, \tag{2.87}$$

wobei Φ_0 für die Photonenenergie des Vakuumrauschens in der Lasermode steht. Die spektrale Dichte der Fluktuationen ist durch

$$\tilde{I}_{s,0} = \frac{\Delta\Omega_s}{4\pi} \frac{8\pi n^2 hc^2}{\lambda_s^5} \tag{2.88}$$

gegeben. Hier steht $\Delta\Omega_s$ für den Raumwinkel der entsprechenden Mode. Dies entspricht, unter Verwendung von Gl. 2.56, einer mittleren Photonendichte

$$\Phi_0 = \frac{\Delta\Omega_s}{4\pi} \frac{8\pi n^2}{\lambda_s^4} \Delta\lambda_s \tag{2.89}$$

innerhalb der Bandbreite der Wellenlänge $\Delta\lambda_s$. Hierdurch ist immer eine kleine, aber nicht zu vernachlässigende Anzahl an Photonen im Resonator, welche den Übergang zur zweiten Lösung ermöglichen, sobald die Pumpschwelle überschritten wird.

2.3   Potentialmodell des Lasers

Bis jetzt haben wir lediglich die fundamentalen Lasereigenschaften in Bezug auf die Wechselwirkung zwischen Besetzungsdichten der einzelnen Niveaus und den Photonen des Laserstrahls innerhalb des Resonators betrachtet. Dies bedeutet, dass wir das Lasermedium durch seine Materialeigenschaften und die Laserstrahlung durch ihre Intensität beschrieben haben. Die Laserstrahlung kann jedoch auch als elektromagnetische Welle aufgefasst werden, welche wiederum durch ihre Intensität und Phase gegeben ist. Jedoch berücksichtigt die im vorherigen Abschnitt beschriebene Ratengleichung lediglich die Amplitude bzw. die Intensität. Mit einem zur vorherigen Betrachtung leicht unterschiedlichen Modell, welches das Laserfeld analog zu einem Teilchen in einem Potentialtopf beschreibt, wollen wir nun die Phaseneigenschaften der Laserstrahlung untersuchen [10].

Das Laserfeld im Resonator, wie in Abb. 2.7 zu sehen ist, kann als stehende Welle zwischen dem HC- und dem OC-Spiegel beschrieben werden. Wir nehmen daher eine linear polarisierte Welle mit komplexer elektrischer Feldamplitude an, die durch

$$E(t,z) = E(t)e^{-i\omega t} \sin kz \tag{2.90}$$

gegeben ist, wobei

$$k = \frac{\pi}{L}s \,, \quad s \in \mathbb{N} \tag{2.91}$$

gilt. Die Zeitentwicklung der komplexen Amplitude $E(t)$ kann mit

$$E(t) = \hat{E}(t)e^{i\varphi(t)} \tag{2.92}$$

in eine zeitabhängige Amplitude $\hat{E}(t)$ und eine Phase $\varphi(t)$ zerlegt werden. Analog zur Ratengleichung der Photonendichte ergibt sich die Ratengleichung des elektrischen Feldes in diesem Fall zu

$$\frac{\partial E(t)}{\partial t} = \frac{c}{2}[\sigma_e(\lambda_s)N_2 - \sigma_a(\lambda_s)N_1]E(t) - \frac{E(t)}{2\tau_c} \,. \tag{2.93}$$

Diese Gleichung kann leicht mit der Beziehung $I_s(t) = \sqrt{\frac{\epsilon_0}{\mu_0}}|E(t)|^2$ und Gl. 2.56 unter
Berücksichtigung von

$$\frac{\partial I_s(t)}{\partial t} = \sqrt{\frac{\epsilon_0}{\mu_0}}\left(E^*(t)\frac{\partial E(t)}{\partial t} + E(t)\frac{\partial E^*(t)}{\partial t}\right) \tag{2.94}$$

bewiesen werden. Wie schon in Gl. 2.87 führen wir hierzu einen Term $\epsilon(t)$ ein, welcher
die spontane Emission des Lasermediums berücksichtigt. Dies fügt eine zeitabhängige
statistische Fluktuation zum elektrischen Feld hinzu und führt zu

$$\frac{\partial E(t)}{\partial t} = \frac{c}{2}[\sigma_e(\lambda_s)N_2 - \sigma_a(\lambda_s)N_1]E(t) - \frac{E(t)}{2\tau_c} + \epsilon(t) . \tag{2.95}$$

Um die endgültige Lösung für das elektrische Feld innerhalb des Potentialmodells zu er-
halten, muss noch die Abhängigkeit des Terms der Inversion $g = c\,[\sigma_e(\lambda_s)N_2 - \sigma_a(\lambda_s)N_1]$
von der Feldamplitude beachtet werden. Wir können diesen Term folgendermaßen verein-
fachen: Die Besetzungsdichten N_2 und N_1 werden einerseits durch das optische Pumpen
(mit ↑ gekennzeichnet) bestimmt, welches in Abwesenheit eines Laserfeldes zu einem
Inversionsterm

$$g_\uparrow = c[\sigma_e(\lambda_s)N_{2,\uparrow} - \sigma_a(\lambda_s)N_{1,\uparrow}] \tag{2.96}$$

führen würde. Andererseits werden die Besetzungsdichten durch das Laserfeld verringert,
d. h. gesättigt (mit ↓ gekennzeichnet). Dieser Effekt wird als proportional zur Intensität
des Laserfeldes angenommen, sofern die Intensität nicht allzu hoch ist. Mit diesen An-
nahmen kann der Inversionsterm g mit einer passenden Proportionalitätskonstanten ζ
als

$$g = g_\uparrow - g_\downarrow = g_\uparrow - \zeta|E(t)|^2 \tag{2.97}$$

geschrieben werden. Dies führt zur fundamentalen Gleichung des Potentialmodells:

$$\frac{\partial E(t)}{\partial t} = \frac{1}{2}(g_\uparrow - A_{21})E(t) - \zeta|E(t)|^2 E(t) + \epsilon(t) . \tag{2.98}$$

Mit einem mathematischen Trick können wir die Bedeutung von Gl. 2.98 an einem
mechanischen Beispiel veranschaulichen: Durch Hinzufügen von $m\frac{\partial^2 E(t)}{\partial t^2}$ zur linken Seite
der Gl. 2.98 erhalten wir

$$m\frac{\partial^2 E(t)}{\partial t^2} + \frac{\partial E(t)}{\partial t} = \frac{1}{2}(g_\uparrow - A_{21})E(t) - \zeta|E(t)|^2 E(t) + \epsilon(t) . \tag{2.99}$$

Dies ist identisch zur Bewegungsgleichung einer Masse m:

$$m\frac{\partial^2 x}{\partial t^2} + \frac{\partial x}{\partial t} = F(x) + \epsilon(t) , \tag{2.100}$$

wobei $F(x) = -\frac{\mathrm{d}V}{\mathrm{d}x}$ die aus dem Potential $V(x)$ resultierende Kraft und $\epsilon(t)$ die externe
Kraft auf das Teilchen beschreibt. Die Masse m dieses Teilchens muss selbstverständlich
sehr gering sein, um die Struktur der Gleichung nicht zu beeinflussen. Dies lässt sich
durch $m\frac{\partial^2 E(t)}{\partial t^2} \ll \frac{\partial E(t)}{\partial t}$ beschreiben. Indem wir x mit $E(t)$ verknüpfen, können wir das
entsprechende Potential $V(x)$ durch

$$V(x) = -\frac{1}{4}(g_\uparrow - A_{21})|x|^2 + \frac{1}{4}\zeta|x|^4 \tag{2.101}$$

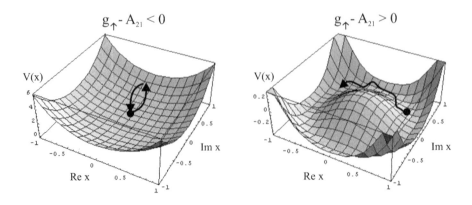

Abb. 2.15 Potential $V(x)$ für die zwei verschiedenen Fälle des Pumpens unterhalb und oberhalb des Schwellwertes und die entsprechende Entwicklung des Laserfeldes.

ausdrücken. Dies ist in Abb. 2.15 für die beiden Fälle des Pumpens unterhalb $g_\uparrow < A_{21}$ und oberhalb $g_\uparrow > A_{21}$ des Schwellwertes veranschaulicht.

Da das elektrische Feld eine komplexe Größe aus Amplitude und Phase ist, weist das Potential eine Rotationssymmetrie auf. Für den Fall des Pumpens unterhalb des Schwellwertes ($g_\uparrow < A_{21}$) existiert lediglich ein Minimum. Die Lösung für das Laserfeld, ausgedrückt durch das Teilchen im Potentialtopf, entspricht diesem Minimum, d. h. einer durchschnittlichen Amplitude des elektrischen Feldes von Null. Eine externe Kraft, also ein in die Lasermode spontan emittiertes Photon, bewirkt Störungen des Teilchens aus diesem Minimum heraus. Das Teilchen wird jedoch durch die repulsive Kraft des Potentials immer wieder zu seinem Minimum zurückgetrieben. Im anderen Fall ändert sich die Form des Potentials durch Pumpen oberhalb des Schwellwertes ($g_\uparrow > A_{21}$) und es entsteht ein ringförmiger Graben. Das Teilchen in diesem Graben entspricht nun einer Amplitude des Feldes ungleich Null, d. h. einer nahezu konstanten Laserintensität. Die externen Kräfte erzeugen in diesem Fall nur kleine Störungen dieser Amplitude, was eine Stabilisierung der Amplitude *des Lasers* bedeutet. Jedoch bewirken diese auch eine diffusionsartige Bewegung entlang des Grabens. Dieses Phänomen wird **Phasendiffusion** eines Lasers genannt, welche durch die spontane und daher inkohärente Emission entsteht, die noch zusätzlich auf das Laserfeld addiert wird. Diese Phasenfluktuationen bewirken eine leichte Veränderung der Laserfrequenz und bestimmen daher die Linienbreite der Laseremission. Wie durch die Theorie der Laser gezeigt werden kann, nehmen sowohl die durchschnittliche Fluktuationsamplitude als auch die durch die Phasenfluktuation bedingte Laserlinienbreite (vgl. Abschnitt 3.3) mit der inversen Laserintensität ab. Dies macht den Laser zu einer höchst kohärenten Lichtquelle.

3 Optische Resonatoren

Übersicht

In diesem Kapitel behandeln wir optische Resonatoren. Diese werden benötigt, um die Rückkopplung in das Lasermedium zu ermöglichen und um die Oszillationsmoden und die Eigenschaften der ausgekoppelten Strahlung zu kontrollieren. Die üblichste Bauart der optischen Resonatoren sind die linearen Resonatoren, die in ihrer einfachsten Bauform aus zwei Spiegeln bestehen, welche sich auf einer gemeinsamen optischen Achse befinden und deren Oberflächen parallel zueinander und orthogonal zur optischen Achse angeordnet sind.

Solch ein Resonator ermöglicht Eigenlösungen für das elektromagnetische Feld, welche **Resonatormoden** genannt werden. Durch die endliche Ausdehnung der Spiegeloberflächen treten Beugungsverluste der Resonatormoden auf, was eine Krümmung der Spiegeloberfläche nötig macht, um den gebeugten Anteil in das Resonatorvolumen zu refokussieren. Hierzu beschreiben wir die linearen Resonatoren mit sphärischen Spiegeln in Abschnitt 3.1 und die Eigenschaften der Resonatormoden in Abschnitt 3.2.

3.1   Lineare Resonatoren und Stabilitätskriterien

Für eine elegante und einfache Beschreibung der Stabilität von optischen Resonatoren, d. h. zur Beantwortung der Frage, ob Eigenlösungen existieren oder nicht, genügt bereits eine Behandlung im Rahmen der geometrischen Optik durch Verwendung eines Matrix-Formalismus, der im Folgenden erläutert wird.

3.1.1   Grundlagen der Matrizenoptik

In der Strahlenoptik wird elektromagnetische Strahlung als Lichtstrahl dargestellt. In einem rotationssymmetrischen Problem kann ein solcher Strahl durch seine Entfernung

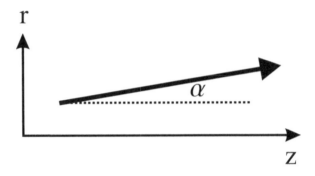

Abb. 3.1 Ausbreitung eines paraxialen Strahls im Vakuum.

von der optischen Achse $r(z)$ und seine Steigung $r'(z)$ an seiner axialen Position z beschrieben werden. Ein Strahl kann daher als Vektor

$$\vec{r}(z) = \begin{pmatrix} r(z) \\ r'(z) \end{pmatrix} = \begin{pmatrix} r(z) \\ \tan\alpha(z) \end{pmatrix} \approx \begin{pmatrix} r(z) \\ \alpha(z) \end{pmatrix} \qquad (3.1)$$

dargestellt werden (vgl. Abb. 3.1). Hierzu wurde die paraxiale Näherung verwendet. Diese besagt, dass die Steigung des Strahls klein genug ist, sodass die trigonometrischen Funktionen durch $\sin\alpha \approx \alpha$ und $\tan\alpha \approx \alpha$ genähert werden können.

Mit dieser Definition eines Lichtstrahls kann ein optisches System durch eine Matrix **M** definiert werden, welche einen eintreffenden Strahl in einen austretenden Strahl transformiert. Nach [11] gilt

$$\vec{r}_2(z_2) = \mathbf{M}\vec{r}_1(z_1) = \begin{pmatrix} M_{11} & M_{12} \\ M_{21} & M_{22} \end{pmatrix} \begin{pmatrix} r(z_1) \\ \alpha(z_1) \end{pmatrix} . \qquad (3.2)$$

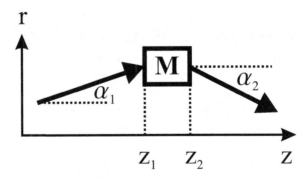

Abb. 3.2 Ausbreitung eines paraxialen Strahls durch ein optisches Element, beschrieben durch eine Matrix M.

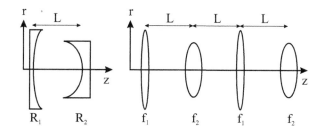

Abb. 3.3 Zwei-Spiegel-Resonator und Vergleich zur Darstellung mit einer unendlichen Folge aus Linsen.

Dies ist auch in Abb. 3.2 dargestellt. Die Transfermatrizen verschiedener optischer Elemente sind in Tab. 3.1 zu sehen. Jedes optische System, welches aus N dieser Elemente besteht, auch unter Berücksichtigung des leeren Raumes zwischen den Elementen, kann daher durch eine einzige Matrix $\mathbf{M}_S$ beschrieben werden, welche den Eingangsstrahl mit dem Ausgangsstrahl verknüpft. Die Matrix $\mathbf{M}_S$ ist durch

$$\mathbf{M_S} = \mathbf{M_N} \cdot \mathbf{M_{N-1}} \cdot \ldots \cdot \mathbf{M_1} = \overset{\overset{N}{\leftarrow}}{\prod_{i=1}} \mathbf{M}_i \tag{3.3}$$

gegeben, wobei es wichtig ist, dass die Matrizen in umgekehrter Reihenfolge zur Ausbreitungsrichtung des Strahls multipliziert werden.

3.1.2 Stabile und instabile Resonatoren

Ein optischer Zwei-Spiegel-Resonator wie in Abb. 3.3 mit den Krümmungsradien der Spiegel R_1 und R_2 und einem Spiegelabstand L kann durch eine unendliche Folge zweier Linsen mit Brennweiten $f_1 = \frac{R_1}{2}$ und $f_2 = \frac{R_2}{2}$ dargestellt werden. Um das Stabilitätskriterium eines solchen Resonators herzuleiten, untersuchen wir einen Umlauf des Strahls innerhalb des Resonators und seinen äquivalenten Weg in der Darstellung der unendlichen Abfolge zweier Linsen aus Abb. 3.3 [12]. Der Resonator kann in dieser Darstellung durch das fundamentale Element aus Abb. 3.4 beschrieben werden, sodass dieser mit einem Umlauf in Einklang steht. Das Element besteht aus einer ersten Halblinse, gefolgt von einer Linse mit Brennweite f_2 im Abstand L, was einer Reflexion an einem Spiegel R_2 entspricht. Dann folgt eine zweite Halblinse, verkörpert durch eine Linse mit einer Brennweite $2f_1$ im Abstand L.

Die entsprechende fundamentale Matrix $\mathbf{M}_0$ dieses optischen Elements ist durch

$$\mathbf{M}_0 = \begin{pmatrix} 1 & 0 \\ -\frac{1}{2f_1} & 1 \end{pmatrix} \begin{pmatrix} 1 & L \\ 0 & 1 \end{pmatrix} \begin{pmatrix} 1 & 0 \\ -\frac{1}{f_2} & 1 \end{pmatrix} \begin{pmatrix} 1 & L \\ 0 & 1 \end{pmatrix} \begin{pmatrix} 1 & 0 \\ -\frac{1}{2f_1} & 1 \end{pmatrix} \tag{3.4}$$

gegeben, was durch die **Resonatorparameter**

$$g_1 = 1 - \frac{L}{R_1} \tag{3.5}$$

Tab. 3.1 Transfermatrizen für paraxiale optische Elemente

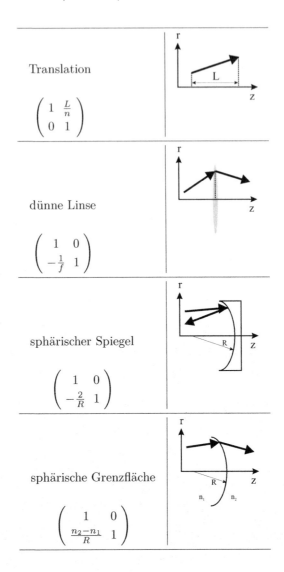

$$g_2 = 1 - \frac{L}{R_2} \tag{3.6}$$

auch in der Form

$$\mathbf{M}_0 = \begin{pmatrix} 2g_1g_2 - 1 & 2g_2L \\ 2g_1\frac{g_1g_2-1}{L} & 2g_1g_2 - 1 \end{pmatrix} \tag{3.7}$$

geschrieben werden kann. Die Eigenwerte ξ_i der Moden dieses Resonators sind durch die Eigenvektoren $\vec{r}_i$ von $\mathbf{M}_0$ durch

$$\mathbf{M}_0\vec{r}_i = \xi_i\vec{r}_i \tag{3.8}$$

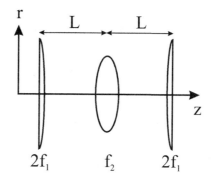

Abb. 3.4 Fundamentales Element der Resonatordarstellung durch eine unendliche Abfolge von Linsen.

gegeben und können daher durch die Determinante

$$|\mathbf{M}_0 - \xi \mathbf{I}| = 0 \tag{3.9}$$

berechnet werden. Dies führt zu:

$$\xi^2 - 2\xi(2g_1g_2 - 1) + 1 = 0 \; . \tag{3.10}$$

Abhängig von den Resonatorparametern können die Eigenwerte reell oder komplex sein. Sie sind gegeben durch:

$$|2g_1g_2 - 1| > 1 \;\; \Rightarrow \;\; \xi_{1,2} = e^{\pm p} \quad \text{mit} \quad \cosh p = 2g_1g_2 - 1, \tag{3.11}$$

$$|2g_1g_2 - 1| \le 1 \;\; \Rightarrow \;\; \xi_{1,2} = e^{\pm iq} \quad \text{mit} \quad \cos q = 2g_1g_2 - 1 \; . \tag{3.12}$$

Da die Eigenvektoren $\vec{r}_1$ und $\vec{r}_2$ eine Basis bilden, kann jeder Vektor $\vec{r}$ als Linearkombination dieser Eigenvektoren ausgedrückt werden:

$$\vec{r} = a_1 \vec{r}_1 + a_2 \vec{r}_2 \; . \tag{3.13}$$

Dies ermöglicht uns die Berechnung des Lichtstrahls nach N Umläufen in einem Resonator:

$$\vec{r}_N = \mathbf{M}_0^N \vec{r} = a_1 \xi_1^N \vec{r}_1 + a_2 \xi_2^N \vec{r}_2 \; . \tag{3.14}$$

In einem **stabilen Resonator** wird kein Lichtstrahl den Resonator verlassen, was $|\xi_1| = |\xi_2| = 1$ erzwingt. Ist dies jedoch nicht der Fall, so divergiert der Strahl aus Gl. 3.14 radial mit dem Ausbreitungswinkel oder konvergiert zu einem der Basisvektoren oder dem Nullvektor. Somit ist das Stabilitätskriterium eines Zwei-Spiegel-Resonators gegeben durch:

$$0 \le g_1g_2 \le 1 \;\; \Rightarrow \;\; \text{stabiler Resonator} \tag{3.15}$$

$$g_1g_2 < 0 \;\; \vee \;\; g_1g_2 > 1 \;\; \Rightarrow \;\; \text{instabiler Resonator} \; . \tag{3.16}$$

stabil   instabil

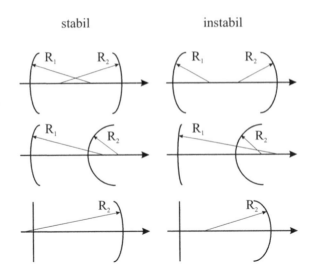

Abb. 3.5 Stabile und instabile Resonatoren und die entsprechende relative Orientierung der Krümmungsradien [12].

Wie in Abb. 3.5 zu sehen, kann mit Hilfe der Gln. 3.5 und 3.6 eine einfache geometrische Interpretation dieser Regeln hergeleitet werden, welche auf dem relativen Überlapp der Krümmungsradien der beiden Spiegel beruht:

- Stabiler Resonator mit einem teilweisen Überlapp der Krümmungsradien.
- Instabiler Resonator ohne Überlapp oder falls der Krümmungsradius eines Spiegels den anderen Krümmungsradius beinhaltet.

Ein zweiter Weg, um die Resonatorparameter darzustellen, ist ein Stabilitätsdiagramm wie in Abb. 3.6, in welchem sowohl die stabilen und instabilen Bereiche als auch der Arbeitspunkt des Resonators gezeigt ist.

3.2 Modenstruktur und Intensitätsverteilung

Im vorherigen Abschnitt 3.1.2 haben wir die Stabilität eines optischen Resonators im Rahmen der geometrischen Optik mit Hilfe von Transfermatrizen untersucht. Dies ermöglicht uns zwar die Bestimmung der Stabilitätskriterien eines Resonators, gibt uns jedoch keine Hinweise auf die Verteilung der Moden im Resonator. Um diese herzuleiten, müssen wir die Wellenbeschreibung des elektromagnetischen Feldes der Eigenmoden mit der Skalarfeldnäherung verwenden. Diese Näherung ist gültig für im Vergleich zur Wellenlänge große Resonatoren, d. h. mit einer Resonatorlänge $L \gg \lambda$ und einem Spiegeldurchmesser von $2a \gg \lambda$. Zudem gilt die Näherung nur für linear polarisierte Felder, welche senkrecht zur Ausbreitungsrichtung stehen. Aus diesem Grund werden solche Mo-

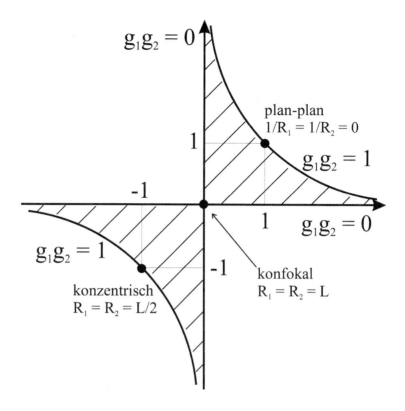

Abb. 3.6 Stabilitätsdiagramm eines Zwei-Spiegel-Resonators [12].

den auch **transversale elektromagnetische Moden** oder **TEM-Moden** genannt. Im Rahmen dieser Näherung können wir das **Huygens-Prinzip** verwenden, um die Ausbreitung der elektromagnetischen Felder zu berechnen und um die Beugungsverluste und Intensitätsverteilung des Resonators herzuleiten.

3.2.1 Die Grundmode: der Gauß-Strahl

Wir beginnen mit der Wellengleichung

$$\nabla^2 \vec{E} = \frac{1}{c^2} \frac{\partial^2 \vec{E}}{\partial t^2} \quad , \tag{3.17}$$

um die Eigenschaften der Grundmode eines Resonators herzuleiten. Da eine Mode durch eine einzelne Frequenz ω ausgedrückt werden kann, nehmen wir ein elektrisches Feld der Form

$$\vec{E} = E_0(x, y, z)\vec{\epsilon}e^{i\omega t} \tag{3.18}$$

an, welches entlang des Polarisationsvektors $\vec{e}$ linear polarisiert sein soll. Setzen wir dies in Gl. 3.17 ein, so erhalten wir mit $k = \frac{\omega}{c}$ die skalare Wellengleichung:

$$\nabla^2 E_0 + k^2 E_0 = 0 \; . \tag{3.19}$$

Zudem nehmen wir an, dass sich die Welle in z-Richtung ausbreitet und wir erhalten somit

$$E_0(x, y, z) = \hat{E}_0 \psi(x, y, z) e^{ikz} \; . \tag{3.20}$$

Hier ist $\hat{E}_0$ die maximale Feldamplitude und $\psi(x, y, z)$ die transversale Feldverteilung, welche nur schwach von z abhängen soll. Somit können wir den Term $\frac{\partial^2 \psi}{\partial z^2}$ in der skalaren Wellengleichung vernachlässigen und erhalten die paraxiale Wellengleichung

$$\Delta_T \psi(x, y, z) - 2ik \frac{\partial \psi}{\partial z} = 0 \; , \tag{3.21}$$

wobei $\Delta_T = \frac{\partial^2}{\partial x^2} + \frac{\partial^2}{\partial y^2}$ den transversalen Laplace-Operator beschreibt.

Um die paraxiale Wellengleichung zu lösen, machen wir den Ansatz

$$\psi(x, y, z) = e^{i\left(p + \frac{kr^2}{2q}\right)} \tag{3.22}$$

mit $r^2 = x^2 + y^2$, was zu

$$\frac{\partial p}{\partial z} = -\frac{i}{q} \tag{3.23}$$

$$\frac{\partial q}{\partial z} = 1 \tag{3.24}$$

führt. Hier entspricht $q(z)$ dem **komplexen Strahlradius**. Dieser Radius entwickelt sich während der Ausbreitung von der axialen Position z_1 nach z_2 entsprechend der Gleichung

$$q(z_2) = q(z_1) + z_2 - z_1 \; . \tag{3.25}$$

Dies ist die grundlegende Gleichung, welche die Berechnung der Strahleigenschaften während der Ausbreitung beschreibt. Für den komplexen Strahlradius definieren wir die reellen Variablen R und w als

$$\frac{1}{q} = \frac{1}{R} - i\frac{\lambda}{\pi w^2} \; , \tag{3.26}$$

was zu

$$\psi(r, z) = e^{-ip} e^{-ik\frac{r^2}{2R}} e^{-\frac{r^2}{w^2}} \tag{3.27}$$

führt. Somit können wir uns herleiten, dass das elektrische Feld eine transversale Gauß-Verteilung mit einem $\frac{1}{e}$-Feldradius w hat. Der Ausdruck $e^{-ik\frac{r^2}{2R}}$ beschreibt die transversale Phasenverteilung. Wir beginnen mit einer reellen sphärischen Welle im Ursprung bei $z = 0$ und erhalten den resultierenden Phasenfaktor bei $z = R$:

$$e^{-ik\sqrt{x^2 + y^2 + R^2}} \approx e^{-ikR} e^{-ik\frac{r^2}{2R}} \; . \tag{3.28}$$

Dies besagt, dass die Grundmode eine sphärische Phasenfront in der Nähe der z-Achse aufweist und $R(z)$ als Krümmungsradius der lokalen Phasenfront angesehen werden kann.

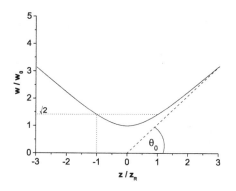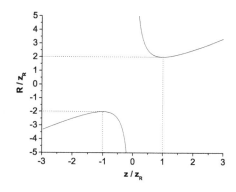

Abb. 3.7 Strahlradius und Krümmungsradius der Phasenfront eines Gauß-Strahls.

In der Ebene, in der der Gauß-Strahl eine flache Phasenfront hat, d. h. $R \to \infty$, vereinfacht sich der komplexe Strahlradius zu

$$q_0 = i\frac{\pi w_0^2}{\lambda} = iz_R \qquad (3.29)$$

und definiert die **Rayleigh-Länge** z_R. Unter der Annahme, dass dies bei $z = 0$ geschieht, können wir die Ausbreitung des komplexen Strahlradius durch

$$q(z) = q_0 + z = z + iz_R \qquad (3.30)$$

beschreiben und überdies die Gleichung für den reellen Strahlradius und den Krümmungsradius der Phasenfront herleiten:

$$w(z) = w_0\sqrt{1 + \left(\frac{z}{z_R}\right)^2} \qquad (3.31)$$

$$R(z) = z + \frac{z_R^2}{z} . \qquad (3.32)$$

Die lokale Entwicklung dieser beiden Parameter ist in Abb. 3.7 zu sehen. Der Strahlradius divergiert nur langsam mit größer werdendem Abstand vom Fokus bis hin zur Rayleigh-Länge z_R. Für noch größere Abstände vom Fokus nimmt der Strahlradius weiter zu, bis er linear mit dem Divergenzwinkel

$$\theta(z) = \arctan\frac{\lambda}{\pi w_0} \approx \frac{\lambda}{\pi w_0} \qquad (3.33)$$

anwächst. Bei der Rayleigh-Länge nimmt der Strahlradius um den Faktor $\sqrt{2}$ zu. Der absolute Krümmungsradius der Phasenfront nimmt schnell mit dem Abstand zum Fokus ab und zeigt ein Minimum für $R(\pm z_R) = 2z_R$ bei $|z| = z_R$ und steigt dann weiter mit $R(z) \approx z$ linear an. Für große Abstände vom Fokus weist der Strahl daher eine Phasenfront auf, die mit einer vom Ursprung emittierten Kugelwelle vergleichbar ist.

Durch Integration der Gl. 3.23 erhalten wir

$$p(z) = -i\ln w(z) - \arctan\left(\frac{z}{z_R}\right) . \qquad (3.34)$$

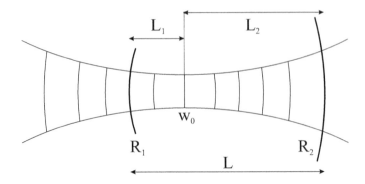

Abb. 3.8 Strahlradius und Radius der Phasenfront eines Gauß-Strahls.

Somit können wir auch den letzten fehlenden Term der Feldverteilung angeben. Die vollständige Verteilung eines Gauß-Strahls ist daher

$$\psi(r,z) = \frac{w_0}{w(z)} e^{-i\phi(z)} e^{-ik\frac{r^2}{2R(z)}} e^{-\frac{r^2}{w(z)^2}} \; , \tag{3.35}$$

wobei $\phi(z) = \arctan\left(\frac{z}{z_R}\right)$ gilt und **Gouy-Phasenverschiebung** genannt wird [11]. Es tritt also eine Phasenverschiebung um π auf, wenn der Strahl seinen Fokuspunkt überschreitet.

Der Gauß-Strahl ist eine Lösung der freien paraxialen Wellengleichung. Bis hierher wurden noch keine Resonatorparameter berücksichtigt. Dadurch, dass die Krümmung der Phasenfront eines Gauß-Strahls sphärischer Natur ist, können wir einen sphärischen Spiegel mit Krümmungsradius $R(z_1)$ an der Position z_1 in den Gauß-Strahl einbringen, sodass der Strahl in sich selbst reflektiert wird. Durch Einbringen eines zweiten Spiegels mit Krümmungsradius $R(z_2)$ an der Position z_2 erhalten wir einen mit diesem Gauß-Strahl konsistenten Resonator. Somit kann der Gauß-Strahl als Grundmode dieses Resonators angesehen werden. Wir müssen nun nur noch einen Weg finden, um dieses Schema umzukehren, d. h. um den Gauß-Strahl für eine gegebene Resonatorgeometrie (also für gegebene R_1, R_2 und L) zu finden.

Unter Berücksichtigung der Abb. 3.8 und Gl. 3.32 erhalten wir:

$$R_1 \quad = L_1 + \frac{z_R^2}{L_1} \tag{3.36}$$

$$R_2 \quad = L_2 + \frac{z_R^2}{L_2} L \quad = L_1 + L_2 \; . \tag{3.37}$$

Dieser Satz von Gleichungen kann leicht gelöst werden, was zu

$$L_1 \qquad = g_2(1 - g_1)\frac{L}{g_1 + g_2 - 2g_1 g_2}, \tag{3.38}$$

$$L_2 \qquad = g_1(1 - g_2)\frac{L}{g_1 + g_2 - 2g_1 g_2}, \tag{3.39}$$

$$z_R^2 \quad = g_1 g_2(1 - g_1 g_2)\left(\frac{L}{g_1 + g_2 - 2g_1 g_2}\right)^2 \tag{3.40}$$

führt. Die Position des Fokus im Vergleich zu den beiden Spiegeln und die entsprechende Rayleigh-Länge können somit direkt berechnet werden. Aus $z_R^2 > 0$ folgt jedoch $0 \leq g_1 g_2 \leq 1$, um eine reelle Lösung für die Rayleigh-Länge zu erhalten. Dies ist erneut das Stabilitätskriterium, das wir bereits aus dem Matrix-Formalismus aus Abschnitt 3.1.2 erhalten haben. Somit haben wir herausgefunden, dass Resonatoren, welche sich mit einem Gauß-Strahl abstimmen lassen, die einzigen stabilen Resonatoren sind, und wir können daraus folgern, dass die stabilen Resonatoren einen Gauß-Strahl als Grundmode haben. Für einen instabilen Resonator kann kein passender Gauß-Strahl gefunden werden, der selbstkonsistent mit dem Resonator ist, und daher besitzt ein solcher Resonator keine Gauß-Eigenmode.

Gauß-Strahlen und Transfermatrizen

Da der Gauß-Strahl die grundlegende Lösung der paraxialen Wellengleichung ist und auch der Matrix-Formalismus aus Abs. 3.1.1 für paraxiale Strahlen eingeführt wurde, existiert eine Beziehung zwischen diesen beiden Beschreibungen. Diese ermöglicht die Berechnung der Entwicklung eines Gauß-Strahls, welcher ein durch eine Matrix

$$\mathbf{M} = \begin{pmatrix} A & B \\ C & D \end{pmatrix} \tag{3.41}$$

beschriebenes Bauelement durchdringt. Diese Beziehung besagt, dass der komplexe Strahlradius q_2 in der Austrittsebene des optischen Systems mit dem komplexen Strahlradius q_1 der Eintrittsebene durch

$$q_2 = \frac{A q_1 + B}{C q_1 + D} \tag{3.42}$$

verknüpft ist [13]. Bedingt durch ihre Form werden diese Transfermatrizen oft **ABCD-Matrizen** genannt. Als Beispiel behandeln wir kurz die Transformation eines Gauß-Strahls durch eine dünne Linse mit Brennweite f. Mit Hilfe von Tab. 3.1 ist der komplexe Eingangs- und Austrittsstrahlradius durch

$$\frac{1}{q_2} = \frac{1}{q_1} - \frac{1}{f} \tag{3.43}$$

verknüpft. In ähnlicher Art und Weise können wir mit Gl. 3.42 auch die Eigenschaften der Grundmode eines komplexen Laserresonators finden. Dazu wählen wir einen willkürlichen Punkt O auf der Resonatorachse innerhalb des Resonators aus, z. B. vor dem Auskoppelspiegel. Von diesem Punkt O aus trifft ein Strahl entlang der Resonatorachse auf den Auskoppelspiegel, wo er teilweise reflektiert wird. Dieser reflektierte Strahl durchläuft nun alle Resonatorelemente (Spiegel, Linsen, Lasermedien mit thermischen Linsen usw.) in Rückwärtsrichtung, wird vom Endspiegel des Resonators reflektiert und passiert nun alle Elemente des Resonators in Vorwärtsrichtung bis zu seinem Ausgangspunkt (hier direkt vor den Auskoppelspiegel). Da sich eine stabile Resonatormode nach einem **Umlauf des Resonators** in sich selbst abbildet, muss der komplexe Strahlradius zu Beginn und am Ende des Umlaufs identisch sein. Daher besagt Gl. 3.42:

$$q = \frac{A_{RT}q + B_{RT}}{C_{RT}q + D_{RT}} \, , \tag{3.44}$$

wobei q den (unbekannten) komplexen Radius der Mode am Punkt O beschreibt und

$$\mathbf{M_{RT}} = \begin{pmatrix} A_{RT} & B_{RT} \\ C_{RT} & D_{RT} \end{pmatrix} \tag{3.45}$$

die Umlauf-Transfermatrix entlang des oben beschriebenen Lichtweges durch den Resonator mit Ausgangspunkt O ist. Der komplexe Strahlradius dieser Mode kann durch die Lösung der Gleichung

$$Cq^2 + (D - A)q - B = 0 \tag{3.46}$$

gefunden werden.

3.2.2 Transversale Moden höherer Ordnung und Strahlqualität

Der im vorherigen Kapitel besprochene Gauß-Strahl ist lediglich die niedrigste Ordnung einer unendlichen Klasse von Moden. Im wichtigsten Fall eines zylindersymmetrischen konfokalen Laserresonators werden die Moden durch die **Laguerre-Gauß-Funktionen** mit einer elektrischen Feldamplitude von

$$E_{lp}(r, \phi, z) \propto \cos l\phi \frac{(2\rho)^l}{(1 + Z^2)^{\frac{l+1}{2}}} L_p^l \left(\frac{(2\rho)^2}{1 + Z^2} \right) e^{-\frac{\rho^2}{1 + Z^2}}$$
$$\cdot \; e^{-i\left(\frac{(1+Z)\pi R}{\lambda} + \frac{\rho^2 Z}{1 + Z^2} - (l+2p+1)\left[\frac{\pi}{2} - \arctan\left(\frac{1-Z}{1+Z} \right) \right] \right)} \tag{3.47}$$

mit

$$\rho = r\sqrt{\frac{2\pi}{R\lambda}} \tag{3.48}$$

$$Z = \frac{2}{R}z \tag{3.49}$$

beschrieben [12]. Hierbei bezeichnet $l = 0, 1, 2, \ldots$ die Azimutalmodenzahl und $p = 0, 1, 2, \ldots$ die radiale Modenzahl, R den Krümmungsradius der Spiegel, welche sich im Abstand $L = R$ voneinander befinden, und $L_p^l(x)$ die Laguerre-Polynome, welche durch

$$L_p^l(x) = \frac{1}{p!} x^{-l} e^x \frac{d^p}{dx^p} (x^{p+l} e^{-x}) \tag{3.50}$$

definiert sind. Die ersten Laguerre-Polynome sind daher $L_0^0(x) = 1$, $L_1^l(x) = l + 1 - x$ und $L_2^l(x) = \frac{1}{2}(l+1)(l+2) - (l+2)x + \frac{x^2}{2}$. Die entsprechenden Intensitätsverteilungen $I_{lp} \propto |E_{lp}|^2$ bei $z = 0$ sind in Abb. 3.9 gezeigt. Hieraus können wir folgern, dass p der Anzahl der radialen Minima in der Intensitätsverteilung entspricht, während $2l$ die

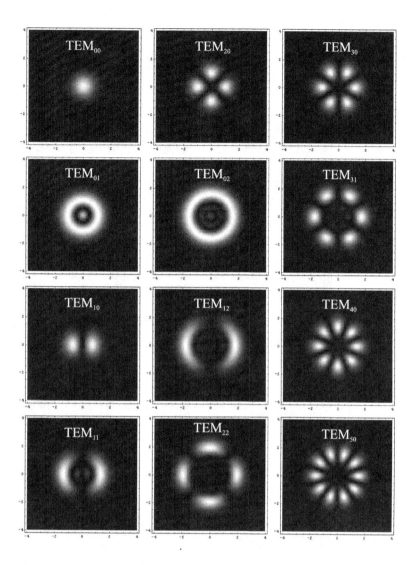

Abb. 3.9 Intensitätsverteilung einiger Laguerre-Gauß-Strahlen (TEM$_{lp}$-Moden).

Anzahl der axialen Minima im vollen Winkelbereich angibt. Falls wir den Strahlradius der TEM$_{00}$-Grundmode mit ω_{00} bezeichnen, ergeben sich die entsprechenden Strahlradien der höheren Ordnungen der Laguerre-Gauß-Strahlen zu

$$\omega_{lp} = \omega_{00}\sqrt{2p + l + 1} \ . \tag{3.51}$$

Sobald keine zylindersymmetrischen Laserresonatoren vorliegen, zum Beispiel durch Verwendung in der Größe mit dem Strahl vergleichbarer rechteckiger Spiegel, sodass asymmetrische Verluste entstehen, werden die Moden besser in kartesischen Koordinaten angegeben, was uns zu den **Hermite-Gauß-Moden** führt. Auch verkippte optische

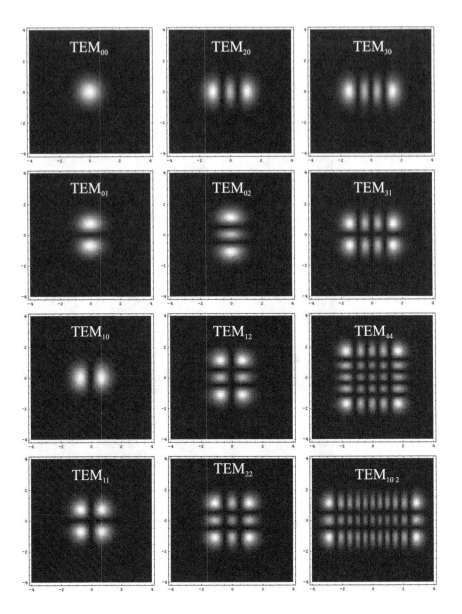

Abb. 3.10 Intensitätsverteilung einiger Hermite-Gauß-Strahlen (TEM$_{mn}$-Moden).

Bauteile innerhalb des Resonators, z. B. Brewster-Fenster, können diesen Effekt auslösen. Die Hermite-Gauß-Moden zeigen die folgende Intensitätsverteilung:

$$E_{mn}(r,\phi,z) \propto \frac{1}{\sqrt{1+Z^2}} H_m\left(X\sqrt{\frac{2}{1+Z^2}}\right) H_n\left(Y\sqrt{\frac{2}{1+Z^2}}\right) e^{-\frac{X^2+Y^2}{1+Z^2}}$$

$$\cdot\ e^{-i\left(\frac{(1+Z)\pi R}{\lambda} + \frac{(X^2+Y^2)Z}{1+Z^2} - (m+n+1)\left[\frac{\pi}{2} - \arctan\left(\frac{1-Z}{1+Z}\right)\right]\right)}, \tag{3.52}$$

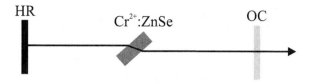

Abb. 3.11 Brewster-Aufbau eines Laserresonators für einen Cr^{2+}:ZnSe-Laser, um die optische Beschichtung auf dem Laserkristall zu umgehen.

wobei gilt:

$$X = x\sqrt{\frac{2\pi}{R\lambda}}, \tag{3.53}$$

$$Y = y\sqrt{\frac{2\pi}{R\lambda}}, \tag{3.54}$$

$$Z = \frac{2}{R}z . \tag{3.55}$$

Hierbei bezeichnen $m = 0$, 1, 2, ... und $n = 0$, 1, 2, ... die Modenzahl entsprechend der x- und y-Achse [12]. Die Hermite-Polynome $H_m(x)$ sind definiert durch:

$$H_m(x) = (-1)^m e^{x^2} \frac{d^m}{dx^m}(e^{-x^2}) . \tag{3.56}$$

Die ersten Hermite-Polynome sind daher $H_0(x) = 1$, $H_1(x) = 2x$, $H_2(x) = 4x^2 - 2$ und $H_3(x) = 8x^3 - 12x$. Die entsprechenden Intensitätsverteilungen $I_{mn} \propto |E_{mn}|^2$ bei $z = 0$ sind in Abb. 3.10 zu sehen. Aus dieser Abbildung können wir folgern, dass m die Anzahl der Minima in der Intensitätsverteilung entlang der x-Achse und n die Anzahl der Minima entlang der y-Achse beschreibt. Falls wir den Strahlradius der Grundmode TEM_{00} mit ω_{00} bezeichnen, so ergeben sich die Durchmesser der symmetrischen (d. h. $m = n$) Hermite-Gauß-Strahlen höherer Ordnungen zu

$$\omega_{mm} = \omega_{00}\sqrt{2m+1} . \tag{3.57}$$

In einem Laseraufbau wird der Laserkristall manchmal unter dem Brewster-Winkel in den Resonator eingebracht, vgl. Abb. 3.11. Somit wird direkt linear polarisiertes Laserlicht erzeugt, da nur eine Polarisationsrichtung den Kristall mit geringen Fresnel-Reflexionsverlusten passieren kann. Der Aufbau wird manchmal auch dazu benutzt, um kurz Kristallproben für den Laserbetrieb zu testen, da hierfür keine Antireflexionsbeschichtung des Kristalls benötigt wird, die beim Einbau unter normalem Einfall notwendig ist. Falls das Lasermedium unter dem Brewster-Winkel in den Resonator eingebaut wird, wird zudem die Symmetrie gebrochen, was zum Auftreten der Hermite-Gauß-Moden führt. Abb. 3.12 zeigt die gemessenen Intensitätsverteilungen einiger Hermite-Gauß-Moden eines im Brewster-Winkel angeordneten Cr^{2+}:ZnSe-Lasers [16].

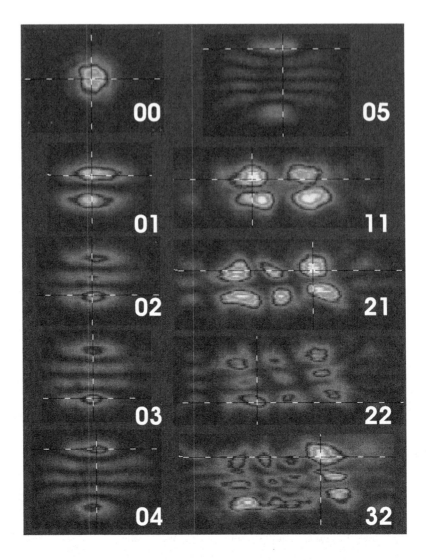

Abb. 3.12 Gemessene Intensitätsverteilungen mehrerer Hermite-Gauß-Strahlen (TEM$_{mn}$-Moden) eines Cr^{2+}:ZnSe-Lasers bei $2,3$ μm [16].

Strahlqualität

Die TEM$_{00}$-Grundmode ist für beide Geometrien die gleiche und entspricht dem Gauß-Strahl aus Abs. 3.2.1. Wir werden im Folgenden sehen, dass diese Mode den geringsten Divergenzwinkel und die kleinste Brennfleckgröße aller Moden zeigt und somit auch die beste Strahlqualität besitzt. Bei der Konstruktion von Lasern ist es daher wünschenswert, den TEM$_{00}$-Betrieb zu erreichen.

Wir untersuchen die verschiedenen statistischen Momente der Feldamplitude $\psi(x)$, um eine Größe zur Beschreibung der Strahlqualität eines Lasers entlang einer bestimmten transversalen Achse, z. B. der x-Achse, herzuleiten [14]. Wir definieren hierzu das statistische Mittel

$$\langle f(x) \rangle = \frac{\int_{-\infty}^{\infty} f(x)|\psi(x)|^2 dx}{\int_{-\infty}^{\infty} |\psi(x)|^2 dx} \ . \tag{3.58}$$

Der Strahlradius w_x und der Krümmungsradius R_x können somit durch

$$w_x = 2\sqrt{\langle x^2 \rangle - \langle x \rangle^2}, \tag{3.59}$$

$$\frac{1}{R_x} = \frac{i\lambda}{\pi w_x^2 \int_{-\infty}^{\infty} |\psi(x)|^2 dx}$$

$$\cdot \int_{-\infty}^{\infty} \left(\psi^*(x)\frac{\partial \psi(x)}{\partial x} - \psi(x)\frac{\partial \psi^*(x)}{\partial x} \right) (x - \langle x \rangle) \, dx \tag{3.60}$$

beschrieben werden. Die Divergenz θ_x des Strahls entlang der x-Achse, welche die radiale Ausbreitung der Energie beschreibt, kann durch die Fourier-Transformation der Amplitudenverteilung angegeben werden. Es gilt:

$$\theta_x = 2\lambda \sqrt{\langle \xi^2 \rangle - \langle \xi \rangle^2} \ , \tag{3.61}$$

wobei $\langle F(\xi) \rangle$ die Momente im Fourier-Raum beschreibt. Dies bedeutet:

$$\langle F(\xi) \rangle = \frac{\int_{-\infty}^{\infty} F(\xi)|\Psi(\xi)|^2 d\xi}{\int_{-\infty}^{\infty} |\Psi(\xi)|^2 d\xi} \tag{3.62}$$

mit der Fourier-Transformierten $\Psi(\xi)$ von $\psi(x)$, für welche gilt:

$$\Psi(\xi) = \frac{1}{\sqrt{2\pi}} \int_{-\infty}^{\infty} \psi(x)e^{-i2\pi\xi x} dx \ . \tag{3.63}$$

Nun kann gezeigt werden, dass der Ausdruck

$$M^2 = \frac{\pi}{\lambda} w_x \sqrt{\theta_x^2 - \frac{w_x^2}{R_x^2}} \tag{3.64}$$

eine unveränderliche Eigenschaft des Strahls ist [14]. Das heißt, dass passive optische Bauelemente, welche durch Transfermatrizen beschrieben werden können (z. B. Linsen oder sphärische Spiegel), diese Größe nicht beeinflussen. Für einen kollimierten Strahl, d. h. bei der Position $R_x \to \infty$, ist die Divergenz durch

$$\theta_x = \frac{M^2 \lambda}{\pi w_x} = M^2 \theta_0 \tag{3.65}$$

gegeben. Dies zeigt, dass die Divergenz des realen Strahls M^2-mal stärker als die Divergenz des kollimierten Gauß-Strahls mit gleichem Radius ist (vgl. Gl. 3.33). Aus $w_x > 0$ folgt, dass M^2 eine positive Größe ist. Es kann auch gezeigt werden, dass für einen Gauß-Strahl $M^2 = 1$ gilt und dass für jede andere Feldverteilung, welche vom Gauß-Strahl abweicht, $M^2 > 1$ gilt. Daher bezeichnet M^2 die **Beugungsmaßzahl**. Der optimale Qualitätsfaktor entspricht $M^2 = 1$ und somit dem Gauß-Strahl. Ein Wert $M^2 > 1$ führt zu einer stärkeren Divergenz des Strahls und daher folgt im Umkehrschluss, dass für eine gegebene Apertur und gegebene Brennweite einer Linse ein größerer Brennpunkt als bei einem Gauß-Strahl mit gleichem Durchmesser entsteht. Falls beide Strahlen unter gleichem Divergenzwinkel fokussiert werden, ergibt sich für den allgemeinen Strahl ein um M^2 größerer Brennfleckdurchmesser als für den Gauß-Strahl. Durch den Einfluss von M^2 auf die Divergenz wird dieser manchmal auch **Strahlpropagationsfaktor** genannt.

In Ausdrücken wie Gl. 3.65 tritt M^2 immer im Zusammenhang mit der Wellenlänge λ des Laserstrahls auf. Dies bedeutet, dass M^2 die Strahldivergenz im gleichen Maße beeinflusst wie die Wellenlänge. Eine Berechnung der Strahlausbreitung, z. B. Kollimation oder Fokussierung, eines Strahles mit $M^2 > 1$ kann daher mit dem einfachen Matrixformalismus ausgeführt werden, wobei wir hierfür einen hypothetischen Gauß-Strahl mit folgender Wellenlänge einführen:

$$\lambda' = M^2 \lambda \ . \tag{3.66}$$

Da die räumlichen Momente (der Strahlradius w_x) und die Raumfrequenzmomente θ_x durch die Fourier-Transformation miteinander verknüpft sind, d. h. x und ξ sind konjugierte Variablen, können wir durch Umschreiben der Gl. 3.65 in die Form

$$\theta_x w_x = \frac{M^2 \lambda}{\pi} = \text{konst.} \tag{3.67}$$

herausfinden, dass die Apertur und die Divergenz in ähnlicher Weise wie die Unschärferelation aus Gl. 1.59 miteinander in Verbindung stehen, wobei in Letzterer die Zeit und die Energie die konjugierten Variablen sind. Genauer betrachtet drückt sich hierin die Orts-Impuls-Unschärfe der Photonen aus. Hieraus folgt, dass das Apertur-Divergenz-Produkt für jeden gegebenen kollimierten Strahl konstant ist und nicht durch ein passives optisches Bauelement, welches durch eine Transfermatrix beschrieben werden kann, verändert werden kann. Sobald ein optisches Bauelement verwendet wird, welches Aberration erzeugt, wird dieses Produkt und somit M^2 nach Durchgang durch das Bauelement anwachsen.

Transversale Modenselektion

Für manche Laseranwendungen ist es oft notwendig, einen Laserbetrieb mit einer einzigen transversalen Mode, in den meisten Fällen die TEM_{00}-Mode, zu realisieren. Daher müssen modenabhängige Verluste in den Resonator eingebaut werden, welche die unerwünschten Moden abschwächen, sodass diese die Schwelle nicht überschreiten.

Eine gute Kenngröße, um die Beugungsverluste eines Resonators mit sphärischen Spiegeln mit Durchmesser $2a$ im Abstand L zu beschreiben, ist die **Fresnel-Zahl**

$$F = \frac{a^2}{\lambda L} \ , \tag{3.68}$$

welche als Verhältnis von der am Resonatorspiegel reflektierten Leistung und der Beugungsverluste am Resonatorspiegel interpretiert werden kann. Dies kann aus folgender Berechnung gesehen werden, indem wir zwei Spiegel mit identischem Durchmesser wie in Abb. 3.14 annehmen. Der reflektierte Strahl hat am ersten Resonatorspiegel einen Durchmesser $d_1 = 2a$ und erfährt durch Beugung eine Strahlverbreiterung mit einem Winkel

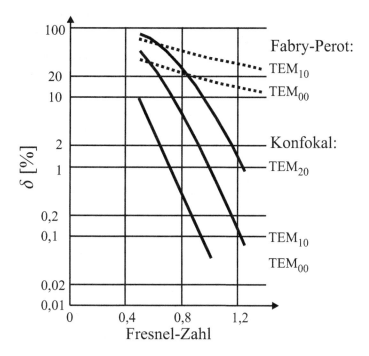

Abb. 3.13 Beugungsverluste als Funktion der Fresnel-Zahl der TEM_{00}- und der TEM_{10}-Moden in Fabry-Perot- und konfokalen Resonatoren [12].

$\theta \approx \frac{\lambda}{d_1}$. Unter der Annahme, dass sich der Strahl gleichmäßig in Richtung des zweiten Resonatorspiegels im Abstand L verbreitert, erhalten wir einen Strahldurchmesser $d_2 = 2(a + L\theta)$ an der Position des zweiten Spiegels. Hieraus erhalten wir das Verhältnis zwischen der am zweiten Spiegel reflektierten Leistung und der Verlustleistung [12]:

$$\frac{\pi a^2}{\pi(a + L\theta)^2} \approx \frac{a}{2L\theta} = \frac{a^2}{\lambda L} = F \,. \tag{3.69}$$

Hohe Fresnel-Zahlen entsprechen daher geringen Resonatorverlusten.

Die einfachste Möglichkeit, eine passende Mode auszuwählen, bietet bereits die Wahl eines passenden Resonatordesigns, z. B. die Wahl eines konfokalen Resonators. Nach

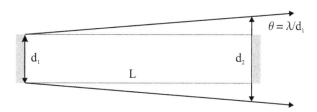

Abb. 3.14 Die Fresnel-Zahl als Verhältnis der reflektierten Leistung und der Verlustleistung am Resonatorspiegel.

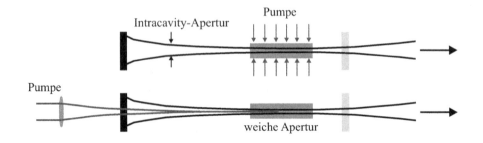

Abb. 3.15 Transversale Modenselektion mit Hilfe einer resonatorinternen Apertur oder einer weichen Apertur in einem Quasi-Drei-Niveau-Laser.

Abb. 3.13 wird ein solcher Resonator nicht nur im Vergleich zu einem **Fabry-Perot-Resonator**, d. h. einem Resonator, der nur aus ebenen Spiegeln besteht und daher sehr sensitiv auf Ausrichtungsfehler reagiert, geringe Verluste haben, sondern auch eine viel höhere Unterscheidung zwischen der Grundmode und der ersten höheren Mode haben. Dies führt durch die Beugungsverluste, welche für hohe Fresnel-Zahlen $F > 1$ durch [12]

$$\delta_{00} \approx 5 \cdot 10^{-4} F^{-7.67} \tag{3.70}$$

$$\delta_{10} \approx 1 \cdot 10^{-2} F^{-7.67} \tag{3.71}$$

gegeben sind, zu einem relativen Verlustverhältnis von 20. In einem Fabry-Perot-Resonator beträgt dieses Verhältnis lediglich 2,53, sodass nur kleine Störungen ausreichend sind, um die Moden in einem Fabry-Perot-Resonator zu ändern. Im Falle eines konfokalen Resonators mit quadratischen Spiegeln der Breite $2a$, d. h. einem Resonator mit Hermite-Gauß-Moden, sind die Verluste durch [12]

$$\delta_{00} \approx 1 \cdot 10^{-4} F^{-13,3} \tag{3.72}$$

$$\delta_{10} \approx 4 \cdot 10^{-3} F^{-13,3} \tag{3.73}$$

gegeben, was einem relativen Verlust von 40 entspricht.

Falls dieser Verlust keine ausreichende Diskriminierung zwischen den einzelnen Moden zeigt, um den TEM_{00}-Betrieb zu gewährleisten, so kann zusätzlich eine Apertur in den Resonator eingebracht werden. Dies kann z. B. an einem inneren Fokus oder an einer Position geschehen, an der ein großer Unterschied im Durchmesser zwischen der Grundmode und der nächsthöheren Mode besteht. Da die höheren Moden im Vergleich zur Grundmode einen größeren Strahlradius besitzen, wie in Gln. 3.51 und 3.57 zu sehen, wird diese Apertur einen hohen Verlust für die hohen Modenordnungen liefern, was den Laser in den TEM_{00}-Betrieb zwingt. In einem Quasi-Drei-Niveau-Laser kann diese Apertur auch durch das gepumpte Volumen selbst realisiert werden. Dies wird als **weiche Apertur** bezeichnet. So wird der Pumpstrahl derart gewählt, dass er leicht kleiner als der Strahldurchmesser der Grundmode des Lasermediums ist (vgl. Abb. 3.15). Dadurch dringt die Mode in den äußeren, nicht gepumpten Teil des Lasermediums ein und erfährt Reabsorption. Moden höherer Ordnung werden noch weiter in das nicht gepumpte

Medium eindringen und werden daher noch stärkere Verluste erleiden. Bei jeder Art der beschriebenen Modenselektion muss jedoch ein Verlust in den Laser eingebaut werden. Daher führt Modenselektion zu geringeren Ausgangsleistungen im Vergleich zum nicht modenselektiven Betrieb mit mehreren Moden.

3.2.3 Longitudinale Moden und Lochbrennen

Wir können den Phasenterm aus den Feldgleichungen (Gl. 3.47 und 3.52) verwenden, um die Resonanzbedingungen der Moden herzuleiten, d. h. die genaue Frequenz der Moden des konfokalen Resonators. Wir erhalten

$$\frac{2L}{\lambda_{lpq}} = \frac{2L}{c}\nu_{lpq} = q + \frac{1}{2}(2p + l + 1), \tag{3.74}$$

$$\frac{2L}{\lambda_{mnq}} = \frac{2L}{c}\nu_{mnq} = q + \frac{1}{2}(m + n + 1) \tag{3.75}$$

für die Laguerre-Gauß- und die Hermite-Gauß-Moden. Im Fall eines allgemeinen Resonators mit sphärischen Spiegeln erhalten wir die entsprechenden Beziehungen [12]:

$$\frac{2L}{\lambda_{lpq}} = \frac{2L}{c}\nu_{lpq} = q + (2p + l + 1)\frac{\arccos\sqrt{g_1 g_2}}{\pi}, \tag{3.76}$$

$$\frac{2L}{\lambda_{mnq}} = \frac{2L}{c}\nu_{mnq} = q + (m + n + 1)\frac{\arccos\sqrt{g_1 g_2}}{\pi}, \tag{3.77}$$

wobei q der longitudinale Modenindex ist. Im Falle einer ebenen Welle in einem Fabry-Perot-Resonator entspricht q der Anzahl an Halbzyklen der Welle entlang des Resonators, d. h. $L = q\frac{\lambda}{2}$. Für die Grundmode ergibt sich hieraus ein Frequenzunterschied der Moden von

$$\Delta\nu_{00} = \frac{c}{2nL}, \tag{3.78}$$

wobei wir den Fall eines mit einem Medium mit Brechungsindex n gefüllten Resonators berücksichtigt haben. Die Größe $\Delta\nu_{00}$ wird auch **freier Spektralbereich** des Resonators genannt. Für die erste höhere Mode ergibt sich ein Frequenzunterschied von

$$\Delta\nu_{10} = \frac{c}{2nL}\frac{\arccos\sqrt{g_1 g_2}}{\pi}. \tag{3.79}$$

Dies zeigt, dass diese Moden in der Regel nicht mit der Grundmode entartet sind. Nur falls ein Spiegel die konfokale Bedingung $g_i = 0$ erfüllt, sind alle Moden wegen $g_1 g_2 = 0$ entartet.

In einem verlustfreien Resonator ist das durch die Gln. 3.76 und 3.77 beschriebene Frequenzspektrum durch eine Serie von δ-Funktionen gegeben:

$$s_{LG}(\nu) = \sum_{lpq}\delta(\nu - \nu_{lpq}), \tag{3.80}$$

$$s_{HG}(\nu) = \sum_{mnq}\delta(\nu - \nu_{mnq}) \tag{3.81}$$

und entspricht für jede Mode einer unendlichen Photonenlebensdauer im Resonator. In einem realen Resonator treten jedoch immer Verluste durch Beugung, Auskopplung oder interne Absorption auf, was die Lebensdauer der Photonen im Resonator zu einem endlichen Wert τ_c verkürzt. Wie für eine homogene Linienbreite eines atomaren Niveaus, bedingt durch die natürliche Lebensdauer, wird die endliche Photonenlebensdauer die Resonanz des Resonators verbreitern. Dies führt zu einer Linienbreite von

$$\delta\nu = \frac{1}{2\pi\tau_c} = -\frac{c}{4\pi L}\ln\left[R_{OC}(1-\Lambda)R_{HR}\right] \; . \tag{3.82}$$

Mit dem Modenabstand aus Gl. 3.78 kann die **Finesse** F_c eines Resonators als

$$F_c = \frac{\Delta\nu_{00}}{\delta\nu} \tag{3.83}$$

definiert werden, was die Schärfe der Resonanz beschreibt.

In besonderen Anwendungen (z. B. Holographie oder Präzisionsmessungen), bei welchen ein äußerst monochromatischer Laserstrahl, d. h. eine große Kohärenzlänge, benötigt wird, ist es wichtig, dass der Laser nicht nur in seiner transversalen Grundmode (TEM$_{00}$), sondern auch in einer einzigen longitudinalen Mode betrieben wird. Die meisten Laser weisen jedoch eine Vielzahl longitudinaler Moden gleichzeitig auf. Der Grund hierfür ist das **räumliche** und das **spektrale Lochbrennen**.

Räumliches Lochbrennen

Räumliches Lochbrennen tritt immer bei linearen Resonatoren auf, in denen das Feld innerhalb des Resonators stehende Wellen ausbildet. In den Knoten der stehenden Welle ist die elektrische Feldamplitude immer gleich Null und daher ist, wie aus Abb. 3.16 zu sehen, die Besetzungsinversion nicht gesättigt, wie es in den Feldmaxima der Fall ist. Daher kann eine zweite longitudinale Mode mit einer unterschiedlichen Frequenz, die einen großen Überlapp seiner lokalen Maxima und der Verteilung der Sättigungsverstärkung besitzt, eine ausreichend große Verstärkung erfahren, um eine Oszillation zu beginnen, obwohl schon die erste Mode die Verstärkung gesättigt hat.

Um das räumliche Lochbrennen zu vermeiden, werden Ringresonatoren verwendet, welche aus mindestens drei Spiegeln bestehen. Mit besonderen optischen Bauteilen wie **Faraday-Rotatoren** oder **akustooptischen Modulatoren** können für die beiden Ausbreitungsrichtungen unterschiedliche Verluste induziert werden. Dies führt zu einer unidirektionalen Laufrichtung der Resonatormoden. Somit können sich keine stehenden Wellen ausbilden und ein räumliches Lochbrennen wird vermieden.

Spektrales Lochbrennen

Der zweite Lochbrenneffekt in einem Laser ist das spektrale Lochbrennen. Dieser Effekt tritt immer dann auf, wenn das Lasermedium inhomogen verbreiterte Übergänge zeigt. Für eine gleichmäßige Verbreiterung wird die Mode mit der größten Verstärkung zuerst mit der Oszillation beginnen und somit die Verstärkung wie in Abb. 3.17 verringern.

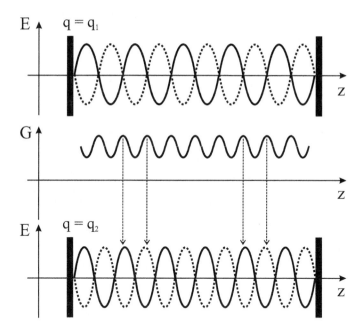

Abb. 3.16 Räumliches Feld und Verstärkungsverteilung in einem Resonator mit stehenden Wellen. Der unterste Graph zeigt eine mögliche zweite longitudinale Mode, welche durch die gesättigte Verstärkungsverteilung anschwingen werden kann.

Im Fall einer inhomogenen Verbreiterung kann jede Frequenzkomponente der Verstärkung unabhängig von den anderen gesättigt werden und jede Mode, bei der die Verstärkung zu Beginn höher als die Schwellwertverstärkung G_{th} ist, wird zu oszillieren beginnen. Daher wird bei jeder Frequenz der Resonatormoden ein „Loch" in die Verstärkungsverteilung gebrannt.

Longitudinale Modenauswahl

Um den Laser zum Betrieb mit einer einzigen longitudinalen Mode zu zwingen, muss ein frequenzselektives Bauelement in den Resonator eingebaut werden. Wie in Abb. 3.18 zu sehen, erhöht dieses Element die Verluste für alle anderen Moden, sodass die Schwellenverstärkung bei der entsprechenden Modenfrequenz größer ist als die eigentliche Verstärkung des Lasermediums. Folglich erreicht nur die ausgewählte Mode die Schwelle und beginnt die Oszillation.

Die Auswahl der Frequenz kann durch den Einbau eines Etalons, d. h. eine planparallele Glasplatte, geschehen. Das Etalon wirkt abhängig vom Brechungsindex des Materials und der Dicke der (Glas-)Platte wie ein kleiner Fabry-Perot-Resonator. Es ist daher nur für diejenigen Frequenzen verlustfrei, bei denen Knoten auf den Oberflächen des Etalons auftreten. Für alle anderen Wellenlängen treten Fresnel-Verluste auf, welche noch zu den

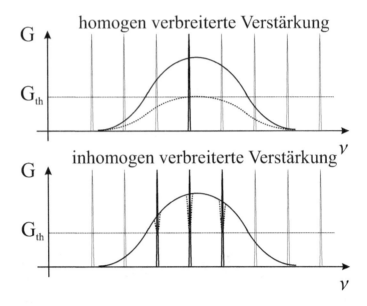

Abb. 3.17 Spektrale Verstärkung und Resonatormoden in einem Resonator mit einer Schwellen-verstärkung G_{th} für unterschiedliche Linienverbreiterungen. Die durchgezogene Linie beschreibt die Verstärkung vor Beginn der Laseroszillation und die gestrichelte Linie beschreibt die Verstärkung während der Oszillation.

Resonatorenverlusten Λ addiert werden müssen. Die Dicke des Etalons wird nun so gewählt, dass beim Einstellen der zentralen Laserfrequenz durch Ändern des Einfallswinkels das nächste Zusammentreffen zwischen Resonatormoden und dem Maximum der Transmissionsfrequenzen des Etalons außerhalb des Frequenzbereichs geschieht. Eine andere Möglichkeit ist die Verwendung von gekoppelten Resonatoren, sättigbarer Absorber oder einem Seed-Laser. Bei Letzterem wird ein Laser mit einer einzelnen longitudinalen Mode mit niedriger Leistung (dies kann durch Pumpen genau oberhalb der Schwelle geschehen, sodass keine andere Mode den Schwellwert erreicht) in den Resonator eines Lasers eingekoppelt, der für den Betrieb mit nur einer longitudinalen Mode bei höherer Leistung bestimmt ist. Bei geeigneter Abstimmung der Resonanz (z. B. durch aktive Regelung der Resonatorlänge) des zweiten Lasers auf den Seed-Laser wird der zweite Laser an die Frequenz des ersten Lasers gekoppelt.

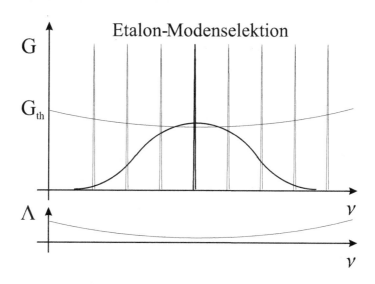

Abb. 3.18 Spektrale Verstärkung und Resonatormoden in einem Resonator für inhomogene Linienverbreiterung mit Verwendung eines Etalons zur Modenauswahl.

3.3 Linienbreite der Laseremission

Die theoretische Linienbreite eines Lasers wurde erstmals, noch zwei Jahre vor der ersten experimentellen Umsetzung, von Schawlow und Townes im Jahr 1958 berechnet. Sie haben gezeigt, dass die theoretische Linienbreite $\delta\nu_L$ (Halbwertsbreite) durch

$$\delta\nu_L = \frac{2\pi h\nu\Delta\nu_c^2}{P_{out}} \qquad (3.84)$$

gegeben ist, wobei ν die zentrale Laserfrequenz, $\Delta\nu_c = \frac{1}{2\pi\tau_c}$ die Bandbreite des passiven Laserresonators und P_{out} die Ausgangsleistung des Lasers ist.

In diesem Abschnitt wollen wir einen äquivalenten Ausdruck für die Linienbreite herleiten, der auch für Quasi-Drei-Niveau-Systeme gültig ist und zusätzlich mehr Einblick in die grundlegenden Lasereigenschaften bietet. Wir werden zwei äquivalente Beschreibungen für den **Gütefaktor** eines Resonators verwenden [17], welche gegeben sind durch:

$$Q = \frac{\nu}{\delta\nu_L} \quad \text{und} \qquad (3.85)$$

$$Q = \frac{2\pi E_{tot}}{\Delta E_{osc}} = \frac{2\pi\nu E_{tot}}{\left|\frac{\partial E_{tot}}{\partial t}\right|} \ . \qquad (3.86)$$

Der erste Ausdruck beschreibt den Gütefaktor als das Verhältnis von Resonanzfrequenz ν und Linienbreite der Resonanz $\delta\nu_L$ (Halbwertsbreite). Der zweite Ausdruck verwendet hingegen die Gesamtenergie E_{tot} innerhalb des Resonators und den Energieverlust während einer Oszillation ΔE_{osc}, welche wiederum durch den zeitlich gemittelten Energieverlust während einer Periode $\left|\frac{\partial E_{tot}}{\partial t}\right|$ ausgedrückt werden kann. Beide Beschreibungen sind dahingehend äquivalent, dass sie einfach durch Fourier-Transformation der Intensitätsabnahme (oder Energieabnahme) $I(t)$ eines gedämpften Oszillators und dem Frequenzspektrum $\tilde{I}(\nu)$ miteinander verbunden sind.

Wir müssen jedoch beachten, dass die Gesamtenergie innerhalb des Resonators aus einem kohärenten Anteil E_c (durch stimulierte Emission) und einem inkohärenten Anteil E_{sp} (durch spontane Emission) besteht.

Während des Dauerstrichbetriebs ist die Energie innerhalb des Resonators konstant in der Zeit und es gilt:

$$E_{tot} = E_c + E_{sp} = \text{konst.} \Rightarrow \left| \overline{\frac{\partial E_c}{\partial t}} \right| = \left| \overline{\frac{\partial E_{sp}}{\partial t}} \right| = P_{sp} \; . \tag{3.87}$$

Der über eine Periode gemittelte Energieverlust ist somit nur durch die gemittelte Leistung P_{sp} der spontan erzeugten Photonen gegeben, welche während einer Oszillationsperiode in die Lasermode emittiert werden. Die Leistung wird benötigt, um die Verluste zu kompensieren, welche durch die Photonenlebensdauer τ_c als

$$P_{tot} = \frac{E_{tot}}{\tau_c} = \frac{E_c + E_{sp}}{\tau_c} = P_c + P_{sp} \tag{3.88}$$

geschrieben werden kann, wobei P_c der kohärenten Leistung der stimulierten Emission entspricht. Aus Gl. 2.87 können wir herleiten, dass der Beitrag der stimulierten und spontanen Emission durch

$$P_c = h\nu c[\sigma_e(\lambda_s)\langle N_2\rangle - \sigma_a(\lambda_s)\langle N_1\rangle]\Phi_c V \; , \tag{3.89}$$

$$P_{sp} = h\nu c\sigma_e(\lambda_s)\langle N_2\rangle\Phi_0 V \tag{3.90}$$

gegeben ist, wobei wir eine axial konstante Photonendichte angenommen haben, Φ_c die Dichte der kohärenten Photonen im Resonator und V das Volumen des Resonators ist. Somit können wir das Verhältnis der Raten aus spontaner und stimulierter Emission angeben:

$$\frac{P_c}{P_{sp}} = \frac{\sigma_e(\lambda_s)\langle N_2\rangle - \sigma_a(\lambda_s)\langle N_1\rangle}{\sigma_e(\lambda_s)\langle N_2\rangle}\frac{\Phi_c}{\Phi_0} = \left(1 - \frac{\sigma_a(\lambda_s)\langle N_1\rangle}{\sigma_e(\lambda_s)\langle N_2\rangle}\right)\phi_{coh} \; . \tag{3.91}$$

Dies gilt unter der Berücksichtigung, dass das Verhältnis aus kohärenter Photonendichte Φ_c und Photonendichte der Vakuumfluktuationen Φ_0 in derselben Mode nur durch die Anzahl der kohärenten Photonen in der Mode ϕ_{coh} gegeben ist, da die Quantenfluktuationen den Nullpunktsfluktuationen dieser Mode und somit einem einzigen Photon pro Mode entsprechen.

Somit können wir den Gütefaktor des oszillierenden Resonators in der Form

$$Q = 2\pi\nu\tau_c\frac{P_c + P_{sp}}{P_{sp}} = 2\pi\nu\tau_c\left(1 - \frac{\sigma_a(\lambda_s)\langle N_1\rangle}{\sigma_e(\lambda_s)\langle N_2\rangle}\right)\phi_c + 1 \tag{3.92}$$

schreiben. Mit Hilfe der ersten Definition des Gütefaktors erhalten wir die Laserlinienbreite:

$$\delta\nu_L = \frac{1}{2\pi\tau_c\left(1 - \frac{\sigma_a(\lambda_s)\langle N_1\rangle}{\sigma_e(\lambda_s)\langle N_2\rangle}\right)\phi_{coh} + 1} = \frac{\Delta\nu_c}{\left(1 - \frac{\sigma_a(\lambda_s)\langle N_1\rangle}{\sigma_e(\lambda_s)\langle N_2\rangle}\right)\phi_{coh} + 1} \; . \tag{3.93}$$

Wir können somit folgern, dass die Laserlinienbreite hauptsächlich von der Anzahl der kohärenten Photonen in der Lasermode und somit auch von der Ausgangsleistung des Lasers P_{out} abhängt, falls wir

$$\phi_{coh} + 1 = \frac{2}{T_{OC}} \frac{\lambda_s L}{hc^2} P_{out} \tag{3.94}$$

verwenden. Im Fall einer geringen Reabsorption $\sigma_a(\lambda_s) \ll \sigma_s(\lambda_s)$ oder für einen Vier-Niveau-Laser vereinfacht sich dies zu:

$$\delta\nu_L = \frac{\Delta\nu_c}{\phi_{coh} + 1} \ . \tag{3.95}$$

Diese Gleichung ist äquivalent zur **Schawlow-Townes-Beziehung**.

Die Linienbreite der Laseremission wird immer kleiner sein als die Bandbreite des Resonators und kann theoretisch sehr kleine Werte unter 1 Hz erreichen. So erhält man beispielsweise für einen Nd^{3+}-Laser mit kohärenter Ausgangsleistung von 1 W bei $\lambda_s = 1064,1$ nm und den Resonatorparametern $L = 0,1$ m und $T_{OC} = 0,2$ eine passive Resonator-Photonenlebensdauer von $\tau_c = 1,5$ ns, d. h. $\Delta\nu_c = 106$ MHz, und eine Anzahl an kohärenten Photonen im Laserbetrieb von $\phi_{coh} = 1,8 \cdot 10^{10}$. Dies ergibt eine theoretische Linienbreite von $\delta\nu_L \approx 6 \cdot 10^{-3}$ Hz.

Für reale Laser erhält man jedoch im Experiment keine derart geringen Linienbreiten. Dies ist durch verschiedene Arten von externen Fluktuationen, z. B. Vibrationen des mechanischen Aufbaus oder Dichteschwankungen der Luft im Laserresonator, und somit einer nicht konstanten optischen Resonatorlänge bedingt, welche eine Frequenzmodulation bewirken, die um mehrere Größenordnungen höher ist als die theoretische Linienbreite eines Lasers.

4 Erzeugung von kurzen und ultrakurzen Pulsen

In diesem Kapitel untersuchen wir zwei der wichtigsten Methoden zur Erzeugung von Laserpulsen: die Güteschaltung und die Modenkopplung. Obwohl jeder Laser natürlich durch einfaches An- und Ausschalten im Pulsbetrieb gehalten werden könnte, erlauben diese Methoden eine Anreicherung der Pumpenergie zwischen zwei Pulsen. So können Pulsspitzenleistungen erreicht werden, die mehrere Größenordnungen höher liegen als die entsprechende Ausgangsleistung von Dauerstrichlasern.

4.1 Grundlagen der Güteschaltung

Die Güteschaltung (engl. Q-switching) basiert auf einer Modulation der Resonatorverluste, wie in Abb. 4.1 zu sehen ist. Diese Modulation erhöht die internen Verluste des Resonators während der Pumpphase, wobei sie in aktiver Güteschaltung durch einen resonatorinternen Modulator oder in passiver Güteschaltung durch einen sättigbaren

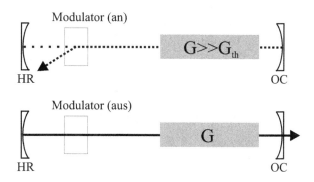

Abb. 4.1 Prinzipieller Aufbau eines aktiven gütegeschalteten Lasers.

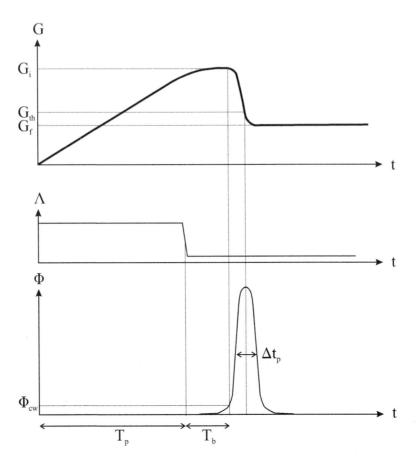

Abb. 4.2 Entwicklung von Verstärkung, Verlusten und Photonendichte innerhalb der Güteschaltung.

Absorber extern angetrieben wird. Dadurch wird die Laserschwelle stark erhöht und der Laser kann die Oszillation nicht starten. Die Inversion kann somit viel größere Werte annehmen als im Dauerstrichbetrieb. Nach dieser Pumpphase werden die Modulationsverluste ausgeschaltet und die Rückkopplung auf das Lasermedium wird wiederhergestellt. Aus dem Rauschen bildet sich dann ein Laserfeld und alle angesammelte Energie wird in einem Riesenpuls mit sehr großer Energie emittiert. Da die Verlustmodulation den Gütefaktor des Resonators ändert, wird diese Pulserzeugung Güteschaltung genannt. Die allgemeine zeitliche Entwicklung des Güteschaltens ist in Abb. 4.2 für den Fall der aktiven Güteschaltung skizziert, die auf die internen Resonatorverluste Λ reagiert.

4.1.1 Aktive Güteschaltung

Beginnend mit den Ratengleichungen 2.60 und 2.61 werden in diesem Abschnitt die grundlegenden Eigenschaften aktiv gütegeschalteter Laser hergeleitet.

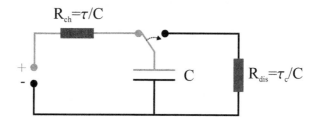

Abb. 4.3 Analogie zwischen Güteschaltung und dem Aufladen eines Kondensators.

Pumpen bei niedrigem Gütefaktor

Während der Pumpphase der Dauer T_p werden die Resonatorverluste als so hoch angenommen, dass sie jegliche Laseraktivität verhindern, d. h. $\langle\Phi\rangle \approx 0$. Demnach ändert sich Gl. 2.60 zu

$$\frac{\partial\langle\Delta N\rangle}{\partial t} = R_p - \frac{\langle N\rangle + \langle\Delta N\rangle}{\tau} \tag{4.1}$$

mit der Pumprate

$$R_p = 2\frac{\lambda_p}{hc}I_p\frac{\eta_{abs}}{L} \ . \tag{4.2}$$

Diese Gleichung kann leicht unter der Voraussetzung einer konstanten Pumprate gelöst werden, was zu einem Inversionsanstieg führt:

$$\langle\Delta N\rangle(t) = R_p\tau\left(1 - e^{-\frac{t}{\tau}}\right) - \langle N\rangle \ . \tag{4.3}$$

Es ist nützlich zu wissen, dass dieser Anstieg identisch zum Aufladen eines Kondensators C ist, wie in Abb. 4.3 gezeigt ist. Die Güteschaltung kann in diesem Sinne wie folgt betrachtet werden: ein langsames Aufladen eines Kondensators über einen hohen Widerstand $R_{ch} = \frac{\tau}{C}$ und ein schnelles Entladen über einen geringen Widerstand $R_{dis} = \frac{\tau_c}{C}$, was mit der viel kürzeren Resonatorlebensdauer zusammenhängt.

Für eine große Pumpzeit, d. h. $t \to \infty$, wird die Inversion in Sättigung gehen und ihre obere Grenze erreichen

$$\langle\Delta N\rangle_\infty = R_p\tau - \langle N\rangle \ , \tag{4.4}$$

was zeigt, dass lange Pumpphasen zu einer geringen Effizienz führen. Um die Pumpeffizienz zu berechnen, nehmen wir an, dass der Laser mit einer gegebenen Pumpenergie E_p gepumpt wird, die über eine variable Pumpzeit T_p in einem rechteckigen Puls verteilt sein kann. Während dieser Zeit werden $N_{p,max} = R_pT_p$ Anregungen erzeugt, die jedoch unter spontanem Zerfall leiden. Darum sind zum Ende der Pumpphase nur noch

$$N_p = \langle\Delta N\rangle(T_p) + \langle N\rangle = \frac{N_{p,max}}{T_p}\tau\left(1 - e^{-\frac{T_p}{\tau}}\right) \tag{4.5}$$

Anregungen im oberen Zustand. Demnach kann die Pumpeffizienz η_p geschrieben werden als

$$\eta_p = \frac{\tau}{T_p}\left(1 - e^{-\frac{T_p}{\tau}}\right) \ . \tag{4.6}$$

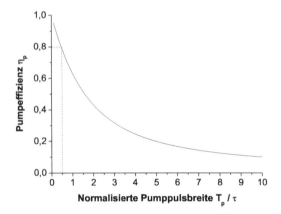

Abb. 4.4 Pumpeffizienz als Funktion der Pumppulsbreite.

Die Pumpeffizienz gibt die Menge der absorbierten Pumpenergie an, die in der Anregung des Lasermediums nach der Pumpphase gespeichert ist. Wie aus Abb. 4.4 entnommen werden kann, sollte eine Pumppulsdauer von $T_p < \frac{\tau}{2}$ benutzt werden, um eine Pumpeffizienz $> 80\%$ zu erhalten.

Pulsaufbau bei hohem Gütefaktor

Nach der Pumpphase liegt die Anfangsinversion $\langle \Delta N \rangle_i$ im Lasermedium vor, der Modulator wird ausgeschaltet und der hohe Gütefaktor des Resonators wiederhergestellt. Die Zeit für den Pulsaufbau ist als die Zeit definiert, die das Photonenfeld braucht, um sich aus dem Rauschen bis zu einem mit dem Photonenfeld im Dauerstrichbetrieb vergleichbaren Wert aufzubauen [11]. Da die Spitzenphotonendichte im gütegeschalteten Puls sehr viel höher sein wird als der Wert im Dauerstrichbetrieb (engl. CW = continuous wave) $\langle \Phi \rangle_{cw}$, können wir annehmen, dass für $\langle \Phi \rangle \leq \langle \Phi \rangle_{cw}$ kein signifikanter Abfall in der Inversion geschieht. Deshalb wird die Inversion über diese Zeit als konstant angenommen und mit Gl. 2.63 kann die Ratengleichung, die die zeitliche Entwicklung des Photonenfelds bestimmt, geschrieben werden als

$$\frac{\partial \langle \Phi \rangle}{\partial t} = \frac{c}{2} \left[\sigma_a(\lambda_s) + \sigma_e(\lambda_s) \right] \left(\langle \Delta N \rangle_i - \langle \Delta N \rangle_{th} \right) \langle \Phi \rangle . \tag{4.7}$$

Dabei nehmen wir an, dass die axialen Änderungen in der Besetzung und im Photonenfeld nicht sehr groß sind, sodass die gemittelten Produkte als Produkt der Mittelwerte geschrieben werden können. Außerdem vereinfachen wir im Folgenden die Emissions- und Absorptionswirkungsquerschnitte bei der Laserwellenlänge λ_s durch $\sigma_a = \sigma_a(\lambda_s)$ und $\sigma_e = \sigma_e(\lambda_s)$. Mit den Abkürzungen

$$\langle \Delta N \rangle_i' = \langle \Delta N \rangle_i - \frac{\sigma_a - \sigma_e}{\sigma_a + \sigma_e} \langle N \rangle , \tag{4.8}$$

$$\langle \Delta N \rangle'_{th} = \langle \Delta N \rangle_{th} - \frac{\sigma_a - \sigma_e}{\sigma_a + \sigma_e} \langle N \rangle \ , \tag{4.9}$$

$$r = \frac{\langle \Delta N \rangle'_i}{\langle \Delta N \rangle'_{th}} = \frac{g_i}{g_{th}} \tag{4.10}$$

und Gl. 2.63 können wir Gl. 4.7 wieder zu

$$\frac{\partial \langle \Phi \rangle}{\partial t} = \frac{1}{\tau_c}(r - 1)\langle \Phi \rangle \tag{4.11}$$

vereinfachen. Deren Lösung ist

$$\langle \Phi \rangle(t) = \Phi_0 e^{(r-1)\frac{t}{\tau_c}} \ , \tag{4.12}$$

wobei Φ_0 das Rauschen der Photonendichte bedingt durch die Vakuumfluktuationen ist. Das Resonatorfeld wird deswegen aus den Vakuumfluktuationen mit der Zeitkonstante $\frac{\tau_c}{r-1}$ exponentiell anwachsen, bis es die Inversion signifikant abbaut. Unter Verwendung von

$$g_i = (\sigma_a + \sigma_e)\langle \Delta N \rangle_i - (\sigma_a - \sigma_e)\langle N \rangle \tag{4.13}$$

$$g_{th} = (\sigma_a + \sigma_e)\langle \Delta N \rangle_{th} - (\sigma_a - \sigma_e)\langle N \rangle \tag{4.14}$$

kann der Pumpparameter r auch als Verhältnis aus der anfänglichen logarithmischen Verstärkung g_i und der logarithmischen Schwellenverstärkung g_{th} ausgedrückt werden. Solange der Abbau des Grundzustands N_1 während des Pumpens vernachlässigt werden kann, z. B. bei hohen Repetitionsraten (dazu später mehr), ist die logarithmische Verstärkung proportional zur Pumpleistung, was zu

$$r = \frac{g_i}{g_{th}} \approx \frac{P_p}{P_{th}} \tag{4.15}$$

führt. Deshalb wird der Pumpparameter r oft als Betriebspunkt „oberhalb der Schwelle" des Lasers (mit „$r - 1$") bezeichnet.

Das Definieren der Pulsaufbauzeit T_b durch $\langle \Phi \rangle(T_b) = \langle \Phi \rangle_{cw}$ führt zu

$$T_b = \frac{\tau_c}{r-1} \ln \frac{\langle \Phi \rangle_{cw}}{\Phi_0} \ . \tag{4.16}$$

In den meisten Lasersystemem ist das Verhältnis aus der CW-Photonendichte und dem Rauschen in der Größenordnung von 10^8 bis 10^{12}, was

$$T_b \approx (22,5 \pm 5)\frac{\tau_c}{r-1} \tag{4.17}$$

ergibt. Wie in Abb. 4.5 gezeigt, verkürzt sich die Pulsaufbauzeit schnell mit dem Erhöhen der Pumpleistung und verschiebt sich zum Zeitpunkt der Modulatoröffnung. Um keine Effizienz zu verlieren, muss man verhindern, dass die Pulsaufbauzeit unter zusätzlichen Verlusten aus dem Modulator leidet. Dafür muss der Modulator so gewählt werden, dass das Schalten zwischen dem niedrigen und dem hohen Gütezustand des Resonators viel schneller passiert als die Aufbauzeit eines Laserpulses.

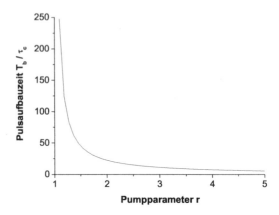

Abb. 4.5 Zeit des Pulsaufbaus als Funktion des Pumpparameters r.

Pulsspitzenleistung und Pulsbreite

Um die Pulsbreite des gütegeschalteten Pulses herzuleiten, können wir annehmen, dass wir während der Zeit des Pulsaufbaus und des Pulsabbaus weiteren spontanen Zerfall des oberen Niveaus sowie Pumpen vernachlässigen können, was zu folgenden Ratengleichungen führt:

$$\frac{\partial \langle \Delta N \rangle}{\partial t} = c\left[(\sigma_a - \sigma_e)\langle N \rangle - (\sigma_a + \sigma_e)\langle \Delta N \rangle\right]\langle \Phi \rangle \tag{4.18}$$

$$\frac{\partial \langle \Phi \rangle}{\partial t} = \frac{c}{2}(\sigma_a + \sigma_e)\left(\langle \Delta N \rangle - \langle \Delta N \rangle_{th}\right)\langle \Phi \rangle . \tag{4.19}$$

Dividieren von Gl. 4.19 durch Gl. 4.18 führt zur Entwicklung des Photonenfelds mit einer Inversion von

$$\frac{\partial \langle \Phi \rangle}{\partial \langle \Delta N \rangle} = \frac{1}{2}\frac{(\sigma_a + \sigma_e)\left(\langle \Delta N \rangle - \langle \Delta N \rangle_{th}\right)}{(\sigma_a - \sigma_e)\langle N \rangle - (\sigma_a + \sigma_e)\langle \Delta N \rangle} , \tag{4.20}$$

was integriert werden kann, um das Photonenfeld als Funktion der Inversionsdichte darzustellen:

$$2\int_{\Phi_0}^{\langle \Phi \rangle} d\langle \Phi \rangle = \int_{\langle \Delta N \rangle_i}^{\langle \Delta N \rangle} \frac{[\sigma_a + \sigma_e]\left(\langle \Delta N \rangle - \langle \Delta N \rangle_{th}\right)}{([\sigma_a - \sigma_e]\langle N \rangle - [\sigma_a + \sigma_e]\langle \Delta N \rangle)} d\langle \Delta N \rangle . \tag{4.21}$$

Dieses Integral kann analytisch gelöst werden. Unter der Voraussetzung, dass die Photonenrauschdichte gering verglichen mit der während des Pulses ist (d. h., die untere Integrationsgrenze ist $\Phi_0 \approx 0$), erhalten wir

$$2\langle \Phi \rangle \approx \langle \Delta N \rangle_i - \langle \Delta N \rangle \tag{4.22}$$

$$+ \left[\frac{\sigma_a - \sigma_e}{\sigma_a + \sigma_e}\langle N \rangle - \langle \Delta N \rangle_{th}\right]\ln\left(\frac{\langle \Delta N \rangle_i - \frac{\sigma_a - \sigma_e}{\sigma_a + \sigma_e}\langle N \rangle}{\langle \Delta N \rangle - \frac{\sigma_a - \sigma_e}{\sigma_a + \sigma_e}\langle N \rangle}\right) .$$

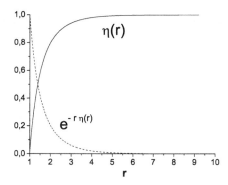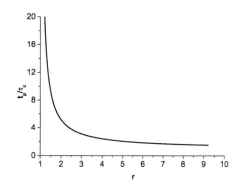

Abb. 4.6 Auskopplungseffizienz und relative Pulsbreite eines gütegeschalteten Pulses als Funktion des Pumpparameters r.

Nachdem der Puls emittiert wurde, fällt die Photonendichte wieder auf Null ab und eine Restinversion $\langle\Delta N\rangle_f$ bleibt im Medium zurück, gegeben durch

$$\langle\Delta N\rangle_f - \langle\Delta N\rangle_i = \tag{4.23}$$
$$\left[\frac{\sigma_a - \sigma_e}{\sigma_a + \sigma_e}\langle N\rangle - \langle\Delta N\rangle_{th}\right] \ln\left(\frac{\langle\Delta N\rangle_i - \frac{\sigma_a - \sigma_e}{\sigma_a + \sigma_e}\langle N\rangle}{\langle\Delta N\rangle_f - \frac{\sigma_a - \sigma_e}{\sigma_a + \sigma_e}\langle N\rangle}\right).$$

Dies ist die wichtigste Gleichung zur Beschreibung eines gütegeschalteten Prozesses. Mit den Abkürzungen aus Gln. 4.8 bis 4.10 und mit

$$\langle\Delta N\rangle'_f = \langle\Delta N\rangle_f - \frac{\sigma_a - \sigma_e}{\sigma_a + \sigma_e}\langle N\rangle \tag{4.24}$$

kann die fundamentale Güteschaltungsgleichung in die folgende einfache Form umgeschrieben werden:

$$\frac{\langle\Delta N\rangle'_f}{\langle\Delta N\rangle'_i} = 1 - \frac{1}{r}\ln\frac{\langle\Delta N\rangle'_i}{\langle\Delta N\rangle'_f}. \tag{4.25}$$

Dies zeigt, dass die gesamte Entwicklung des gütegeschalteten Pulses nur von der Anfangsinversion $\langle\Delta N\rangle'_i$ und von den Resonatorparametern abhängt, die in $\langle\Delta N\rangle'_{th}$ enthalten sind.

Um die Pulsspitzenleistung herzuleiten, müssen wir zuerst den Zeitpunkt der Pulsspitze finden. Wie schon in Abb. 4.2 gezeigt, ist die Spitze erreicht, sobald keine reine Verstärkung mehr möglich ist, d. h., dies passiert genau dann, wenn die Verstärkung und somit die Inversion die Schwelle unterschreitet. Mit Gl. 4.22 folgt dann die Photonenspitzendichte innerhalb des Resonators

$$\langle\hat{\Phi}\rangle = \frac{r - 1 - \ln r}{2}\langle\Delta N\rangle'_{th}. \tag{4.26}$$

Diese hängt also nur von den Resonatorparametern und r ab. Da die Photonen den Resonator mit der Photonenresonatorlebensdauer τ_c verlassen, ist die Spitzenleistung des gütegeschalteten Pulses direkt durch

$$\hat{P} = \frac{h\nu}{\tau_c}\langle\hat{\Phi}\rangle V = \frac{r - 1 - \ln r}{2}\langle\Delta N\rangle'_{th}\frac{h\nu}{\tau_c}V \tag{4.27}$$

gegeben. Zusätzlich definieren wir die Energieauskoppeleffizienz η_e als Anteil der extrahierten Inversion

$$\eta_e = 1 - \frac{\langle\Delta N\rangle'_f}{\langle\Delta N\rangle'_i} \ . \tag{4.28}$$

Mit Gl. 4.25 kann die Energieauskoppeleffizienz $\eta_e(r)$ unabhängig von den tatsächlichen Laserparametern durch die transzendente Gleichung

$$r = -\frac{\ln\left[1 - \eta_e(r)\right]}{\eta_e(r)} \tag{4.29}$$

berechnet werden. Somit können wir die Pulsbreite t_p eines gütegeschalteten Pulses als Verhältnis zwischen der extrahierten Energie $E_s = \frac{1}{2}h\nu V(\langle\Delta N\rangle'_i - \langle\Delta N\rangle'_f)$ und der Pulsspitzenleistung $\hat{P}$ annähern mit

$$t_p \approx \frac{E_s}{\hat{P}} = \frac{r\eta_e(r)}{r - 1 - \ln r}\tau_c \ . \tag{4.30}$$

Der Faktor $\frac{1}{2}$ in der Energie berücksichtigt, dass in ΔN jede Anregung zweimal gezählt wird.

Wie aus Abb. 4.6 ersichtlich wird, erreicht die Auskoppeleffizienz schnell den Wert 1 für $r > 4$, während die Pulsbreite asymptotisch hin zur Resonatorlebensdauer abfällt. Dies zeigt, dass kurze Pulse, abhängig von den Resonatorlängen und den Photonenlebensdauern, in der Größenordnung von mehreren ns bis zu 1 μs mit gütegeschalteten Lasern möglich sind.

4.1.2 Experimentelle Umsetzung

Eine Güteschaltung erreicht man meist mit zwei Haupttechniken, wobei entweder ein akustooptischer Modulator (AOM) oder ein elektrooptischer Modulator (EOM) zur Anpassung der Resonatorverluste verwendet wird. Eine ältere Methode ist z. B. die Rotation des HR-Spiegels des Resonators um die Achse senkrecht zur Ausbreitungsachse des Strahls. Dies führt zu einem gütegeschaltenen Puls, denn nur wenn der Spiegel kurz senkrecht zum Strahl ausgerichtet ist, bildet sich eine hohe Güte des Resonators. Eine spezielle Methode zur Pulserzeugung ist das sogenannte „Cavity Dumping", bei dem der Laser zwischen zwei HR-Spiegeln gütegeschaltet wird. Der Puls baut sich auf und wird durch nochmaliges Benutzen des Modulators ausgekoppelt. Diese Technik benötigt normalerweise sehr kurze Schaltzeiten, da besonders die Schaltzeit zur Auskopplung des Pulses viel schneller sein muss als die Umlaufzeit im Resonator. Deshalb können in diesem Fall nur elektrooptische Modulatoren verwendet werden.

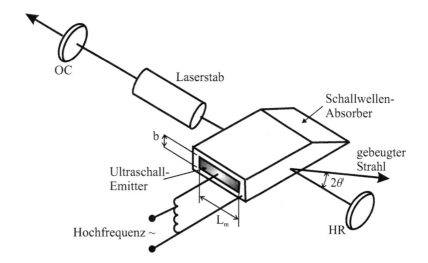

Abb. 4.7 Aufbau eines aktiv gütegeschalteten Lasers mit akustooptischem Modulator [20].

Akustooptische Modulatoren

Der übliche Aufbau eines akustooptisch gütegeschalteten Lasers ist in Abb. 4.7 gezeigt. Der Modulator besteht aus einem transparenten Material, z. B. Quarzglas SiO_2 oder Tellurdioxid TeO_2, an das ein Ultraschall-Emitter geklebt ist, um eine Schallwelle innerhalb des Modulatormaterials zu erzeugen. Aufgrund des photoelastischen Effekts erzeugt diese Schallwelle eine Verteilung des Brechungsindex innerhalb des Modulatormaterials, die wie ein optisches Phasengitter wirkt. Ein Teil der einfallenden Leistung wird so aus dem Resonator abgelenkt und erzeugt Verluste. Durch das Ausschalten der Hochfrequenz am Schallerzeuger kehrt das Modulatormaterial zu seinem homogenen Brechungsindex zurück und der hohe Gütefaktor des Resonators bleibt erhalten [20].

Abhängig von der Länge L_m der Schallwelle in Laserstrahlrichtung und den Wellenlängen der optischen Welle und der Schallwelle werden zwei Beugungsarten beobachtet: die Raman-Nath-Beugung und die Bragg-Beugung.

Bei der **Raman-Nath-Beugung** ist die Wechselwirkungslänge L_m kurz oder die Schallwellenlänge λ_a groß, also $\lambda_s L_m \ll \lambda_a^2$. Dabei wird das einfallende Licht in mehrere Beugungsordnungen gestreut, wobei das Maximum der gebeugten Leistung entsteht, wenn die Schallwelle senkrecht zur Lichtwelle schwingt, siehe Abb. 4.8. Die Amplitude des Phasengitters ist dann gegeben durch

$$\Delta \phi = 2\pi \Delta n \frac{L_m}{\lambda_s} = \pi \sqrt{\frac{2L_m}{\lambda_s^2} M_2 \frac{P_a}{b}} \ , \tag{4.31}$$

wobei b die Breite der Schallwelle, P_a die Schallleistung und M_2 die sogenannte Kennzahl des akustooptischen Materials ist. Die Kennzahl wird aus dem Brechungsindex n, dem

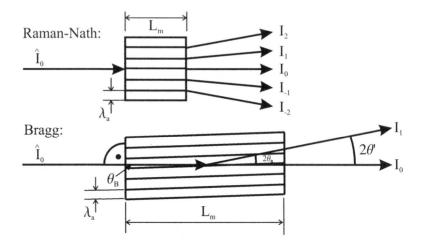

Abb. 4.8 Die beiden Betriebsarten eines akustooptischen Modulators: Raman-Nath-Beugung und Bragg-Beugung [20].

photoelastischen Koeffizienten der ausgewählten Geometrie p, der Dichte des akustooptischen Materials ρ und der Schallgeschwindigkeit v_a wie folgt berechnet:

$$M_2 = \frac{n^6 p^2}{\rho v_a^3} \; . \tag{4.32}$$

Die in n-ter Ordnung gebeugte Intensität ist

$$I_n = \hat{I}_0 J_n^2(\Delta\phi) \; , \tag{4.33}$$

wobei $J_n(x)$ die Bessel-Funktion der n-ten Ordnung und $\hat{I}_0$ die einfallende Laserintensität ist.

In der **Bragg-Beugung**, beschrieben durch $\lambda_s L_m \gg \lambda_a^2$, überwiegt ein in Nullter und Erster Ordnung unter der Bragg-Bedingung gebeugter Stahl [20]. Dabei wechselwirken die Schallwelle und die Lichtwelle unter dem **Bragg-Winkel** θ_B, der durch

$$\sin\theta_B = \frac{\lambda_s}{2n\lambda_a} \tag{4.34}$$

gegeben ist. Der interne Ablenkwinkel ist durch $2\theta_B$ gegeben. Unter Berücksichtigung der Brechung auf der Ausgangsseite des Modulators findet man einen äußeren Beugungswinkel von

$$\theta' = 2n\theta_B \approx \frac{\lambda_s}{\lambda_a} \; . \tag{4.35}$$

Die Intensität des gestreuten Strahls ist dann durch

$$I_1 = \hat{I}_0 \sin^2\frac{\Delta\phi}{2} \tag{4.36}$$

gegeben und die Intensität des transmittierten Strahls I_0 ist verglichen mit dem ausgeschalteten Modulator um diese Größe vermindert.

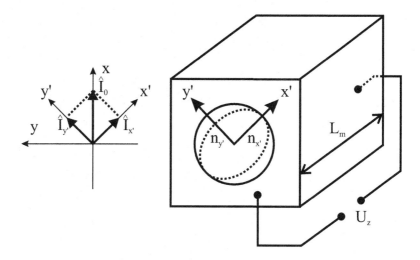

Abb. 4.9 Aufbau einer Pockels-Zelle als elektrooptischer Modulator und die erzeugte Änderung im Ellipsoid des Brechungsindex [20].

Elektrooptische Modulatoren

Während akustooptische Modulatoren auch mit unpolarisiertem Licht verwendet werden können, benutzt ein elektrooptischer Modulator den elektrooptischen Effekt, d. h. die durch ein extern angelegtes elektrisches Feld erzeugte Doppelbrechung in einem optischen Medium. Dies wird durch eine **Pockels-Zelle** realisiert, in der sich der Brechungsindex abhängig vom angelegten elektrischen Feld linear verändert (**Pockels-Effekt**). Das externe elektrische Feld erzeugt eine Doppelbrechung, die zu einer sogenannten langsamen Achse und einer schnellen Achse mit verschiedenen Brechungsindizes führt. Der elektrooptische Kristall, z. B. KDP, ist so orientiert, dass das einfallende Laserlicht unter 45° zur langsamen oder schnellen Achse polarisiert ist. Dann erzeugt die induzierte Änderung des Brechungsindex eine Phasenänderung zwischen den elektrischen Feldkomponenten des Strahls entlang der langsamen und der schnellen Achse. Dies führt zu einer Änderung des Polarisationszustandes der Strahlung, wobei sich während der Ausbreitung entlang der Zellachse aus einer einfallenden linearen Polarisation eine elliptische bis zirkulare Polarisation entwickelt.

Für eine gegebene Zellenlänge L_c existieren zwei spezifische Spannungen, für die die Ausgangspolarisation einer zirkularen Polarisation entspricht oder die lineare Polarisation um 90° gedreht zur einfallenden Polarisation orientiert ist. Diese Spannungen werden Viertelwellen- $U_{\frac{\lambda}{4}}$ bzw. Halbwellenspannung $U_{\frac{\lambda}{2}}$ genannt, da die Zelle sich wie ein Viertel- bzw. Halbwellenplättchen verhält. Die Kombination solch einer Pockels-Zelle mit einem resonatorinternen Polarisator erlaubt effizientes und schnelles Schalten des internen Strahls, da der elektrooptische Effekt eine viel kleinere Reaktionszeit hat als die Zeitkonstanten des Resonators. Die Schaltzeit hängt dann nur vom Hochspannungsnetz-

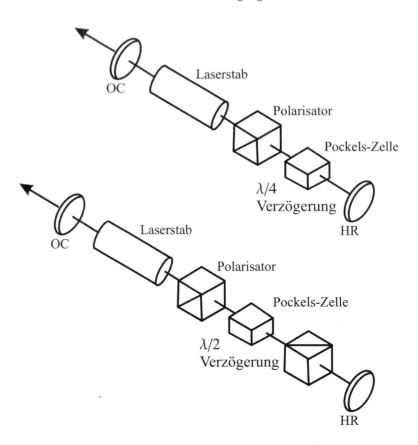

Abb. 4.10 Aufbau eines aktiv gütegeschalteten Lasers mit elektrooptischem Modulator [20].

teil ab und seiner Fähigkeit, die Pockels-Zelle aufzuladen, welche von einem elektrischen Gesichtspunkt aus betrachtet einem Kondensator entspricht.

Der Viertelwellenaufbau benötigt nur einen resonatorinternen Polarisator, da der Strahl die Pockels-Zelle zweimal passiert, was zu einer Drehung der Gesamtpolarisation von 90° führt, wie in Abb. 4.10 gezeigt. Im Halbwellenaufbau benötigt man einen zweiten Polarisator, um den Resonator zu blockieren, solange keine Spannung angelegt wurde. Im ersten Fall bewirkt das Ausschalten der Spannung, dass der elektrooptische Kristall in seinen nicht-doppelbrechenden Zustand zurückkehrt und der Resonator wiederhergestellt wird. Es baut sich ein gütegeschalteter Puls auf. Im zweiten Fall wird der Resonator durch Anlegen der (Halbwellen-) Spannung wiederhergestellt.

Cavity Dumping

Für das sogenannte Cavity Dumping wird der Halbwellenaufbau der Pockels-Zelle verwendet. Der Laser ist mit nahezu 100% reflektierenden Resonatorspiegeln gütegeschaltet, sodass sehr kurze Pulse erzeugt werden können. An der Spitze des gütegeschalteten Pul-

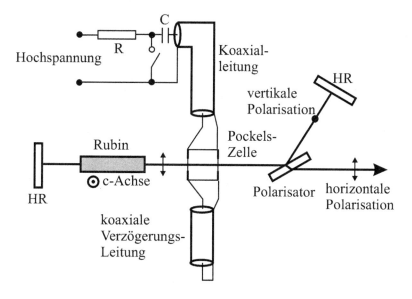

Abb. 4.11 Aufbau eines Rubinlasers mit Cavity Dumping [20].

ses wird die Pockels-Zelle dafür benutzt, den geschlossenen Resonator schnell zu seinem Ausgangsport zu schalten, der durch einen resonatorinternen Polarisator bereitgestellt wird. Deshalb ist die Breite des gütegeschalteten Pulses nur eine Funktion der Resonatorlänge und der Umlaufzeit und nicht abhängig von den spektroskopischen Parametern des Lasermediums. Im Beispiel in Abb. 4.11 ist der Rubin-Laserstab so orientiert, dass die c-Achse senkrecht zur Papierebene liegt. Ohne angelegte Spannung an der Pockels-Zelle wird das Lasermedium gepumpt und eine Inversion erzeugt. Der Kristall bietet nur für die Laserpolarisation in dieser Ebene eine hohe optische Verstärkung, sodass die erzeugte Fluoreszenz den zweiten Resonatorspiegel nicht „sieht", wenn sie durch Passieren des Polarisators den Resonator verlässt. Dann wird die Halbwellenspannung an die Pockels-Zelle angelegt, was dazu führt, dass die polarisierte Fluoreszenz vom Polarisator reflektiert wird. Der Laserresonator ist demnach geschlossen und der Laserpuls baut sich auf. Bei der maximalen Pulsleistung des Lasers wird die Spannung in weniger als 2 bis 5 ns an der Pockels-Zelle abgeschaltet, sodass die Photonen im Resonator alle durch den Polarisator austreten und so einen Puls mit der Breite der Umlaufzeit des Resonators erzeugen.

Wenn das Lasermedium selbst keinen polarisierten Ausgang bereithält, kann ein Viertelwellenplättchen in den Resonator eingebracht werden, sodass dieser während des ausgeschalteten Zustands der Pockels-Zelle gesperrt ist.

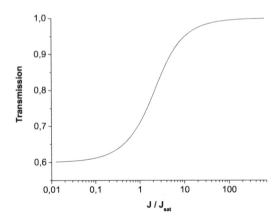

Abb. 4.12 Transmission eines sättigbaren Mediums als Funktion der einfallenden Fluenz bei einer Anfangstransmission von $T_0 = 0.6$.

4.1.3 Passive Güteschaltung

Im Gegensatz zum aktiven Güteschalten, bei dem ein externes Signal angelegt wird, um den Resonator zu öffnen und den hohen Gütefaktor zur Pulserzeugung wiederherzustellen, benutzt die passive Güteschaltung einen **sättigbaren Absorber**. Dabei handelt es sich um ein zusätzliches Medium im Resonator, das auf der Laserwellenlänge absorbiert und so den Gütefaktor erniedrigt (oder die internen Resonatorverluste erhöht). Allerdings ist diese Absorption intensitätsabhängig und sättigt sehr schnell zu einem hoch transmissiven Zustand des Materials. Dies führt zur Wiederherstellung des hohen Gütefaktors des Resonators und so zum Aufbau des Pulses. Dieses Schalten ist in Abb. 4.12 zu sehen, wobei die Transmission in Abhängigkeit von der einfallenden Fluenz auf der Absorptionslinie gezeigt ist. Die Fluenz ist dabei durch folgende Formel gegeben:

$$J = \int I_s dt \ . \tag{4.37}$$

In Analogie zum Frantz-Nodvik-Modell [19] kann diese Transmission mit

$$T(J) = \frac{J_{sat}}{J} \ln\left[1 + \left(e^{\frac{J}{J_{sat}}} - 1\right) T_0\right] \tag{4.38}$$

berechnet werden, wobei T_0 die Transmission des sättigbaren Mediums zu Beginn (d. h. ungepumpt) bezeichnet und J_{sat} die Sättigungsfluenz gegeben durch

$$J_{sat} = \frac{hc}{\lambda_s[\sigma_a(\lambda_s) + \sigma_e(\lambda_s)]} = \tau^* I_{sat}^s \ . \tag{4.39}$$

Dabei ist τ^* die Anregungslebensdauer des sättigbaren Mediums und

$$I_{sat}^s = \frac{hc}{\lambda_s[\sigma_a(\lambda_s) + \sigma_e(\lambda_s)]\tau^*} \tag{4.40}$$

die Sättigungsintensität des Absorbers auf der Laserlinie. Diese sollte nicht mit der Pumpsättigungsintensität eines Laserübergangs aus Gl. 2.71 verwechselt werden, in der die Pumpwellenlänge λ_p auftritt.

Aufgrund des zusätzlichen sättigbaren Absorbers innerhalb des Resonators muss der Beschreibung des Systems eine neue Ratengleichung hinzugefügt werden. Die passive Güteschaltung auf der Zeitskala der Pulserzeugung, d. h. sobald Pump- und spontaner Zerfall vernächlässigt werden können, ist deshalb durch folgende gekoppelte Gleichungen gegeben:

$$\frac{\partial \langle \Delta N \rangle}{\partial t} = c \left[(\sigma_a - \sigma_e) \langle N \rangle - (\sigma_a + \sigma_e) \langle \Delta N \rangle \right] \langle \Phi \rangle \tag{4.41}$$

$$\frac{\partial \Delta N^*}{\partial t} = c \left[(\sigma_a^* - \sigma_e^*) N^* - (\sigma_a^* + \sigma_e^*) \Delta N^* \right] \langle \Phi \rangle - \frac{\Delta N^* + N^*}{\tau^*} \tag{4.42}$$

$$\frac{\partial \langle \Phi \rangle}{\partial t} = \frac{c}{2} (\sigma_a + \sigma_e) (\langle \Delta N \rangle - \langle \Delta N \rangle_{th}) \langle \Phi \rangle \tag{4.43}$$
$$+ \frac{c}{2} \left[(\sigma_a^* + \sigma_e^*) \Delta N^* - (\sigma_a^* - \sigma_e^*) N^* \right] \langle \Phi \rangle \, .$$

Darin sind ΔN^* und N^* die Inversionsdichte bzw. die Gesamtabsorberdichte des sättigbaren Absorbers, τ^* ist seine Anregungslebensdauer und $\sigma_a^* = \sigma_a^*(\lambda_s)$ sowie $\sigma_e^* = \sigma_e^*(\lambda_s)$ die Wirkungsquerschnitte des sättigbaren Absorbers für die Absorption bzw. Emission bei der Laserwellenlänge λ_s.

Ein sättigbarer Absorber hat normalerweise eine sehr geringe Anregungslebensdauer $\tau^* < $ ns, die viel kleiner als die erzeugte gütegeschaltete Pulsbreite ist. Der sättigbare Absorber wird oft mit Farbstoffen oder Halbleitern realisiert. Deshalb wird sich die Inversionsdichte des sättigbaren Absorbers ΔN^* in Gl. 4.42 fast instantan zur Photonendichte $\langle \Phi \rangle$ ändern. Darum können wir diese Ratengleichung mit der Annahme lösen, dass sie sich verglichen mit allen anderen Prozessen während der Güteschaltung im stationären Zustand befindet. Dies führt zu

$$\Delta N^* = \frac{c \tau^* (\sigma_a^* - \sigma_e^*) \langle \Phi \rangle - 1}{c \tau^* (\sigma_a^* + \sigma_e^*) \langle \Phi \rangle + 1} N^* \, . \tag{4.44}$$

Zu Beginn des Güteschaltungsprozesses kann man annehmen, dass das Lasermedium eine Anfangsinversionsdichte $\langle \Delta N \rangle_i$ hat und dass der sättigbare Absorber noch nicht angeregt ist, d. h. $\Delta N^* \approx -N^*$. Deshalb ergibt Gl. 4.43

$$\frac{\partial \langle \Phi \rangle}{\partial t} = \frac{c}{2} (\sigma_a + \sigma_e) (\langle \Delta N \rangle_i - \langle \Delta N \rangle_{th}) \langle \Phi \rangle - c \sigma_a^* N^* \langle \Phi \rangle \, , \tag{4.45}$$

was zu einem exponentiell wachsenden Photonenfeld $\langle \Phi \rangle(t) = \Phi_0 e^{\gamma_0 t}$ führt mit der Zeitkonstanten

$$\gamma_0 = \frac{c}{2} (\sigma_a + \sigma_e) (\langle \Delta N \rangle_i - \langle \Delta N \rangle_{th}) - c \sigma_a^* N^* \, . \tag{4.46}$$

Im Gegensatz zum zeitlichen Verhalten der Inversionsdichte des sättigbaren Absorbers wird die Inversionsdichte des Lasermediums $\langle \Delta N \rangle(t)$ durch den integralen Photonenfluss bestimmt. Mit der ungefähren exponentiellen Wachstumslösung von Gl. 4.45 und der analytischen Lösung von

$$\frac{\partial f}{\partial t} = (a f(t) + b) u(t) \, , \tag{4.47}$$

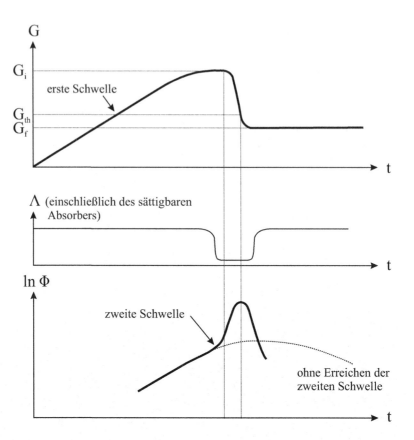

Abb. 4.13 Entwicklung der Verstärkung, des Verlusts und der Photonendichte während der passiven Güteschaltung.

gegeben durch

$$f(t) = e^{a \int_0^t u(t')dt'} \left(f(0) + b \int_0^t e^{-a \int_0^{t'} u(t'')dt''} u(t')dt' \right) , \qquad (4.48)$$

kann Gl. 4.41 analytisch wie folgt gelöst werden:

$$\langle \Delta N \rangle = e^{-\frac{c(\sigma_a + \sigma_e)}{\gamma_0} \langle \Phi \rangle (t)} \left(\langle \Delta N \rangle_i + c (\sigma_a - \sigma_e) \langle N \rangle \int_0^t e^{\frac{c(\sigma_a + \sigma_e)}{\gamma_0} \langle \Phi \rangle (t')} \langle \Phi \rangle (t')dt' \right) . \qquad (4.49)$$

Durch Einsetzen dieser Ergebnisse in Gl. 4.43 kann die exponentielle Zeitkonstante des Photonenfelds mit

$$\frac{1}{\langle \Phi \rangle} \frac{\partial \langle \Phi \rangle}{\partial t} = \gamma_0 + \left(c^2 \sigma_a^* (\sigma_a^* + \sigma_e^*) \tau^* N^* - \frac{c^2 (\sigma_a + \sigma_e)^2}{2\gamma_0} \langle \Delta N \rangle_i \right) \langle \Phi \rangle + \dots \qquad (4.50)$$

beschrieben werden, wobei dabei eine Reihenentwicklung in der Ordnung von $\langle \Phi \rangle$ benutzt wurde.

Wenn der Koeffizient des linearen Terms in $\langle\Phi\rangle$ ein negatives Vorzeichen hat, dann nimmt die exponentielle Zeitkonstante mit ansteigendem Photonenfluss ab. Das bedeutet, die vom Lasermedium bereitgehaltene Verstärkung sättigt, bevor der Absorber sättigen kann. Das führt dann nicht zu einem gütegeschalteten Puls. Ist das Vorzeichen dieses linearen Terms allerdings positiv, steigt die exponentielle Zeitkonstante mit ansteigendem Photonenfluss an, da der sättigbare Absorber viel stärker ausbleicht als die Verstärkung des Lasermediums durch den Verstärkungsprozess reduziert wird. Dann wird ein gütegeschalteter Puls emittiert, wie in Abb. 4.13 gezeigt. Die passive Güteschaltung hängt deshalb von zwei Schwellbedingungen ab: Eine erste Schwelle muss durch so starkes Pumpen erreicht werden, dass der bereitgehaltene Gewinn die ungesättigten Verluste des Resonators mit dem sättigbaren Absorber übersteigt. Eine zweite Schwelle ist durch das Überschreiten des Punktes gegeben, nachdem der Photonenfluss schneller als exponentiell wächst. Wenn wir die single-pass-Verstärkung vor der Sättigung mit G_0 bezeichnen, resultiert die logarithmische Verstärkung pro Umlauf in $g_0 = 2\ln G_0$. Daher kann die exponentielle Zeitkonstante γ_0 mit

$$\gamma_0 \approx \frac{g_0}{\Delta t_{RT}} \tag{4.51}$$

angenähert werden, wobei die Photonenlebensdauer im Resonator vernachlässigt werden kann, siehe Gl. 2.62. Darin bezeichnet Δt_{RT} die Resonatorumlaufzeit. Die **zweite Schwelle** kann dann durch

$$N^* > \frac{(\sigma_a + \sigma_e)^2}{\sigma_a^* (\sigma_a^* + \sigma_e^*)} \frac{\Delta t_{RT}}{\tau^*} \frac{\langle\Delta N\rangle_i}{2g_0} \tag{4.52}$$

ausgedrückt werden. Dies ist die minimale Absorberdichte, die zum Überschreiten der zweiten Schwelle nötig ist.

4.1.4 Skalierungsgesetze von wiederholtem Güteschalten

In diesem Abschnitt werden wir wiederholtes Güteschalten behandeln, d. h. ein periodisches Öffnen und Schließen des Resonators durch den Modulator mit der Repetitionsrate ν_{Rep} und mit einer Öffnungszeit t_G, die Gate-Zeit genannt wird. Die Gate-Zeit t_G muss natürlich mindestens so lang wie die Pulsaufbauzeit sein. Aufgrund der endlichen Pulsaufbauzeit existiert eine obere Grenze für die Repetitionsrate, da während der entsprechenden Repetitionsperiode $T_{Rep} = \frac{1}{\nu_{Rep}}$ genug Inversion, also Verstärkung, aufgebaut werden muss, sodass der Puls innerhalb der Gate-Zeit entsteht, d. h. also während des hohen Gütezustandes des Resonators.

Beim wiederholten Güteschalten unter Gleichgewichtsbedingungen, d. h. wenn alle Pulse gleiche Pulsenergien haben, folgt aus der Abhängigkeit der gütegeschalteten Pulsentwicklung aus Gl. 4.25, dass die Anfangsinversion vor jeder Pulsemission gleich sein muss. Da die Anfangsinversion des n-ten Pulses mit der Endinversion des $n-1$-ten

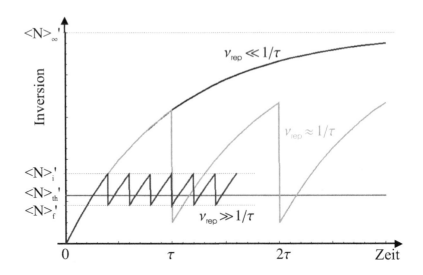

Abb. 4.14 Zeitliche Entwicklung der Inversion beim Güteschalten für hohe Repetitionsraten.

Pulses durch das Pumpen zwischen zwei Pulsen gekoppelt ist, können wir aufgrund von Selbstkonsistenz mit Gl. 4.1 Folgendes fordern:

$$\langle \Delta N \rangle_i = (\langle \Delta N \rangle_f - R_p \tau + \langle N \rangle)e^{-\frac{T_{Rep}}{\tau}} + R_p \tau - \langle N \rangle$$

$$= \langle \Delta N \rangle_\infty - (\langle \Delta N \rangle_\infty - \langle \Delta N \rangle_f)e^{-\frac{1}{\nu_{Rep}\tau}} . \tag{4.53}$$

Mit den Abkürzungen in Gln. 4.8 bis 4.10 und 4.24 und mit

$$\langle \Delta N \rangle_\infty' = \langle \Delta N \rangle_\infty - \frac{\sigma_a - \sigma_e}{\sigma_a + \sigma_e}\langle N \rangle \tag{4.54}$$

kann Gl. 4.53 geschrieben werden zu

$$\langle \Delta N \rangle_i' = \langle \Delta N \rangle_\infty' - (\langle \Delta N \rangle_\infty' - \langle \Delta N \rangle_f')e^{-\frac{1}{\nu_{Rep}\tau}} . \tag{4.55}$$

Die anderen zwei Gleichungen, die zur Herleitung der Skalierungsgesetze benötigt werden, sind umgeschriebene Formen der Gln. 4.25 bzw. 4.30 und sind durch

$$\langle \Delta N \rangle_i' - \langle \Delta N \rangle_f' = \langle \Delta N \rangle_{th}' \ln \frac{\langle \Delta N \rangle_i'}{\langle \Delta N \rangle_f'} \tag{4.56}$$

$$\Delta t_p = \frac{\langle \Delta N \rangle_i' - \langle \Delta N \rangle_f'}{\langle \Delta N \rangle_i' - \langle \Delta N \rangle_{th}'\left(1 + \ln \frac{\langle \Delta N \rangle_i'}{\langle \Delta N \rangle_{th}'}\right)}\tau_c \tag{4.57}$$

gegeben.

Im Fall geringer Repetitionsraten, d. h. $\nu_{Rep} \ll \frac{1}{\tau}$, ergibt Gl. 4.55 $\langle \Delta N \rangle_i' \approx \langle \Delta N \rangle_\infty'$ und mit Gl. 4.56 folgt somit $\langle \Delta N \rangle_f' \approx$ konst. Deshalb sind auch die Pulsbreite Δt_p, die Pulsspitzenleistung $\hat{P}$ und die Pulsenergie E_s konstant und die mittlere Leistung ist durch

$$\langle P_s \rangle = \frac{1}{2}h\nu V(\langle \Delta N \rangle_i' - \langle \Delta N \rangle_f')\nu_{Rep} \tag{4.58}$$

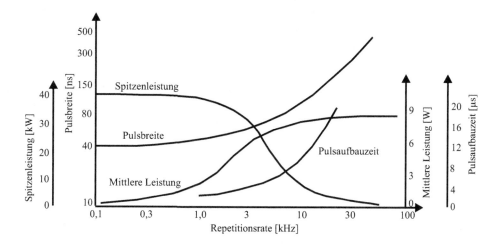

Abb. 4.15 Entwicklung der Laserausgangsparameter mit der Repetitionsrate für einen kontinuierlich gepumpten gütegeschalteten Laser [20].

gegeben und skaliert mit der Repetitionsrate.

Für hohe Repetitionsraten, d. h. $\nu_{Rep} \gg \frac{1}{\tau}$, ist diese Rechnung ein kleines bisschen komplizierter. In diesem Fall können wir $\langle\Delta N\rangle'_i \approx \langle\Delta N\rangle'_f$ annehmen, wie in Abb. 4.14 gezeigt, und wir können deshalb den Logarithmus in Gl. 4.56 bis zur dritten Ordnung entwickeln

$$\ln x \simeq -\frac{(x-1)^2}{2} + x - 1 \ , \tag{4.59}$$

was zu Folgendem führt:

$$\frac{\langle\Delta N\rangle'_f}{\langle\Delta N\rangle'_{th}} \simeq 2 - \frac{\langle\Delta N\rangle'_i}{\langle\Delta N\rangle'_f} \ . \tag{4.60}$$

Da wir auch $\langle\Delta N\rangle'_i \approx \langle\Delta N\rangle'_{th}$ annehmen, können wir dieselbe Entwicklung in dritter Ordnung in Gl. 4.57 benutzen und das Ergebnis aus Gl. 4.60 einsetzen. Dies ergibt

$$\Delta t_p \simeq \tau_c \frac{\langle\Delta N\rangle'_i - \langle\Delta N\rangle'_f}{\frac{\langle\Delta N\rangle'_{th}}{2}(1 - \frac{\langle\Delta N\rangle'_i}{\langle\Delta N\rangle'_f})^2} \ . \tag{4.61}$$

Mit der äquivalenten Aussage von Gl. 4.56

$$\frac{\langle\Delta N\rangle'_i}{\langle\Delta N\rangle'_f} = e^{\frac{\langle\Delta N\rangle'_i - \langle\Delta N\rangle'_f}{\langle\Delta N\rangle'_{th}}} \simeq 1 + \frac{\langle\Delta N\rangle'_i - \langle\Delta N\rangle'_f}{\langle\Delta N\rangle'_{th}} \tag{4.62}$$

für $\frac{\langle\Delta N\rangle'_i - \langle\Delta N\rangle'_f}{\langle\Delta N\rangle'_{th}} \ll 1$ können wir folgern:

$$\Delta t_p \simeq \frac{2\tau_c \langle\Delta N\rangle'_{th}}{\langle\Delta N\rangle'_i - \langle\Delta N\rangle'_f} \ . \tag{4.63}$$

Da $\nu_{Rep} \gg \frac{1}{\tau}$ gilt, folgt aus Gl. 4.55

$$\langle\Delta N\rangle'_i - \langle\Delta N\rangle'_f \simeq \frac{\langle\Delta N\rangle'_\infty - \langle\Delta N\rangle'_f}{\tau\nu_{Rep}} \tag{4.64}$$

und aus der Bedingung $\langle\Delta N\rangle'_f \ll \langle\Delta N\rangle'_\infty$ erhalten wir

$$\Delta t_p \propto \frac{\nu_{Rep}}{\langle\Delta N\rangle'_\infty} \ . \tag{4.65}$$

Demnach steigt die Pulsbreite für eine konstante Pumpleistung linear mit der Repetitionsrate an und fällt mit ansteigender Pumpleistung ab, d. h. mit ansteigendem $\langle\Delta N\rangle'_\infty$. Mit Gl. 4.58 und der Relation

$$\hat{P} = \frac{\langle P_s\rangle}{\Delta t_p \nu_{Rep}} \tag{4.66}$$

erhalten wir die anderen in Tabelle 4.1 gezeigten Skalierungsgesetze.

Tab. 4.1 Skalierungsgesetze von wiederholt gütegeschalteten Lasern

Repetitionsrate	mittlere Leistung	Pulsbreite	Spitzenleistung	Pulsenergie
$\nu_{Rep} \ll \frac{1}{\tau}$	$\langle P_s\rangle \propto \nu_{Rep}$	$\Delta t \sim$ konst	$\hat{P} \sim$ konst	$E_s \sim$ konst
$\nu_{Rep} \gg \frac{1}{\tau}$	$\langle P_s\rangle \sim$ konst	$\Delta t \propto \nu_{Rep}$	$\hat{P} \propto \frac{1}{\nu_{Rep}^2}$	$E_s \propto \frac{1}{\nu_{Rep}}$

Da für hohe Repetitionsraten die mittlere Ausgangsleistung konstant ist, wird diese Betriebsart oft **quasikontinuierlicher Betrieb** genannt. Aufgrund des linearen Anstiegs in der Pulsbreite sowie der Tatsache, dass mit ansteigender Repetitionsrate die Pulsenergie über eine zunehmende Anzahl von Pulsen verteilt ist, nimmt die Spitzenleistung stark mit dem inversen Quadrat der Repetitionsrate ab. Für den Betrieb mit geringen Repetitionsraten sättigt kontinuierliches Pumpen die Inversion und die Anfangsinversion wird unabhängig von der Pumpdauer, also der Repetitionsperiode. Jeder Puls hat deshalb eine maximale Pulsenergie, die durch das komplett invertierte Lasermedium gegeben ist, und die mittlere Ausgangsleistung steigt einfach mit der Repetitionsrate. Es muss jedoch angemerkt werden, dass dieser Fall normalerweise schwierig zu erreichen ist. In den meisten Lasern entspricht das komplett invertierte Lasermedium einer so hohen Pulsenergie, dass die optische Zerstörschwelle der Beschichtungen der resonatorinternen Komponenten, wie z. B. der Spiegel, erreicht wird, was zur Zerstörung dieser Komponenten führt. Der Übergang zwischen den zwei Bereichen der Repetitionsfrequenzen ist nichtlinear und benötigt eine numerische Lösung der Ratengleichungen. Zusammenfassend ist die Abhängigkeit der Ausgangsparameter eines kontinuierlich gepumpten gütegeschalteten Nd^{3+}:YVO_4-Lasers in Abb. 4.15 gezeigt.

4.2 Grundlagen der Modenkopplung und ultrakurzer Pulse

Wie wir im vorangegangenen Kapitel untersucht haben, können kurze Laserpulse in der Größenordnung der Resonatorlebensdauer τ_c, d. h. mit einer Dauer von mehreren ns bis μs, mit der Güteschaltung erzeugt werden. Durch ein sorgfältiges Laserdesign können diese Pulse einer einzelnen longitudinalen Mode entsprechen. Wenn viel kürzere Pulse benötigt werden, muss die longitudinale Modenstruktur des Lasers ausgenutzt werden, da Pulsbreite und Laserspektrum durch eine Beziehung ähnlich der Unschärferelation miteinander gekoppelt sind. Um dies zu untersuchen, nehmen wir einen Gauß-Laserpuls mit der elektrischen Feldamplitude

$$E(t) = E_0 e^{-\xi t^2} e^{i\omega_0 t} \tag{4.67}$$

an und dem Gauß-Parameter

$$\xi = a - ib . \tag{4.68}$$

Somit entspricht die Laserpulsintensität $I(t) \propto |E(t)|^2$:

$$I(t) = I_0 e^{-4\ln 2 \left(\frac{t}{\tau_p}\right)^2} . \tag{4.69}$$

Hierbei ist die Pulsbreite τ_p gegeben durch

$$\tau_p = \sqrt{\frac{2\ln 2}{a}} . \tag{4.70}$$

Wir können $a = \Re(\xi)$ als mit der Pulsbreite verbunden interpretieren, während $b = \Im(\xi)$ mit dem sogenannten **Chirp** des Pulses, d. h. mit der zeitabhängigen Frequenzänderung während des Pulses, verbunden ist. Dies kann direkt aus Gl. 4.67 gesehen werden, was zu einer Gesamtpulsphase führt

$$\phi = \omega_0 t + bt^2 , \tag{4.71}$$

sodass die tatsächliche Laserfrequenz durch

$$\omega = \frac{\partial \phi}{\partial t} = \omega_0 + 2bt \tag{4.72}$$

gegeben ist. Deshalb beschreibt b einen linearen Chirp, d. h. eine linear ansteigende Laserfrequenz während des Pulses, wie in Abb. 4.16 gezeigt.

Um die Beziehung zwischen Laserpulsbreite und dem Spektrum herzuleiten, wird das Frequenzspektrum des elektrischen Feldes durch seine Fourier-Transformation berechnet:

$$\tilde{E}(\omega) = \tilde{E}_0 e^{-\frac{(\omega-\omega_0)^2}{4\xi}} = \tilde{E}_0 e^{-\frac{1}{4}\left(\frac{a}{a^2+b^2} + i\frac{b}{a^2+b^2}\right)(\omega-\omega_0)^2} . \tag{4.73}$$

Die spektrale Intensitätsverteilung $\tilde{I}(\omega) \propto |\tilde{E}(\omega)|^2$ ist demnach gegeben durch

$$\tilde{I}(\omega) = \tilde{I}_0 e^{-\frac{1}{2}\frac{a}{a^2+b^2}(\omega-\omega_0)^2} = \tilde{I}_0 e^{-4\ln 2 \left(\frac{\omega-\omega_0}{2\pi\Delta\nu_p}\right)^2} . \tag{4.74}$$

Die Pulsbandbreite ergibt sich zu

$$\Delta\nu_p = \frac{\sqrt{2\ln 2}}{\pi} \sqrt{a\left(1 + \left(\frac{b}{a}\right)^2\right)} \tag{4.75}$$

und das Zeit-Bandbreite-Produkt zu

$$\tau_p \Delta\nu_p = \frac{2\ln 2}{\pi} \sqrt{1 + \left(\frac{b}{a}\right)^2} \approx 0.44\sqrt{1 + \left(\frac{b}{a}\right)^2} . \tag{4.76}$$

Für einen Gauß-Puls ohne Chirp ist dieses Produkt gegeben durch $\tau_p \Delta f_p = 0,44$ und der Puls ist deswegen **Fourier-limitiert**. Dies zeigt, dass für die Erzeugung von ultrakurzen Pulsen Lasermedien mit breiten Verstärkungsspektren benötigt werden.

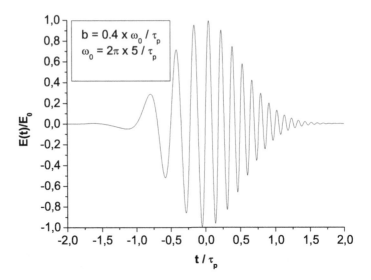

Abb. 4.16 Elektrisches Feld eines Gauß-Pulses mit Chirp.

4.2.1   Aktive Modenkopplung

In diesem Abschnitt leiten wir her, wie ultrakurze Pulse durch Modenkopplung eines Lasers erreicht werden können, d. h. durch Erzeugen einer Emission auf vielen longitudinalen Moden gleichzeitig, in der alle longitudinalen Moden in Phase gekoppelt sind. Dies kann z. B. durch einen resonatorinternen Frequenzmodulator erreicht werden, der ähnlich einem akusto- oder elektrooptischem Modulator eine Frequenzverschiebung des Lasersignals erzeugt, die genau dem freien Spektralbereich entspricht und demnach dem Modenabstand des Resonators. Nehmen wir an, dass der Laser zuerst auf der stärksten Linie oszilliert, die der longitudinalen Mode mit Index q_0 entspricht. Nach Passieren des Modulators wird ein Teil der Laserleistung zu den Moden $q_0 \pm 1$ verschoben, die als Seitenbänder der Hauptmode angesehen werden können und die ebenso verstärkt werden, da das Verstärkungsspektrum als breit angenommen wird. Da dieser verschobene Anteil normalerweise eine viel höhere Intensität als die spontane Emission bei dieser Wellenlänge hat, wird das Lasermedium überwiegend diese verschobenen Photonen verstärken, die eine eindeutige Phasenbeziehung zur Hauptmode q_0 mit der Phasenverschiebung ϕ haben. Die verstärkten Seitenbänder werden wiederum verschoben, was zur Kopplung der Moden $q_0 \pm 2$ mit der Hauptmode q_0 mit einer Phasenverschiebung von 2ϕ führt. Dieses Schema wird so lange fortgeführt, bis die verschobenen Moden außerhalb des Verstärkungsspektrums liegen, wie in Abb. 4.17 gezeigt. Deswegen muss ein inhomogen verbreitertes Lasermedium benutzt werden, das für alle verschiedenen longitudinalen Moden Verstärkung innerhalb des Verstärkungsspektrums liefert. Im Falle eines homogen

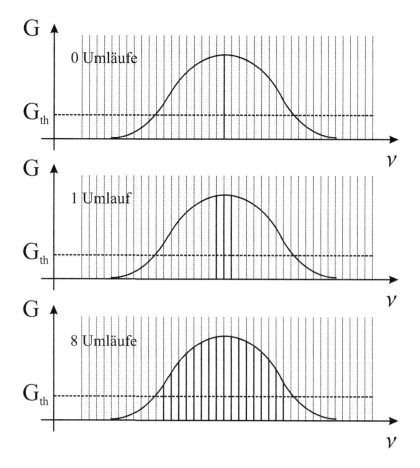

Abb. 4.17 Aufbau des longitudinalen Modenspektrums in einem modengekoppelten Laser, nachdem die Laseremission auf der maximalen Verstärkungslinie gestartet ist.

verbreiterten Mediums ist man auf spektrales Lochbrennen angewiesen, um für mehrere longitudinale Moden Verstärkung bereitzustellen.

Um zu sehen, dass diese gekoppelten Moden einem Zug von kurzen Pulsen entsprechen, untersuchen wir das elektrische Feld der Laseremission. Der Einfachheit halber nehmen wir an, dass die gekoppelten Moden alle symmetrisch um die Hauptmode q_0 verteilt sind und dass sie alle dieselbe Amplitude E_0 haben. Das elektrische Feld ist dann direkt gegeben durch

$$E(t) = E_0 \sum_{k=-m}^{m} e^{2\pi i[(\nu_0 + k\Delta\nu_{FSR})t + k\phi]} \ . \tag{4.77}$$

Da der Resonator mit Länge L normalerweise lang verglichen mit der Länge des Lasermediums ist, kann der freie Spektralbereich wie folgt angenähert werden:

$$\nu_{FSR} = \frac{c}{2L} \ . \tag{4.78}$$

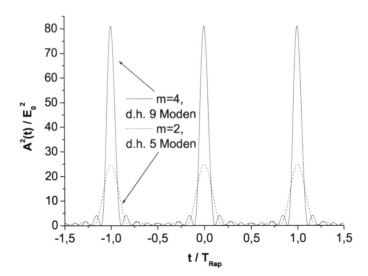

Abb. 4.18 Zeitliche Pulsform von phasengekoppelten Moden für zwei verschiedene Werte von m.

Die Summe aus Gl. (4.77) kann analytisch ausgeführt werden, was zu einem elektrischen Feld

$$E(t) = A(t)e^{2\pi i\nu_0 t} \qquad (4.79)$$

führt mit der zeitabhängigen Amplitude

$$A(t) = E_0 \frac{\sin\left[(2m+1)\frac{2\pi\Delta\nu_{FSR}t+\phi}{2}\right]}{\sin\left[\frac{2\pi\Delta\nu_{FSR}t+\phi}{2}\right]} \; . \qquad (4.80)$$

Die Ausgangsintensität des Lasers $I(t) \propto A^2(t)$ zeigt deshalb eine Amplitudeneinhüllende der hochfrequenten Trägeroszillation ν_0, die einem Paket von Pulsen der Breite τ_p und der Repetitionsperiode T_{Rep} entspricht, wie man in Abb. 4.18 sieht. Die Form von Gl. 4.80 ist aus dem Mehrfachspalt-Interferenzexperiment bekannt, bei dem die Wellen der gleichmäßig verteilten Spalte nach einem bestimmten Abstand auf einem Schirm interferieren. Hier ist diese Interferenz nicht räumlich, sondern zeitlich, und die verschiedenen Spalte entsprechen den longitudinalen Moden, die eine gleichmäßig verteilte Phase haben. Die Pulsmaxima treten dann auf, wenn der Nenner in Gl. 4.80 Null wird, was einer Repetitionsrate von

$$T_{Rep} = \frac{1}{\Delta\nu_{FSR}} = \frac{2L}{c} \qquad (4.81)$$

entspricht. Dies ist genau die Umlaufzeit eines Laserresonators. Deshalb kann dieses Pulspaket auch als einzelner Puls der Pulsbreite τ_p angesehen werden, der innerhalb des

Resonators zirkuliert. Diese Pulsbreite kann auch aus Gl. 4.80 hergeleitet werden, was zu

$$\tau_p \simeq \frac{1}{(2m+1)\Delta\nu_{FSR}} \qquad (4.82)$$

führt. Sie wird unter starkem Pumpen die inverse Verstärkungsbandbreite des Lasermediums erreichen, da dann alle Moden oszillieren können. Aufgrund der zeitlichen Interferenz der verschiedenen Moden wird die Pulsspitzenleistung $(2m+1)^2$-mal höher sein als für einen Laser, in dem dieselben Moden in unkorrelierter Art oszillieren. Deshalb erlaubt die Modenkopplung nicht nur die Erzeugung von sehr kurzen Pulsen, sondern auch die Realisierung von extrem hohen Spitzenleistungen.

Eine äquivalente Betrachtungsweise der Erzeugung von modengekoppelten Pulsen ist der Fall, in dem ein Verlustmodulator an Stelle des Frequenzmodulators im Resonator in der Nähe einer der Resonatorspiegel ausgenutzt wird. Dieser Modulator wird dann durch ein externes Signal angetrieben, das eine Verlustmodulation mit einer Frequenz identisch zum Abstand der longitudinalen Moden $\Delta\nu_{FSR}$ verursacht. Diese Amplitudenmodulation ruft jetzt die vorher diskutierten Seitenbänder hervor. Eine alternative Sicht dieses Effekts ist wie folgt: Da der Modulator Verlustminima bei der Frequenz verursacht, die der Umlaufzeit des Resonators entspricht, ist die zeitliche Entwicklung des Laserfelds, das den geringsten Verlust hat, ein kurzer Puls, der innerhalb des Resonators zirkuliert und den Modulator nur zu den Zeiten passiert, bei denen die Verluste gering sind. Das Fourier-Spektrum dieses Pulses kann natürlich nur aus mehreren longitudinalen Resonatormoden bestehen. Um die pulsartige zeitliche Entwicklung zu erzeugen, müssen diese wie in Gl. 4.77 phasengekoppelt sein.

Der erste modengekoppelte Laser benutzte diese Art der Verlustmodulation in einem He-Ne-Laser im Jahr 1964. Die mit dieser modengekoppelten Technik erzeugten Pulse sind normalerweise in der Größenordnung von mehreren ps.

4.2.2 Passive Modenkopplung

Wie bei der passiven Güteschaltung kann auch der Gebrauch eines sättigbaren Absorbers im Laserresonator eine Modenkopplung verursachen. Dafür wird der sättigbare Absorber unmittelbar vor den Resonatorendspiegel gesetzt. Wenn das Lasermedium jetzt gepumpt wird, beginnt der Laser mit dem sogenannten Spiking, sobald die Schwelle des Resonators inklusive Absorber erreicht ist. Diese erste Spitze, die mit der Umlaufzeit im Resonator zirkuliert, sättigt den Absorber mehr als alle anderen Fluktuationen im wachsenden Laserfeld. Die Spitze wird deshalb die geringsten Umlaufverluste und somit die maximale Verstärkung und Wachstumsrate erfahren. Sobald dieser wachsende Puls den Inversionsabbau dominiert, wird der Laser auf einem Pulszug oszillieren, was durch Gl. 4.77 beschrieben ist. Dieser Punkt, an dem der sättigbare Absorber genug Absorption hat, um nur eine starke Rauschspitze zu begünstigen, kann jedoch schwer zu erreichen sein.

In einem zeitlichen Modell verkürzt der sättigbare Absorber die Anstiegszeit eines ankommenden Pulses aufgrund der anwachsenden Transmission bei steigender Pulsintensi-

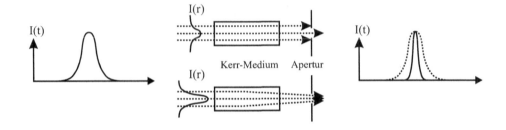

Abb. 4.19 Kerr-Linsen-Modenkopplung.

tät. Das verstärkende Lasermedium selbst erzeugt den gegenteiligen Prozess: Aufgrund des Energieentzugs und der resultierenden Abschwächung der Verstärkung wird es den Puls verkürzen, indem es die Abfallzeit des Pulses verkürzt. In den meisten Festkörper-lasern ist dieser Effekt allerdings gering verglichen mit der Verkürzung der Vorderflanke des Pulses, die durch den sättigbaren Absorber verursacht wird, da die Lebensdauer des oberen Zustandes normalerweise um einige Größenordnungen länger als die Umlaufzeit im Resonator ist. Der einzige Fall, in dem beide Effekte dominant sind, tritt bei Farbstoff-lasern auf, die Anregungslebensdauern in der Größenordnung der Resonator-Umlaufzeit zeigen. Deshalb wurden in der Vergangenheit ultrakurze Pulse im fs-Bereich hauptsäch-lich mit Farbstofflasern erzeugt.

Benutzt man spezielle Halbleiter mit Quantentopf-Strukturen als sättigbare Absorber und Resonatorspiegel in einem (SESAM) (engl. semiconductor saturable absorber mir-ror), die eine starke nichtlineare Antwort besitzen, können ultrakurze Pulse auch mit Festkörperlasern erzeugt werden. In diesem Fall wird oft zeitgleich eine zweite Technik des Modenkoppelns verwendet, um den Puls zusätzlich zu verkürzen: die Kerr-Linsen-Modenkopplung.

Kerr-Linsen-Modenkopplung

Eine spezielle Art des passiven Modenkoppelns ist die Kerr-Linsen-Modenkopplung (KLM), bei der die Selbstfokussierung eines intensiven Laserstrahls innerhalb eines op-tischen Mediums ausgenutzt wird. Dieser Effekt basiert auf dem Kerr-Effekt, der Zu-nahme des Brechungsindex mit zunehmender Intensität $n(I) = n_0 + n_2 I$ und hat eine Antwortzeit in der Größenordnung von fs. Bei der Kerr-Linsen-Modenkopplung wird das Lasermedium oft als Kerr-Medium benutzt und eine Apertur wird in den Resonator ein-gebracht, entweder durch eine feste oder eine weiche Blende, d. h. durch das gepumpte Volumen. Unter der Annahme einer parabolischen Intensitätsverteilung innerhalb des Kerr-Mediums und einer viel größeren Brennweite als das Kerr-Medium selbst, kann gezeigt werden, dass die Brennweite der Kerr-Linse ungefähr durch

$$f_{Kerr} \approx \frac{w^2}{4n_2 I_0 L} \tag{4.83}$$

gegeben ist. Darin beschreibt I_0 die Laserspitzenintensität, L die Länge des Kerr-Mediums und w den Strahlradius innerhalb des Kerr-Mediums. Für einen Ti:Saphir-Laserstab mit $L = 5$ mm ($n_2 = 3,45 \cdot 10^{-16} \; \frac{\text{cm}^2}{\text{W}}$) und einer Strahlspitzenleistung von 200 kW fokussiert bei $w = 50 \; \mu$m, d. h. einer Spitzenintensität von

$$I_0 = \frac{P}{\pi w^2} = 2,5 \; \frac{\text{GW}}{\text{cm}^2} \; , \tag{4.84}$$

ergibt sich eine Brennweite von $f_{Kerr} \approx 14,4$ cm.

Beispielsweise besitzt eine Gauß-Intensitätsverteilung deshalb einen höheren Brechungsindex in seinem Zentrum als in den Flanken der radialen Intensitätsverteilung. Das Kerr-Medium verhält sich darum wie eine positive Linse und fokussiert den Strahl. Aufgrund der kurzen Antwortzeit ist die Stärke dieser Fokussierung zeitabhängig und nur der zeitlich gesehen innere Teil des Laserpulses wird geringe Verluste an der Apertur erfahren, wie in Abb. 4.19 gezeigt ist. Die Vorder- und Hinterflanke wird abgeschnitten, da deren Intensität nicht ausreicht, um den Strahl mit geringen Verlusten durch die Apertur zu fokussieren. Im Fall einer weichen Blende wird die Fokussierung den Überlapp zwischen dem Strahl und dem Pumpvolumen erhöhen. Dies erzeugt eine höhere Verstärkung für die Hochintensitätsanteile des Pulses, was den Puls auch verkürzt. Durch Verwendung von KLM in Kombination mit SESAM ist es möglich, Pulse von einigen fs Dauer aus einem Ti:Saphir-Laser zu erzeugen, einem Festkörperlaser mit einer großen Verstärkungsbandbreite.

4.2.3 Pulskompression von ultrakurzen Pulsen

Wie schon in Abschnitt 4.2 erwähnt, können kurze Pulse einen sogenannten Chirp aufweisen. Im Folgenden wollen wir nun untersuchen, wie sich dieser Chirp aufbaut und wie Pulse generell komprimiert werden können, indem der Chirp reduziert wird. Dafür benötigen wir die Entwicklung eines einfallenden Laserpulses mit einer elektrischen Feldamplitude von

$$E_i(t) = E_0 e^{-\xi_0 t^2} e^{i\omega_0 t} \; , \tag{4.85}$$

der sich in einem dispersiven Medium ausbreitet. Dabei ist der Gauß-Parameter des einfallenden Pulses gegeben durch

$$\xi_0 = a_0 - ib_0 \; . \tag{4.86}$$

Das Spektrum dieses Pulses kann dann wie folgt ausgedrückt werden:

$$\tilde{E}_i(\omega) = \tilde{E}_0 e^{-\frac{(\omega - \omega_0)^2}{4\xi_0}} \; . \tag{4.87}$$

In einem dispersiven Medium zeigt die Propagationskonstante $\beta(\omega)$ eine nichtlineare Abhängigkeit von ω und kann deshalb um die Zentralfrequenz ω_0 mit

$$\beta(\omega) \approx \beta_0 + \beta_1(\omega - \omega_0) + \beta_2(\omega - \omega_0)^2 \tag{4.88}$$

angenähert werden. Das Spektrum des Pulses ändert sich also während der Ausbreitung gemäß

$$\tilde{E}(\omega, z) = \tilde{E}_i(\omega)e^{-i\beta(\omega)z} \ . \tag{4.89}$$

Mit der Fourier-Transformation entspricht dies einer Zeitabhängigkeit des elektrischen Feldes von

$$E(t, z) = E_0 e^{i(\omega_0 t - \beta_0 z)} e^{-\xi(z)(t - \beta_1 z)^2} \ , \tag{4.90}$$

wobei $\xi(z)$ gegeben ist durch

$$\frac{1}{\xi(z)} = \frac{1}{\xi_0} + 2i\beta_2 z \ . \tag{4.91}$$

Aus Gl. 4.90 können wir sehen, dass β_0 eine ausbreitungs- und abstandsabhängige Phasenverschiebung verursacht. Diese kann für jede ebene Welle in einem Medium mit einem effektiven Brechungsindex $n_{eff} > 1$ durch die **Phasengeschwindigkeit** ausgedrückt werden

$$v_{ph} = \frac{\omega_0}{\beta_0} \ . \tag{4.92}$$

In einem optischen Medium mit Brechungsindex n ist die Phasengeschwindigkeit gegeben durch $v_{ph} = \frac{c}{n}$, und $\beta_0 = k_z$ entspricht der Wellenvektorkomponente in Ausbreitungsrichtung. In optischen Wellenleitern wie z. B. Fasern werden die Dispersion und die Brechungsindex-Eigenschaften des Mediums jedoch aufgrund des Wellenleitereffekts verändert.

Der Einfluss von β_1 auf die Gauß-Einhüllende des elektrischen Feldes führt zu einer Verzögerung in der Einhüllenden. Diese breitet sich dann mit der **Gruppengeschwindigkeit** aus:

$$v_g = \left(\frac{\partial\beta}{\partial\omega}\right)^{-1}\Bigg|_{\omega=\omega_0} = \frac{1}{\beta_1} \ . \tag{4.93}$$

Die Größe β_2 verändert dann den entsprechenden Gauß-Parameter $\xi(z)$ mit der Ausbreitungslänge, was wiederum eine Formänderung der Pulseinhüllenden bewirkt, d. h. eine Änderung der Pulsbreite und des Chirps. Man spricht dann von β_2 als **Gruppengeschwindigkeits-Dispersion** und schreibt

$$\beta_2 = \left[\frac{\partial}{\partial\omega}\left(\frac{1}{v_g(\omega)}\right)\right]_{\omega=\omega_0} \ . \tag{4.94}$$

Dieser Einfluss auf den Puls kann aus Gl. 4.91 hergeleitet werden, wobei die reellen und imaginären Teile des Gauß-Parameters $\xi(z) = a(z) - ib(z)$ folgendermaßen geschrieben werden können:

$$a(z) = \frac{a_0}{(1 + 2\beta_2 b_0 z)^2 + (2\beta_2 a_0 z)^2} \tag{4.95}$$

$$b(z) = \frac{b_0 + 2\beta_2 z(a_0^2 + b_0^2)}{(1 + 2\beta_2 b_0 z)^2 + (2\beta_2 a_0 z)^2} \ . \tag{4.96}$$

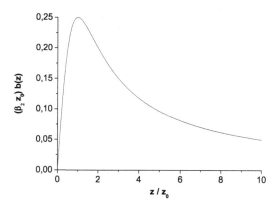

Abb. 4.20 Anwachsender Chirp eines ungechirpten Pulses, der sich in einem Medium mit Gruppengeschwindigkeits-Dispersion ausbreitet.

Aus den Gln. 4.95 und 4.96 können wir jetzt herleiten, warum ein ultrakurzer Puls überhaupt einen Chirp aufweist. Nehmen wir einen Gauß-Puls ohne Chirp an, d. h. $b_0 = 0$, dann erhalten wir für die Ausbreitung des Pulses in einem dispersiven Medium (z. B. einem Auskoppelspiegel-Substrat, einem Vakuumfenster oder einer optischen Faser mit von Null verschiedener Gruppengeschwindigkeits-Dispersion), dass nach einer Länge z des Mediums ein anwachsender Chirp entsteht. Es ergibt sich

$$b(z) = \frac{2\beta_2 z a_0^2}{1 + (2\beta_2 a_0 z)^2} = \frac{1}{2\beta_2} \frac{z}{z^2 + \left(\frac{\tau_p^2}{4\beta_2 \ln 2}\right)^2} \cdot \tag{4.97}$$

Dieser Chirp-Aufbau ist in Abb. 4.20 gezeigt, wobei die Referenzlänge z_0 gegeben ist durch:

$$z_0 = \frac{\tau_p^2}{4\beta_2 \ln 2} \cdot \tag{4.98}$$

Die Pulsbreite führt dann auf

$$\tau_p(z) = \tau_p(0) \sqrt{1 + \left(\frac{z}{z_0}\right)^2} \cdot \tag{4.99}$$

Diese Beziehung ist äquivalent zur Entwicklung der radialen Breite eines Gauß-Strahls wie in Gl. 3.31. Die einfallende Pulsbreite wird demnach mit der Ausbreitungslänge ansteigen, wie in Abb. 4.21 gezeigt.

Wie jedoch auch aus den Gln. 4.95 und 4.96 ersichtlich, kann ein gechirpter Puls mit einem einfallenden Chirp $b_0 \neq 0$ in der Pulsbreite komprimiert werden, falls ein Medium mit passender Gruppengeschwindigkeits-Dispersion benutzt wird. Die optimale Gruppengeschwindigkeits-Dispersion und Wechselwirkungslänge ist gegeben durch

$$2\beta_2 L_{opt} = -\frac{b_0}{a_0^2 + b_0^2} \cdot \tag{4.100}$$

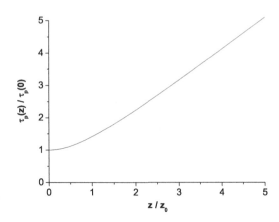

Abb. 4.21 Ansteigende Pulsbreite eines ungechirpten Pulses, der sich in einem Medium mit Gruppengeschwindigkeits-Dispersion ausbreitet.

Dies führt zu einem Maximum von $a(z)$ bei $b(z) = 0$ und deshalb zu einer minimalen Pulsbreite von

$$\tau_{p,min} = \frac{\tau_p(0)}{\sqrt{1 + \left(\frac{b_0}{a_0}\right)^2}} , \qquad (4.101)$$

es entspricht also einem Puls, von dem jeder Chirp entfernt wurde und der in eine kurze Pulsbreite umgewandelt wurde. Ein großer Chirp ergibt deshalb ein hohes Kompressionsverhältnis der Pulsbreite, wobei der Endpuls limitiert ist durch die Fourier-Transformation, sobald der Chirp entfernt wurde. Dies sieht man durch Einsetzen dieses Ergebnisses in Gl. 4.76.

Pulskompressionsmethoden

Abhängig vom tatsächlichen Chirp des Pulses ist zur Komprimierung ein Medium oder optisches System mit einer geeigneten Gruppengeschwindigkeits-Dispersion notwendig. Statt der Verwendung eines massiven Mediums mit einer natürlichen Dispersion werden in Laser-Aufbauten vor allen Dingen optische Systeme bestehend aus Gittern oder Prismen verwendet.

Ein erstes Beispiel ist in Abb. 4.22 zu sehen, in dem zwei Beugungsgitter verwendet werden. Aufgrund des wellenlängenabhängigen Beugungswinkels unterscheidet sich die interne optische Weglänge des Gittersystems für verschiedene Wellenlängen, was wiederum die zur Kompression des Pulses notwendige wellenlängenabhängige Zeitverschiebung erzeugt. Mit dieser Technik können große Dispersionseffekte erreicht werden, um Pulse mit starken Chirps zu komprimieren. Die Pfadlänge ΔL zwischen dem einfallenden Punkt

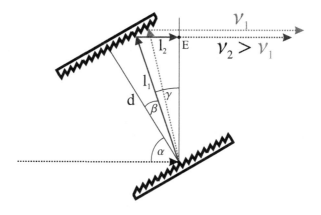

Abb. 4.22 Pulskompression mit zwei Beugungsgittern.

auf dem ersten Gitter und dem Punkt auf der Ausgangsebene des Gitterkompressors E ist gegeben durch

$$\Delta L = l_1 + l_2 = \frac{d}{\cos \beta} + \frac{d}{\cos \beta} \sin \gamma = \frac{d}{\cos \beta} (1 + \sin \gamma) \ . \tag{4.102}$$

Mit Hilfe der Gittergleichung

$$\frac{\lambda}{g} = \sin \alpha - \sin \beta \tag{4.103}$$

mit der Gitterperiode g kann die räumliche Dispersion wie folgt ausgedrückt werden:

$$\frac{\partial \Delta L}{\partial \lambda} = \frac{\partial \Delta L}{\partial \beta} \frac{\partial \beta}{\partial \lambda} = \frac{\lambda d}{g^2 \cos^3 \beta} = \frac{\lambda d}{g^2 \left(1 - \left(\sin \alpha - \frac{\lambda}{g}\right)^2\right)^{\frac{3}{2}}} \ . \tag{4.104}$$

Deshalb wird die interne Weglänge des Gitterkompressors mit der Wellenlänge ansteigen und so zu einer größeren Zeitverzögerung zwischen Anfangs- und Ausgangsebene für große Wellenlängen führen. Somit wird ein Puls mit einem positiven Chirp komprimiert.

Eine zweite Alternative, die vor allem für kleine Korrekturen der Dispersion in einem Laserresonator für kurze modengekoppelte Pulse verwendet wird, basiert auf einer Anordnung von Prismen. Diese ändern ebenfalls die optische Weglänge abhängig von der Wellenlänge. In diesem Fall werden sowohl das Prismenmaterial sowie die Geometrie (also der Prismenwinkel γ) so gewählt, dass der Laserstrahl im Brewster-Winkel auf die

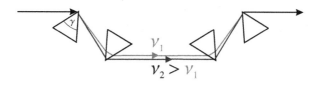

Abb. 4.23 Dispersionskompensation mit Prismen für resonatorinterne Anwendungen.

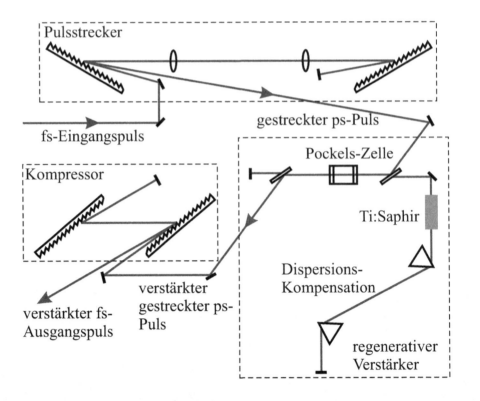

Abb. 4.24 Aufbau einer gechirpten Pulsverstärkung mit Gittern zur Streckung und Komprimierung der Pulse und einem Prismenpaar zur Dispersionskompensation.

Prismenoberflächen fällt, denn dadurch werden die Reflexionsverluste stark reduziert. Das Design in Abb. 4.23 erlaubt außerdem einen einfachen Einbau in einen schon existierenden Resonator, da der Eingangs- und Ausgangsstrahl kollinear sind. Die Stärke der Dispersion dieses Systems ist geringer als für einen Gitterkompressor. Allerdings kann der Prismenkompressor dafür benutzt werden, beide Vorzeichen der Dispersion zu erzeugen, d. h. entweder $\beta_2 < 0$ oder $\beta_2 > 0$.

Verstärkung gechirpter Pulse

Eine Hauptanwendung von Pulskompressoren und ihren Gegenstücken, Pulsstreckern, findet sich in der Verstärkung gechirpter Pulse. Diese Technik, siehe Abb. 4.24, erlaubt die Erzeugung von hochenergetischen fs-Pulsen. Zuerst wird dabei ein normaler fs-modengekoppelter Laseroszillator zur Erzeugung von fs-Pulsen mit einer Repetitionsrate von ungefähr 80 MHz und Pulsenergien in der Größenordnung von einigen nJ benutzt. Diese Pulse werden beim Durchlaufen eines anti-parallelen Gitterpaares samt 1:1-Teleskop in der Pulsbreite gestreckt, was zu einem starken Chirp des Pulses führt. Die Pulsbreite wird also erhöht, z. B. um einen Faktor von 3000 (von 200 fs auf 600 ps), was die Pulsspitzenleistung verringert. Dies erlaubt nun eine große Verstärkung der Pulse zu

Pulsenergien von mehreren mJ, ohne die optische Zerstörschwelle der Komponenten im Verstärker zu erreichen. Der in Abb. 4.24 gezeigte Verstärkeraufbau ist ein **regenerativer Verstärker**. Die Eingangspulse dringen durch einen resonatorinternen Polarisator in den Verstärker ein. Dann wird ein Puls ausgewählt, indem an die Pockels-Zelle die Spannung für den Halbwellen-Betrieb angelegt wird, um die Polarisation des Pulses um 90° zu drehen. Der Puls passiert nun den zweiten Polarisator und wird am Resonatorendspiegel reflektiert. Zu diesem Zeitpunkt ist die Pockels-Zelle ausgeschaltet. Der Puls erhält deshalb seine Polarisation und schwingt im Verstärkungsresonator hin und her. Dabei passiert er das Verstärkungselement des Ti:Saphir-Lasers bei jedem Umlauf zweimal.

Um die resonatorinterne Dispersion zu kompensieren, wird ein Prismenpaar in den Verstärkungsresonator eingefügt. Sobald der Puls genügend Umläufe bis zum Erreichen seiner maximalen Pulsenergie gemacht hat, wird die Pockels-Zelle wieder zur Halbwellen-Spannung geschaltet, wenn sich der Puls auf der Prismenseite im Resonator befindet. Kommt der Puls zurück zur Pockels-Zelle, wird er um 90° gedreht und verlässt den Resonator durch den zweiten Polarisator. Zum Schluss wird der Chirp des Pulses in einem Gitterkompressor entfernt, was die Pulsbreite wieder auf die fs-Skala des Eingangspulses reduziert. Normalerweise ist die finale Pulsbreite etwas länger als die anfängliche Pulsbreite, verursacht durch einige zusätzliche Chirps höherer Ordnung, die während der Verstärkungsschritte angesammelt werden. Während die optische Zerstörschwelle der optischen Komponenten im gestreckten Teil des Aufbaus normalerweise hoch genug ist, ist das Endgitter des Kompressors ein kritischer Punkt, da dort die Hochenergie-Pulse zu kurzen Pulsbreiten komprimiert werden, was zu extremen Spitzenleistungen führt. Um Schäden an den Gittern zu vermeiden, muss der Strahldurchmesser deshalb stark vergrößert werden, weshalb Gitter mit großer Apertur benötigt werden.

5 Beispiele für Laser und deren Anwendungen

Übersicht

In diesem Kapitel werden wir verschiedene Arten häufig in Laboren eingesetzter Laser untersuchen. Aufgrund der jüngsten Fortschritte im Bereich der Hochleistungs- und Hochintensitäts-Laserdioden sind die diodengepumpten Festkörperlaser heute und auch in naher Zukunft die wichtigste Klasse der Laser. Daher gehören alle im Folgenden beschriebenen Laser zu den Festkörperlasern – mit Ausnahme des He-Ne-Lasers, welcher ein sehr bekannter und häufig zur Präzisions-Ausrichtung eingesetzter Gaslaser ist. Ein weiterer wichtiger Gaslaser ist der CO_2-Laser, der einen durch elektronisch angeregte N_2-Moleküle induzierten Übergang verwendet und in dem zudem He als Puffergas für die Kühlung und die Verringerung der Lebenszeit des unteren Laserniveaus zum Einsatz kommt. Der CO_2-Laser ist der effizienteste Vertreter der Gaslaser und erreicht einen Wirkungsgrad von elektrischer zu optischer Leistung von bis zu 30%.

Eine weitere Laserklasse bilden z. B. die Farbstofflaser, bei denen eine Farbstofflösung als aktives Medium verwendet wird. Diese Laser wurden häufig als breitbandig abstimmbare Laser, vom ultravioletten bis zum infraroten Spektrum, oder zur Erzeugung ultrakurzer Pulse eingesetzt, da die fehlende langreichweitige Ordnung im flüssigen Lasermedium zu breiten Übergängen führt.

Es gibt aber auch Laser ohne aktive Medien – den Freie-Elektronen-Laser. Bei diesem Lasertyp wird ein relativistischer Elektronenstrahl in ein periodisches Magnetfeld mit alternierenden Polen gestrahlt, was die Elektronen auf einen undulierten Weg zwingt. Da diese Elektronen beschleunigte Ladungen sind, emittieren sie Synchrotronstrahlung mit einer Wellenlänge, die von der Periode der Magnete, der relativistischen Längenkontraktion dieser Periode im System des Elektronenstrahls und der relativistischen Doppler-Verschiebung zurück ins Laborsystem abhängt.

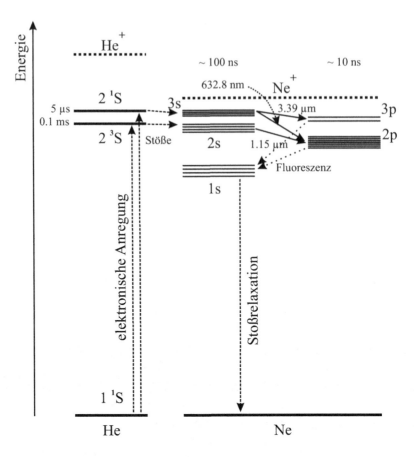

Abb. 5.1 Energieschema des He-Ne-Lasers mit Abbildung der wichtigsten Übergänge.

5.1 Gaslaser: der Helium-Neon-Laser

Der He-Ne-Laser war der historisch erste Dauerstrichlaser und ebenfalls der erste realisierte Gaslaser. Während zu Beginn der stärkste Übergang bei $1{,}15$ μm verwendet wurde, werden He-Ne-Laser heute hauptsächlich bei den sichtbaren Linien betrieben, mit der am häufigsten benutzten Linie bei $632{,}8$ nm im roten Spektralbereich. Weitere wichtige Linien sind die grüne ($543{,}3$ nm), die gelbe ($594{,}1$ nm) und die orangene ($611{,}8$ nm) Linie. Weitere infrarote Linien sind die nah-infraroten Linien bei $1152{,}3$ nm und $1523{,}1$ nm sowie die mittlere infrarote Linie bei $3391{,}3$ nm.

Im He-Ne-Laser ist das aktive Medium das Neon-Gas. Die Hinzugabe von Helium wird nur für den Pumpprozess benötigt. Es trägt jedoch zudem zur Kühlung des Gasgemisches bei, da Helium eine hohe Wärmeleitfähigkeit besitzt. Normalerweise wird eine Mischung aus $0{,}1$ mbar Neon in 1 mbar Helium verwendet [12]. Wie aus Abb. 5.1 ersichtlich, geschieht das Pumpen der Ne-Atome mittels einer elektrischen Entladung in einem zweistufigen Prozess: Anregung der Helium-Atome und Energietransfer zu den Ne-Atomen.

Zunächst werden die He-Atome durch Kollisionen mit den Elektronen aus der Entladung angeregt, was die He-Atome in die metastabilen Niveaus $2\,^3S$ und $2\,^1S$ mit Lebensdauern von $0,1$ ms und $5\,\mu$s bringt. Daraufhin wird die gespeicherte Energie durch atomare Kollisionen von den He-Atomen auf die Ne-Atome übertragen, da die atomaren Niveaus von Helium nahezu mit den $2s$- und $3s$-Niveaus von Neon übereinstimmen. Da die Lebensdauern der $2s$- und $3s$-Niveaus von Neon im Bereich von 100 ns liegen, entsteht eine Besetzungsinversion bezüglich dieser Niveaus, welche lediglich eine Lebensdauer von 10 ns besitzen. Durch die Auswahlregeln der elektrischen Dipolübergänge können die Ne-Atome nur bei denjenigen Linien emittieren, die einen s- und p-Zustand verknüpfen, was zum oben erwähnten Laserübergang führt. Vom p-Zustand relaxiert das Ne-Atom schnell durch Fluoreszenz zum $1s$-Zustand. Da dieser Zustand ebenfalls metastabil ist, d. h. langlebig, werden die Neon-Atome erneut durch Kolliionen mit Elektronen in den $2p$-Zustand angeregt [12], wo sie eine Reabsorption in diese Laserlinien verursachen. Um eine starke Besetzung des $1s$-Zustandes zu vermeiden, werden sehr kleine Entladungsröhren verwendet, um durch Kollision mit den Wänden der Laserröhre einen Zerfall dieses $1s$-Zustandes zum Grundniveau zu erzeugen.

Aufgrund der Abhängigkeit des Emissionswirkungsquerschnittes

$$\sigma_e(\nu_s) \propto \frac{g(\nu_s)}{\nu_s^2} \tag{5.1}$$

von der Frequenz ν_s, wie in Gl. 1.74 gezeigt, und der Abhängigkeit des Linienformfaktors der dominierenden Doppler-Verbreiterung aus Gl. 1.84, gegeben durch

$$g(\nu_s) \propto \frac{1}{\nu_s} \, , \tag{5.2}$$

wird die maximale Verstärkung des He-Ne-Lasers proportional zu λ_s^3 sein und daher beim mittleren infraroten Übergang bei $3391,3$ nm auftreten. Somit wird diese Linie im Normalfall die niedrigste Pumpschwelle zeigen und der He-Ne-Laser würde lediglich bei dieser Linie emittieren. Um diesen Effekt zu vermeiden und den Laser auch bei anderen Linien zu betreiben, werden spezielle Resonatorspiegel verwendet, die die Strahlung im mittleren infraroten Bereich nicht reflektieren und daher die Leistungsschwelle bei dieser Linie deutlich über die Schwelle der sichtbaren Linien anheben. Eine zweite Möglichkeit bietet der Einbau einer Quartzglas-Platte in den Resonator, möglichst im Brewster-Winkel. Dies verstärkt deutlich die Verluste der mittleren infraroten Linie innerhalb des Resonators aufgrund der internen infraroten Absorption des Glases, wobei nahezu keine zusätzlichen Verluste im sichtbaren und im nah-infraroten Bereich entstehen. Zusätzlich wird die Laserstrahlung linear polarisiert, da nur die s-Polarisation der Resonatormode durch die Brewster-Platte ohne Fresnel-Reflexionsverluste transmittiert wird.

Das experimentelle Konstruktionsschema eines He-Ne-Lasers ist in Abb. 5.2 gezeigt. Die Geometrie der Kapillare muss derart gewählt werden, dass das Produkt des absoluten Gasdruckes p und der Durchmesser der Kapillarbohrung d ungefähr $pd \simeq 4,8$ bis $5,3$ mm mbar beträgt, während die optimale Mischung von Helium und Neon von der gewünschten Emissionslinie abhängt. Für die $632,8$-nm-Linie wird ein Partialdruckverhältnis von He : Ne $= 5 : 1$ verwendet, wobei ein optimales Verhältnis von

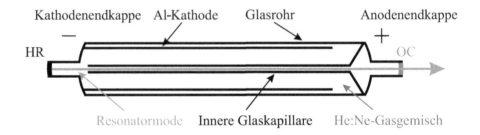

Abb. 5.2 Schnitt durch eine typische He-Ne-Laserröhre. Hier sind die Resonatorspiegel direkt mit der Glasröhre durch die Hard-seal-Methode verbunden [12].

He : Ne = 9 : 1 für die 1152, 3-nm-Linie gefunden wurde. Ein dritter Parameter ist die Stromdichte der Gasentladung, welche besonders für die 632, 8-nm- und die 3391, 3-nm-Linie von Bedeutung ist.

He-Ne-Laser werden heute hauptsächlich, bedingt durch die in Gaslasern erzeugte geringe Strahlverzerrung, als Ausrichtungsquellen mit hoher Strahlqualität oder als hochkohärente Laserquellen in der Holographie oder Interferometrie verwendet. Da die Laserübergänge zwischen energetisch sehr hohen Niveaus auftreten, wie aus Abb. 5.1 ersichtlich, liegt die Quanteneffizienz von He-Ne-Lasern bei ca. 10%. Der absolute Wirkungsgrad von elektrischer zu optischer Leistung ist jedoch sehr gering und liegt in der Regel bei 0, 1%, was durch die geringe Effizienz des Anregungsmechanismus innerhalb der Plasmaentladung begründet wird [12].

5.2   Festkörperlaser

Die heute wichtigsten Laser sind die Festkörperlaser, in denen ionische Verunreinigungen in transparenten Kristallen oder Gläsern als aktives Lasermedium dienen. Generell können dabei zwei Arten von Wirtsmaterialien und zwei Arten von aktiven Ionen unterschieden werden: zum einen Kristalle und Gläser und zum anderen seltene Erden und Übergangsmetalle.

Bei den Ionen der seltenen Erden ist der laseraktive elektronische Zustand in der inneren $4f$-Schale des Ions angesiedelt. Daher werden sie zum Großteil durch die äußeren Elektronen ($5s^2$- und $5p^6$-Elektronen) vom Kristallfeld abgeschirmt. Somit sind das Kristallfeld und die Kopplung der ionischen Zustände mit den Phononen des Wirtgitters gering, was normalerweise zu geringen Linienbreiten der optischen Übergänge führt. Im Spektrum der Ionen der seltenen Erden in kristallinen Medien sind die verschiedenen Linien der Übergänge zwischen den verschiedenen Stark-Niveaus deutlich sichtbar, wie bereits in Abb. 2.6 gezeigt wurde.

Falls die Ionen der seltenen Erden in eine Glasmatrix eingebettet sind, ist die Argumentation über den Einfluss des Kristallfeldes auf die Übergänge immer noch gültig. Das Glas ist jedoch ein amorpher Festkörper und die geometrische Struktur der Glas-

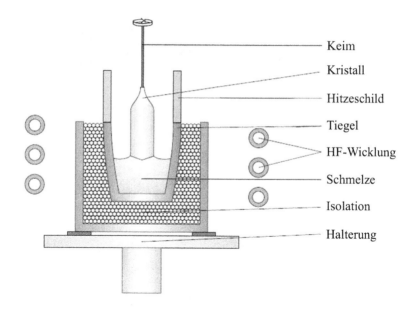

Abb. 5.3 Schematischer Aufbau eines Apparats für das Czochralski-Wachstum [31].

Matrix und somit auch das Kristallfeld ändern sich lokal, was eine vom Ort abhängende Linienverschiebung verursacht. Dies hat eine inhomogene Verbreiterung des Emissionsspektrums zur Folge und führt zu einer sehr breiten Verstärkung dieser Lasermedien. Dies ist sowohl für die Umsetzung eines breitbandig durchstimmbaren Lasers als auch zur Erzeugung ultrakurzer Pulse interessant.

Im Gegensatz zu den Ionen der seltenen Erden sind die optisch aktiven Elektronen in den Übergangsmetallen in den äußeren Schalen des Ions angesiedelt und werden daher stark vom Kristallfeld beeinflusst. Sie zeigen somit eine starke Kopplung an die Gitterphononen im Kristall, was zu gemischten elektronisch-vibronischen Zuständen führt. Durch diesen Effekt sind die Linien dieser Übergänge ebenfalls extrem breit, was z. B. den Ti:Saphir-Laser so wichtig für die Erzeugung von ultrakurzen Pulsen macht.

Kristallwachstum

Die meisten der heute verwendeten Laserkristalle werden mit der Czochralski-Methode aus Abb. 5.3 gewachsen. Hierzu wird ein monokristalliner Keim verwendet, um einen großen Einkristall aus einer Schmelze mit der stöchiometrischen Zusammensetzung von primären Chemikalien zu erzeugen. Im Falle des wohl bekannten Laserwirtsmaterials Yttrium-Aluminium-Granat (YAG, $Y_3Al_5O_{12}$) ist dies eine Mischung aus Yttrium- und Aluminium-Oxid, zu der eine kleine Menge eines Oxides der seltenen Erden, z. B. Neodym-Oxid, hinzugefügt wird, was die Dotierstoffkonzentration im resultierenden Laserkristall bestimmt. Diese Zusammensetzung wird in einem Tiegel geschmolzen, welcher aus einem Metall mit hohem Schmelzpunk, z. B. Iridium, besteht, das durch

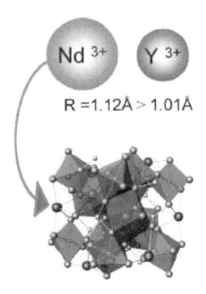

Abb. 5.4 Atomare Struktur des YAG-Kristalls und die Positionen der Nd^{3+}-Ionen in YAG [32].

Induktion einer externen wassergekühlten RF-Spule erhitzt wird. Der Tiegel selbst ist in thermisch isolierende Pellets, wie z. B. Zirkonoxid, gebettet. Ein monokristalliner Keim wird auf einen rotierenden Stab montiert und in Kontakt mit der Schmelze gebracht. Daraufhin wird der rotierende Stab langsam, mit einer Geschwindigkeit von wenigen Millimetern pro Stunde, aus der Schmelze gezogen, was das Wachstum des Einkristalls ermöglicht. Um interne Spannungen zu tempern, die während des Wachstums entstehen, wird der Kristall nach dem Wachstumsprozess langsam auf Raumtemperatur abgekühlt.

5.2.1   Der Nd^{3+}-Laser

Der Neodym-Laser ist heute einer der meistgenutzten Laser, welcher häufig bei einem echten Vier-Niveau-Übergang mit einer Emissionswellenlänge von 1064 nm mit Nd^{3+}-dotiertem YAG als Wirtskristall betrieben wird. Dieser optische Wirtskristall ist in Abb. 5.4 gezeigt. Hier ersetzt das Nd^{3+}-Ion das Y^{3+}-Ion. Durch den größeren ionischen Radius des Nd^{3+} im Vergleich zu Y^{3+} wird jedoch nur ein geringer Anteil der Nd^{3+}-Ionen in das Kristallgitter eingebaut, was normalerweise zu einer Nd^{3+}-Dotierstoffkonzentration von $0,1$ bis $1,2\%$ und zudem zu einem Gradienten der Dotierstoffkonzentration entlang der Wachstumsrichtung führt. Der Gradient ist durch die wachsende Konzentration der Nd^{3+}-Ionen in der Schmelze während des Wachstums begründet, was zum Ende des Wachstumsprozesses zu einer ansteigenden Nd^{3+}-Dotierstoffkonzentration im Kristall führt.

Das Energieschema der Nd^{3+}-Ionen in verschiedenen Wirtskristallen ist in Abb. 5.5 zu sehen. Die Lebensdauer des oberen Laserniveaus in YAG begträgt 250 μs. Der 1064-nm-

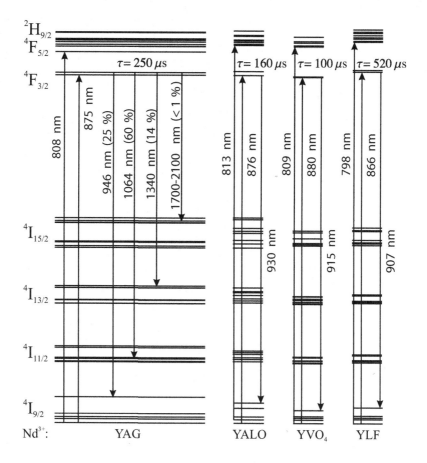

Abb. 5.5 Energieschema der Nd^{3+}-Ionen in verschiedenen Wirtsmaterialien und der wichtigste Pump- und Laserübergang.

Übergang zeigt die stärkste Fluoreszenz, zu welcher 60% aller radiativ zerfallenden Ionen in der $^4F_{3/2}$-Mannigfaltigkeit beitragen. Die Fluoreszenz, die zum Quasi-Drei-Niveau-Übergang bei ca. 900 bis 950 nm führt, wird durch 25% der zerfallenden Ionen erzeugt und der zweite Vier-Niveau-Übergang bei ca. $1,34\ \mu m$ resultiert aus 14% aller Zerfälle. Die Übergange im mittleren Infraroten bei ca. $2\ \mu m$ sind so schwach, dass diese in der Praxis nicht verwendet werden. Durch den relativ großen Emissionswirkungsquerschnitt des Übergangs bei 1064 nm im Vergleich zu den Übergängen bei 946 nm und 1342 nm, muss bei Verwendung dieser schwächeren Übergänge sehr sorgfältig verfahren werden. In diesem Fall müssen besondere Resonatorspiegel und Lasermedien verwendet werden, welche bei 1064 nm antireflexionsbeschichtet sind, um eine Rückkopplung auf der 1064-nm-Linie zu vermeiden. Andernfalls würde der Laser bei 1064 nm oszillieren, was die Emission der anderen Wellenlängen unmöglich macht, da die Besetzung des oberen Niveaus einen Wert erreicht, der kein Überschreiten der Schwellenverstärkung der anderen Übergänge erlaubt.

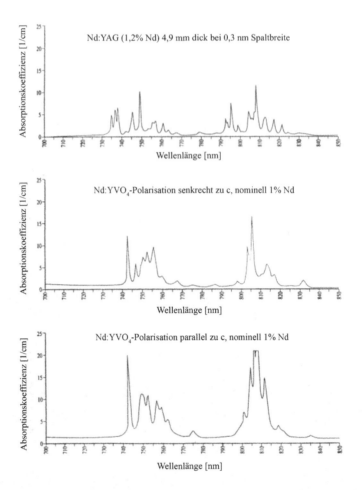

Abb. 5.6 Pumpabsorptionskoeffizient von Nd^{3+} in verschiedenen Wirtsmaterialien (Quelle: Northrop Grumman Corporation, USA).

Die Nd^{3+}-Ionen werden entweder durch Blitzröhren oder neuerdings auch durch Hochleistungsdioden gepumpt, welche derart entwickelt werden können, dass sie genau auf das Absorptionsspektrum der beiden wichtigsten Übergänge bei 808 nm und 875 nm abgestimmt sind. Die diodengepumpten Nd^{3+}-Laser erreichen durch diese Abstimmung auf das Absorptionsspektrum einen hohen Wirkungsgrad von über 40%. Bei Blitzröhren-Pumpen wird lediglich ein kleiner Teil des ganzen Emissionsspektrums der Blitzröhre durch die Nd^{3+}-Ionen absorbiert, was in der Regel zu einem Wirkungsgrad von $< 1\%$ führt. Daher werden Nd^{3+}-dotierte Laser, die mit Blitzröhren gepumpt werden, meist zusätzlich mit Cr^{3+}-Ionen dotiert, welche eine hohe Absorption im Emissionsspektrum der Blitzröhren zeigt. Die von den Cr^{3+}-Ionen absorbierte Energie wird in einem direkten Ion-Ion-Energietransferprozess auf die Nd^{3+}-Ionen übertragen. Diodenpumpen der Absorptionslinie bei ca. 808 nm, vgl. Abb. 5.6, werden dabei sehr häufig verwendet und

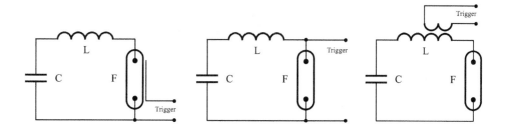

Abb. 5.7 Skizze eines einfachen extern getriggerten Blitzröhren-Schaltkreises.

führen zu einer großen Produktion von Laserdioden bei dieser Wellenlänge, was diese relativ günstig macht. Heute sind Laserdioden mit einer hohen Ausgangsleistung verfügbar, welche 100 W aus einer 200-μm-Pumpfaser erzeugen.

Blitzröhren-gepumpte Nd^{3+}-Laser

In einem mit einer Blitzröhre gepumpten Laser wird eine Reihe von Kondensatoren in einer Blitzröhre entladen, um einen hochenergetischen Puls zum Pumpen des Lasermediums zu erzeugen. Um eine spezielle Pulsdauer und Pulsform zu erhalten, muss die Charakteristik der Blitzröhre und des Entladungsstromkreises in Betracht gezogen werden. Wie in Abb. 5.7 gezeigt, ist normalerweise ein Entladungskondensator C mit einer Blitzröhre F und einer Spule L in Serie geschaltet, was die Entladungszeitkonstante T definiert:

$$T = \sqrt{LC} \ . \tag{5.3}$$

Die Ladespannung ist jedoch in den meisten Fällen zu gering, um die Blitzröhre zu zünden. Daher ist ein externes Trigger-Kabel an die Außenseite der Röhre angebracht und es wird ein Hochspannungspuls an dieses Kabel angelegt, um leichter eine Ionisation des Gases in der Blitzröhre zu verursachen. Hierdurch wird ein kleiner Entladungskanal zwischen den Röhrenelektroden erzeugt und es wird sich innerhalb weniger 10 μs die Hauptentladung durch Anwachsen der Ionisation und Verbreiterung des Durchmessers der Entladung bilden, bis die Entladung die gesamte Röhre ausfüllt. Für kurze Trigger-Pulse zeigt die Spule L eine hohe Impedanz. Daher kann der Trigger-Puls auch direkt an die Hochspannungsseite der Röhre nach der Spule angebracht werden. Somit schirmt die Spule den Kondensator vom kurzen Hochspannungspuls ab und der schnelle Spannungsanstieg über der Blitzröhre erzeugt den Durchbruch des Gases in der Blitzröhre. Ein dritter möglicher Trigger-Schaltkreis benutzt die Spule selbst als Sekundärseite eines Transformators und der Trigger-Puls wird an die Primärseite dieses Transformators angelegt. Der Trigger-Puls wird daher eine Hochspannung in der Sekundärseite induzieren, welche sich zur Spannung des Kondensators addiert und somit den Durchbruch der Blitzröhre erzeugt.

Nachdem sich die Entladung voll ausgebildet hat und die ganze Röhre ausfüllt, hat diese einen nichtlinearen Widerstand. Spannung und Strom I der Blitzröhre U sind über einen Parameter K_0 miteinander verknüpft [20]:

$$U = K_0 \sqrt{I} \ . \tag{5.4}$$

Dieser Parameter wird durch den Hersteller gegeben oder kann experimentell gemessen werden. Er hängt von der Geometrie der Blitzröhre, d. h. seiner Bogenlänge l, seinem inneren Röhrendurchmesser d und dem Gasparameter ab:

$$K_0 = k \frac{l}{d} \ . \tag{5.5}$$

Für eine mit einem Druck von 450 torr mit Xenon gefüllte Blitzröhre findet sich ein Wert von $k = 1,27 \ \Omega \sqrt{A}$. Zusammen mit der Gasdruckabhängigkeit kann die Blitzröhrenkonstante einer solchen mit Xenon befüllten Blitzröhre durch

$$K_0(P) = K_0(P_0) \left(\frac{P}{P_0} \right)^{\frac{1}{5}} \tag{5.6}$$

beschrieben werden. Der Referenzdruck ist in diesem Fall $P_0 = 450$ torr. Für Krypton findet sich eine ähnliche Konstante [20]. Der elektrische Widerstand der Blitzröhre kann daher als

$$R_F = \frac{K_0}{\sqrt{I}} \tag{5.7}$$

geschrieben werden, nachdem sich die Entladung komplett entwickelt hat.

Ein weiterer wichtiger Parameter von Blitzröhren ist ihre maximale Zündungsenergie. Dies ist die elektrische Eingangsleistung, die eine deutliche Beschädigung der Röhrenwand bewirken würde. Diese Beschädigung wird durch die hohe Temperatur des Plasmas und besonders aufgrund der akustischen Schockwelle durch die Plasmaerzeugung verursacht, die sich während des Pules von 300 K bis etwa 12000 K erhitzt. Die maximale Zündungsenergie ist durch

$$E_X = k_X l d \sqrt{t_p} \tag{5.8}$$

mit der Oberfläche der inneren Röhrenwand ld und der Pulsdauer t_p verknüpft, wobei k_X ein Parameter ist, der von der Gasfüllung und dem Gasdruck abhängt. Mit der Definition der maximalen Zündungsenergie kann die Lebensdauer einer Röhre, d. h. die Anzahl an Blitzen N, die eine Blitzröhre bei einer elektrischen Pulsenergie pro Blitz E_0 erzeugt, empirisch hergeleitet werden. Diese Lebensdauer ist mit der maximalen Zündungsenergie einer Einzelentladung verknüpft:

$$N \approx \left(\frac{E_X}{E_0} \right)^{8,5} \ . \tag{5.9}$$

Aus diesem Grund werden Blitzröhren weit unterhalb ihrer maximalen Zündungsenergie betrieben, was zu einer nominellen Lebensdauer von 10^6 bis 10^8 Blitzen führt.

Falls wir die Blitzröhre durch einen konstanten Lastwiderstand R ersetzen, erhalten wir einen normalen RLC-Stromkreis wie in Abb. 5.8 gezeigt. Die grundlegende Differentialgleichung für die Entwicklung der Kondensatorentladung ist gegeben durch:

$$L \frac{\partial^2 Q}{\partial t^2} + R \frac{\partial Q}{\partial t} + \frac{Q}{C} = 0 \ . \tag{5.10}$$

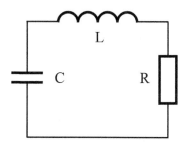

Abb. 5.8 Skizze eines normalen RLC-Stromkreises.

Hier ist Q die Ladung des Kondensators C und die Anfangsbedingung ist $Q(0) = CU_0$ mit $\frac{\partial Q}{\partial t}(0) = 0$. Die Lösung dieser Gleichung kann leicht gefunden werden und führt zu einer Spannung $U(t)$ über dem Widerstand R von

$$U(t) = U_0 \frac{\gamma}{\omega} e^{-\gamma t} \left(e^{i\omega t} - e^{-i\omega t} \right) , \tag{5.11}$$

mit

$$\gamma = \frac{R}{2L} \tag{5.12}$$

$$\omega = \sqrt{\frac{1}{LC} - \gamma^2} . \tag{5.13}$$

Abhängig von den tatsächlichen Kennwerten der einzelnen Komponenten zeigt der Stromkreis drei verschiedene Typen von Entladungen:

■ **Unterkritisch gedämpfte Entladung**. Hier führt

$$R < 2\sqrt{\frac{L}{C}} \tag{5.14}$$

zu einem reellen Wert von ω. Der Strom zeigt daher ein oszillatorisches Verhalten, wobei die Oszillation exponentiell durch die Energiedissipation im Widerstand R gedämpft ist.

■ **Überkritisch gedämpfte Entladung**. Hier führt

$$R > 2\sqrt{\frac{L}{C}} \tag{5.15}$$

zu einem imaginären Wert von ω. Daher stellt sich kein oszillierender Strom ein. Der große Widerstand führt zu einem geringen Spitzenstrom und es dauert lange, bis der Kondensator komplett entladen ist. Beide dieser bislang erwähnten Entladungsarten sind bei Blitzröhrenschaltungen für Laser normalerweise nicht erwünscht. Die oszillierende Entladung erzeugt Korrosion der Blitzröhrenelektroden, da diese für eine bestimmte Polarisation entworfen sind. Die überdämpfte Entladung führt zu geringen Pumpspitzenleistungen.

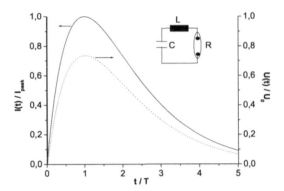

Abb. 5.9 Charakteristische Strom- und Spannungsentwicklung eines kritisch gedämpften Entladungsstromkreises.

■ **Kritisch gedämpfte Entladung.** In diesem speziellen Fall

$$R = 2\sqrt{\frac{L}{C}} \, , \tag{5.16}$$

d. h. $\omega = 0$, wird der Strom nicht oszillieren und die gespeicherte Energie wird schnellstmöglich ohne Oszillation auf den Lastwiderstand übertragen. Die absoluten Werte für Strom und Spannung folgen der Beziehung

$$I(t) \; = \; I_{peak}\frac{t}{T}e^{-\frac{t}{T}} \tag{5.17}$$

$$U(t) \; = \; 2U_0\frac{t}{T}e^{-\frac{t}{T}} \tag{5.18}$$

$$\tag{5.19}$$

mit dem Spitzenentladungsstrom $I_{peak} = \frac{2U_0}{R}$ und der Zeitkonstanten des LC-Kreises $T = \sqrt{LC}$. Die Pulsform des Stromes und die entsprechende Kondensatorspannung sind in Abb. 5.9 zu sehen.

In einem Blitzröhrenschaltkreis zeigt die Blitzröhre jedoch immer einen nichtlinearen und stromabhängigen Widerstand. Mit der Definition des Wellenwiderstandes

$$Z_0 = \sqrt{\frac{L}{C}} \tag{5.20}$$

ist der Dämpfungsfaktor γ der Blitzröhre durch

$$\gamma = \frac{K_0}{T\sqrt{U_0 Z_0}} \tag{5.21}$$

gegeben und hängt daher stark von der Anfangsspannung des Kondensators ab. Der kritisch gedämpfte Fall wird in herkömmlichen Lasersystemen verwendet und entspricht $\gamma = 0,8T^{-1}$, woraus eine Pulsbreite von $t_p = 3T$ abgeleitet werden kann. Dabei ist die Pulsbreite definiert durch die Zeit, bis der Strompuls 10% des Spitzenwertes erreicht hat, was näherungsweise 97% der gesamten an die Blitzröhre übertragenen Entladungsenergie entspricht. Mit der im Kondensator gespeicherten Energie

$$E_0 = \frac{1}{2}CU_0^2 \tag{5.22}$$

kann die benötigte Kapazität des Kondensators aus Gl. 5.21 gefunden werden [20]:

$$C^3 = \frac{2\gamma^4 T^4}{9} \frac{E_0 t_p^2}{K_0^4} \ , \tag{5.23}$$

was für $\gamma = 0,8T^{-1}$ zu

$$C^3 = 0,091 \frac{E_0 t_p^2}{K_0^4} \tag{5.24}$$

führt. Daher ist die benötigte Induktion der Spule:

$$L = \frac{t_p^2}{9C} \ . \tag{5.25}$$

Jedoch gilt diese Rechnung nur für einen kritisch gedämpften Entladungskreis mit einer ganz bestimmten Entladungsenergie E_0 und daher für eine bestimmte Kondensatorspannung U_0. Sobald der Kondensator mit einer höheren Spannung geladen wird, ist das System nicht länger kritisch gedämpft, was eine Oszillation zur Folge hat. Für das kritisch gedämpfte System wurde empirisch festgestellt [20], dass die maximale Zündungsenergie einer mit Xenon gefüllten Blitzröhre durch

$$E_X = 1,2 \cdot 10^4 \ \text{Jcm}^{-2}\text{s}^{-1/2} \ \text{ld} \sqrt{t_p} \tag{5.26}$$

beschrieben werden kann, d. h. ein Parameterwert von $k_X = 1,2{\cdot}10^4 \ \text{Jcm}^{-2}\text{s}^{-1/2}$ vorliegt.

In manchen Fällen, besonders für extrem kompakte Laser, werden auch Schaltkreise ohne Spulen verwendet. Dies entspricht dem überkritisch gedämpften Fall. Unter Berücksichtigung des nichtlinearen Widerstandes der Blitzröhre ergibt sich Gl. 5.10 zu

$$K_0\sqrt{-\frac{\partial Q}{\partial t}} + \frac{Q}{C} = 0 \ , \tag{5.27}$$

wobei für den Strom $I = -\frac{\partial Q}{\partial t}$ angenommen wurde. Wir definieren als effektive Zeitkonstante der Entladung

$$\tau_{eff} = \frac{K_0^2 C}{U_0} \ , \tag{5.28}$$

welche von der Ladespannung U_0 des Kondensators abhängt. Somit erhalten wir für die Kondensatorspannung $U(t)$ und den Strom $I(t)$:

$$U(t) = \frac{U_0}{\frac{t}{\tau_{eff}} + 1} \tag{5.29}$$

$$I(t) = \frac{I_0}{\left(\frac{t}{\tau_{eff}} + 1\right)^2} \tag{5.30}$$

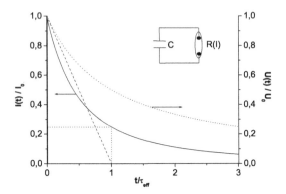

Abb. 5.10 Charakteristische Strom- und Spannungsentwicklung eines Entladungskreises ohne Spule.

mit einem Spitzenstrom von

$$I_0 = \frac{U_0^2}{K_0^2} \ . \tag{5.31}$$

Die charakteristische Pulsform ist in Abb. 5.10 zu sehen. Die in der Zeit τ_{eff} übertragene Energie ist gegeben durch:

$$E(\tau_{eff}) = \int_0^{\tau_{eff}} U(t)I(t)dt = \frac{3}{4}E_0 \ . \tag{5.32}$$

Nach einer Zeit von $2\tau_{eff}$ sind ca. 89% der Gesamtenergie auf die Blitzröhre übertragen.

Besonders in freilaufenden Lasern, die zeitlich flache Pulse emittieren sollen, wird eine rechteckige Strompulsform gewünscht. In diesem Fall müssen die Gesamtkapazität C_{tot} und die Gesamtinduktion L_{tot} wie in Abb. 5.11 aufgeteilt werden, um eine geeignete LC-Kettenleitung zu erhalten. Jede Masche dieser LC-Kettenleitung besteht aus einem LC-Kreis mit $L_i = \frac{L_{tot}}{n}$ und $C_i = \frac{C_{tot}}{n}$, wobei n die Anzahl der Maschen der LC-Kettenleitung ist.

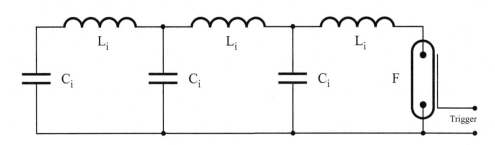

Abb. 5.11 Skizze einer LC-Kettenleitung zum Betrieb einer Blitzröhre für rechteckige Pulse.

Die charakteristische Impedanz der LC-Kettenleitung

$$Z = \sqrt{\frac{L_{tot}}{C_{tot}}} \tag{5.33}$$

wird dann so abgestimmt, dass sie auf den Lastwiderstand der Blitzröhre $R(I) = Z$ beim gewünschten Strom passt. Es ist praktisch die Pulsweite t_p^* in diesem Fall als die Zeit bis zum Erreichen von 70% des Strompulses zu definieren, was zu

$$t_p^* = 2\sqrt{L_{tot}C_{tot}} = 2T \tag{5.34}$$

führt und woraus die notwendige Gesamtkapazität

$$C_{tot} = \frac{t_p^*}{2Z} \tag{5.35}$$

und Gesamtinduktion

$$L_{tot} = \frac{t_p^* Z}{2} \tag{5.36}$$

direkt berechnet werden können. Der Spitzenstrom der Entladung ist dann gegeben durch:

$$I_{peak} = \frac{U_0}{2Z} \cdot \tag{5.37}$$

Die Ladespannung der LC-Kettenleitung muss somit festgelegt werden, um den Impedanzabgleich zwischen der LC-Kettenleitung und der Stromabhängigkeit des Widerstandes der Blitzröhre zu erreichen. Die Anstiegszeit des Pulses zwischen 10% und 80% fällt mit der Maschennummer n ab:

$$t_r^* = \frac{t_p^*}{2n} \cdot \tag{5.38}$$

Eine größere Anzahl an Maschen führt zu immer besseren rechteckigen Pulsen. Die notwendige Gesamtkapazität kann aus Gln. 5.22, 5.34 und 5.37 hergeleitet werden und führt zu

$$C_{tot}^3 = \frac{1}{8}\frac{E_0 t_p^{*2}}{K_0^4} \cdot \tag{5.39}$$

Diodengepumpte Nd^{3+}-Laser

Ein mit einer fasergekoppelten Laserdiode gepumpter Nd^{3+}-Laser ist in Abb. 5.12 am Beispiel eines longitudinal gepumpten Nd^{3+}:YVO$_4$-Mediums zu sehen. Der Resonator ist mit Hilfe zweier dichroitischer Spiegel gefaltet, welche beim gewählten Einfallswinkel eine hohe Reflektivität für die Laserstrahlung haben, während sie für den Diodenpumpstrahl eine hohe Durchlässigkeit aufweisen. Der Pumpausgang der Faser wird zuerst durch eine Linse kollimiert und dann mit einer passenden Brennweite in den Kristall fokussiert, sodass der Pumpfokus auf die Verteilung der fundamentalen Mode des Resonators innerhalb des Laserkristalls passt. Die Fasern für Hochleistungspumpanwendungen sind in der Regel Multimodenfasern. Daher kann die Ausbreitung des Pumpstrahls mit normaler geometrischer Optik beschrieben werden. Die beiden wichtigsten Daten der Fasern sind

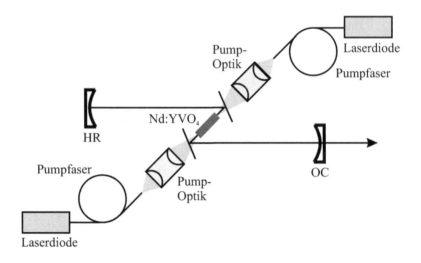

Abb. 5.12 Schematische Darstellung des Aufbaus eines fasergekoppelten diodengepumpten Nd^{3+}:YVO$_4$-Lasers [20].

der Kerndurchmesser d und die numerische Apertur NA, welche durch den Unterschied der Brechungsindizes in einer Stufenindexfaser durch

$$\text{NA} = \sqrt{n_{core}^2 - n_{cladding}^2} \tag{5.40}$$

gegeben ist. Die numerische Apertur beschreibt auch den Öffnungshalbwinkel θ_f der von der Faser emittierten Strahlung, der gegeben ist durch

$$\text{NA} = \sin \theta_f \ . \tag{5.41}$$

Die Pumpoptik besteht normalerweise aus einem Doppellinsen-Teleskop, wobei die erste Linse den von der Faser emittierten Strahl kollimiert und die zweite Linse den Strahl refokussiert, um den Pumpfokus im Kristall zu formen. Falls wir die Vergrößerung

$$M = \frac{2r_p}{d} \tag{5.42}$$

des Teleskops als das Verhältnis aus Pumpfokusdurchmesser und Faserkerndurchmesser definieren, kann der interne Winkel der Pumpstrahlung im Kristall durch

$$\theta_i = \arcsin\left(\frac{1}{n}\sin\left[\frac{\arcsin \text{NA}}{M}\right]\right) \approx \frac{\text{NA}}{nM} \tag{5.43}$$

beschrieben werden, was häufig für kleine Werte von NA genähert werden kann. In obiger Gleichung ist n der Brechungsindex des Laserkristalls. Der Pumpstrahl innerhalb des Kristalls bildet daher, insbesondere bei Verwendung von langen Lasermedien, kein zylindrisches Volumen. Um das Verhalten des Lasers in diesem Fall zu beschreiben, insbesondere die Schwellenleistung, müssen wir einen effektiven Pumpstrahlradius $w_{p,eff}$ definieren und somit auch eine effektive Pumpstrahlfläche A_{eff}. Für die Modulation der

Laserausgangsleistung wird die bereits bekannte lineare Beziehung im Bezug zur Pumpleistung, gegeben durch

$$P_{out} = \eta_{slope}(P_p - P_{th}) \, , \tag{5.44}$$

verwendet, mit der Schwellenpumpleistung

$$P_{th} = \frac{I_{sat}^p A_{eff}}{\eta_{abs}} (\ln G + \sigma_a(\lambda_s)\langle N \rangle L) \tag{5.45}$$

und der differentiellen Effizienz

$$\eta_{slope} = \eta_{mode} \frac{\lambda_p}{\lambda_s} \frac{T_{OC}}{2 \ln G} \eta_{abs} \, . \tag{5.46}$$

Dabei ist $T_{OC} = 1 - R_{OC}$ die Transmission des Auskoppelspiegels,

$$\eta_{abs} = 1 - e^{-\alpha_p L} \tag{5.47}$$

der Bruchteil der absorbierten Pumpleistung, α_p der Pumpabsorptionskoeffizient, $\langle N \rangle$ die durchschnittliche Dotierionendichte, I_{sat}^p die Sättigungspumpintensität, G die Verstärkung eines Umlaufs und $A = \pi w_{eff}^2$ die effektive Pumpstrahlfläche. Da der Pumpstrahl und der Laserstrahl sich oft nicht genau überlappen, wird eine Modenfülleffizienz η_{mode} in die differentielle Effizienz eingefügt. Um eine Beschreibung für den effektiven Pumpstrahlradius zu finden, müssen wir beachten, dass der Strahlradius axial aufgrund der Fokussierung nicht konstant ist und dass sich die Strahlintensität zusätzlich durch die Absorption entlang des Kristalls verändern wird. Die axiale Entwicklung des echten Strahlradius kann durch

$$w_p(z) = r_p \sqrt{1 + \left(\frac{z - z_0}{r_p} \tan \theta_i \right)^2} \tag{5.48}$$

beschrieben werden, wobei r_p den Radius des Pumpstrahls im Kristall und z_0 die Position des Fokus beschreibt. Da die lokale Pumpeffizienz von der lokalen Pumpintensität abhängt, kann der effektive Pumpstrahlradius durch einen über die Absorption gemittelten Strahlradius entlang des Kristalls beschrieben werden:

$$w_{p,eff} = \frac{\int_0^L w_p(z)e^{-\alpha_p z}dz}{\int_0^L e^{-\alpha_p z}dz} \, . \tag{5.49}$$

Mit diesen Gleichungen kann das Verhalten eines longitudinal diodengepumpten Festkörperlasers leicht in guter Näherung berechnet werden. Um die optimale Position des Fokus zu bestimmen, muss das Minimum von $w_{p,eff}$ im Bezug zu z_0 gefunden werden. Nach Gl. 5.49 kann dies jedoch nicht analytisch, sondern nur numerisch geschehen.

Daher untersuchen wir im Folgenden eine neue Möglichkeit, welche zu einer analytischen Lösung führt: Da die Schwelle vom Quadrat des Pumpstrahlradius abhängt, kann ein weiterer Pumpstrahlradius $w'_{p,eff}$, der quadratische effektive Pumpstrahlradius, definiert werden:

$$w'_{p,eff} = \sqrt{\frac{\int_0^L w_p^2(z)e^{-\alpha_p z}dz}{\int_0^L e^{-\alpha_p z}dz}} \, . \tag{5.50}$$

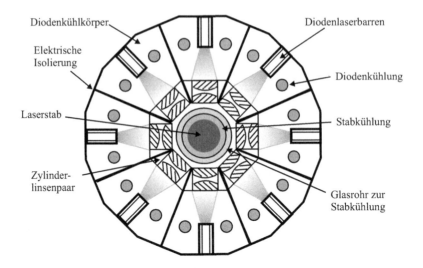

Abb. 5.13 Schematischer Aufbau eines transversal diodengepumpten Stablasers [20].

Da keine Wurzeln in den Integralen stehen, können die Integrale analytisch berechnet werden, was zu

$$w'_{p,eff} = \sqrt{r_p^2 + \left[\frac{(z_0\alpha_p - 1)^2 + 1}{\alpha_p^2} - \frac{L^2 - 2Lz_0 + 2\frac{L}{\alpha_p}}{e^{\alpha_p L} - 1} \right] \tan^2 \theta_i} \qquad (5.51)$$

führt. Das Minimum des Ausdrucks im Bezug zu z_0 kann leicht gefunden werden. Da das Minimum von $w'_{p,eff}$ mit dem Minimum von $w'^2_{p,eff}$ übereinstimmt, verwenden wir

$$\frac{\partial w'^2_{p,eff}}{\partial z_0} = 0 , \qquad (5.52)$$

um den minimalen quadratischen effektiven Radius des Pumpfokus zu finden. Dies führt zur optimalen Fokusposition von

$$z_{0,opt} = \frac{1}{\alpha_p} - \frac{1 - \eta_{abs}}{\eta_{abs}} L , \qquad (5.53)$$

was die Schwellenpumpleistung näherungsweise minimiert. Die aus dieser Näherung resultierende optimale Fokusposition kann daher direkt aus den Parametern des Lasermediums berechnet werden. Sie ist überraschenderweise unabhängig vom Divergenzwinkel θ_i und vom Pumpfokusdurchmesser r_p.

Eine zweite Pumpgeometrie, die besonders für Hochleistungslaser oder Vorverstärker geeignet ist, führt zu transversal oder seitengepumpten Lasern, an denen die Laserdioden an der Seite des Stabes angebracht sind. Die Pumpstrahlung wird dann in einem einzigen transversalen Durchgang durch den Stab absorbiert. Dies ist natürlich nur möglich und effizient für Lasermedien, die eine Pumpabsorptionslänge kürzer als der Stabdurchmesser aufweisen. Ein seitliches Pumpen wird durch Verwendung einer Laserdiode mit hoher spektraler Intensität ermöglicht, wobei die Nd^{3+}-Ionen bei ihrer maximalen Absorption gepumpt werden. Ein Schnitt durch einen solchen Aufbau ist in Abb. 5.13 zu sehen. Eine große Schwierigkeit bei diesem Aufbau ist die Konstruktion der Pumpkammer und der komplizierte Wasserfluss zwischen den verschiedenen Diodenkühlkörpern und dem zentralen Rohr, das den Laserkristall umgibt. Durch die übliche Serienschaltung der Diodenkühlkörper besteht Potentialunterschied zwischen diesen und sie müssen daher elektrisch voneinander isoliert werden. Sobald das Kühlwasser jedoch einen geschlossenen Stromkreis bildet, muss man die Leitfähigkeit des Wassers kontrollieren, in der Regel unter 5 μS, um die Elektrokorrosion zwischen den verschiedenen elektrischen Potentialen im Kühlkreislauf zu vermeiden.

Neuerdings wird das Pumpen um 875 nm immer beliebter, da diese Pumplinie die Ionen des oberen Laserniveaus direkt anregt. Daher ist keine schnelle Relaxation notwendig und die Quanteneffizienz ist erhöht. Dies führt zu einer geringeren Wärmebelastung pro Pumpübergang und ergibt daher eine höhere Laserausgangsleistung, die erreicht werden kann, bevor thermische Effekte signifikant werden.

Anwendungen

Die Nd^{3+}-Laser, besonders mit YAG-Wirtskristall, sind in industriellen und Forschungs-anwendungen weit verbreitet. In der Industrie werden die Laser häufig für Markierungs- oder Gravierungsanwendungen, für Punktschweißen und Linienschweißen als auch zum Lochbohren verwendet. In der Forschung werden die Laser meistens als Hochleistungs-pumpquellen mit im Vergleich zu Laserdioden hoher Strahlqualität eingesetzt. Dies ge-schieht entweder durch direkte Verwendung der Laserstrahlung oder durch Frequenz-verdopplung der 1,064-μm-Linie zu 532 μm, was ein optimales Pumpen von Ti:Saphir-Lasern aus Abschnitt 5.2.3 ermöglicht.

5.2.2   Der Tm^{3+}-Laser

Der Tm^{3+}-Laser ist ein typischer Quasi-Drei-Niveau-Laser, der bei 1,9 bis 2 μm betrieben wird. Abb. 5.15 zeigt exemplarisch die entsprechenden Emissions- und Absorptionswir-kungsquerschnitte für Tm^{3+}:YAG. Die Besonderheit von Tm^{3+}-Lasern ist deren einzig-artiges Pumpschema, was ein äußerst effektives Pumpen mit AlGaAs-Laserdioden bei $\sim$ 790 nm ermöglicht. Dies ist durch einen **Kreuzrelaxations-Prozess** $^3H_4 + {}^3H_6 \rightarrow 2 \times {}^3F_4$ begründet, welcher in nahezu allen Wirtsmaterialien sehr effizient ist. Dieser Prozess ist in Abb. 5.17 am Beispiel eines Tm^{3+}:YLF-Lasers gezeigt: Das Medium wird mit einer Wellenlänge von 792 nm in die $^3H_4$-Mannigfaltigkeit gepumpt. Durch die gute Übereinstimmung der Energielücke der Übergänge $^3H_4 - {}^3F_4$ und $^3H_6 - {}^3F_4$ erfährt das Tm^{3+}-Ion einen Übergang in die $^3F_4$-Mannigfaltigkeit und überträgt die entsprechende Energie auf ein zweites, nicht angeregtes Tm^{3+}-Ion, welches diese Energie verwendet, um ebenfalls in die $^3F_4$-Mannigfaltigkeit zu gelangen. Daher wurden zwei angeregte Ionen im oberen Laserniveau mit nur einem absorbierten Pumpphoton erzeugt. Somit kann die

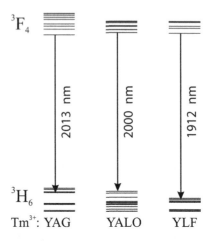

Abb. 5.14 Energieschema eines Tm^{3+}-Ions in verschiedenen Wirtsmaterialien mit den Hauptlaserübergängen.

Anzahl der erhaltenen Laserphotonen pro absorbiertem Photon, die **Quantenausbeute** genannt wird, in Tm^{3+}-Lasern mehr als 100% betragen. Abb. 5.16 zeigt als Beispiel den entsprechenden Pumpabsorptionswirkungsquerschnitt für Tm^{3+}:YAG.

Der Prozess kann natürlich auch umgekehrt ablaufen, d. h., dass eines von zwei Tm^{3+}-Ionen in der $^3F_4$-Mannigfaltigkeit einen Übergang zum Grundniveau $^3H_6$ erfährt, während es die erzeugte Energie auf das andere Ion überträgt, um dieses aus der $^3F_4$-Mannigfaltigkeit in die $^3H_4$-Mannigfaltigkeit anzuregen. Dieser Prozess wird **Upconversion** genannt.

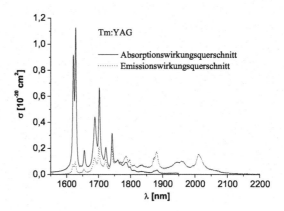

Abb. 5.15 Absorptions- und Emissionswirkungsquerschnitte von Tm^{3+}:YAG bei $2\ \mu m$.

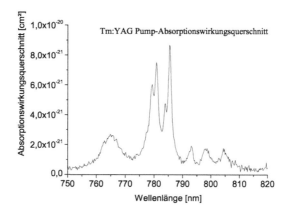

Abb. 5.16 Pumpabsorptionswirkungsquerschnitt für Tm^{3+}:YAG.

Verschiedene Wirtsmaterialien für Thulium-Laser

Unter den in Tab. 5.2 aufgeführten Wirtsmaterialien zeigt YLF ($YLiF_4$) die höchste Fluoreszenzlebensdauer und zudem eine annehmbar hohe Pumpabsorption und einen passablen Laseremissionswirkungsquerschnitt, wie Abb. 5.18 und Abb. 5.19 deutlich machen. Dies führt zu geringen Sättigungsintensitäten für den effizienten Laserbetrieb. Da YLF ein doppelbrechender Laserwirtskristall ist, finden sich in Abhängigkeit von der Polarisation des Lichtes im Bezug zu den Kristallachsen verschiedene Absorptions- und Emissionswirkungsquerschnitte. Jedoch sind die relative Reabsorption und die thermische Besetzung des unteren Niveaus, wie in Abb. 5.20 gezeigt, höher als für YALO oder YAG. YALO und besonders YAG leiden jedoch unter hohen Sättigungsintensitäten. Somit sind Systeme aus Hochleistungspumpdioden notwendig, um einen Betrieb mit niedriger Laserschwelle zu ermöglichen. Für die beiden wichtigsten Fasermaterialien, ZBLAN und Siliziumoxid, sind die spektroskopischen Daten in Tab. 5.1 zusammengefasst. Die Fluoreszenzlebensdauer ist durch die sehr geringe Phononenenergie von ZBLAN nur geringfü-

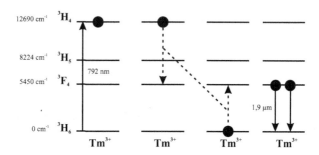

Abb. 5.17 Kreuzrelaxations-Prozess zwischen zwei Tm^{3+}-Ionen in YLF.

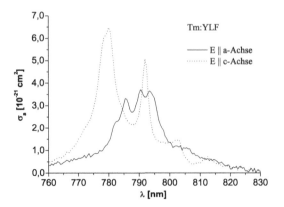

Abb. 5.18 Pumpabsorptionswirkungsquerschnitt für Tm^{3+}:YLF.

gig durch Multi-Phononen-Relaxationen beeinflusst. In Siliziumoxid beträgt die spontane Lebensdauer τ_{sp} jedoch ca. $4,75$ ms, die dramatisch durch Multi-Phononen-Relaxationen vermindert wird. Während die Sättigungsintensität von Tm^{3+}:ZBLAN vergleichbar mit der von kristallinen Wirtsmaterialien aus Tab. 5.2 ist, zeigt Tm^{3+}:Siliziumoxid eine zehnfach höhere Sättigungsintensität als ZBLAN. Durch die amorphe Natur des Glases sind die optischen Übergänge inhomogen verbreitert, was zu breiten Absorptions- und Emissionsbändern führt. In Abb. 5.21 ist ein Beispiel für einen Laserübergang und in Abb. 5.22 für das wichtigste Pumpband in einem ZBLAN-Glas gegeben. Zudem ist in Glasmedien auch das Kreuzrelaxations-Pumpen sehr effizient, was eine hohe Gesamtlasereffizienz zur Folge hat.

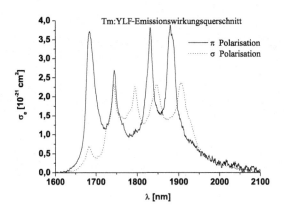

Abb. 5.19 Laseremissionswirkungsquerschnitt für Tm^{3+}:YLF.

Tab. 5.1 Spektroskopische Daten für Tm^{3+}-dotierte Gläser. Einige Daten wurden übernommen aus [18, 21].

Wirtsglas	ZBLAN	Siliziumoxid
τ_f [ms]	10.9	0.34
λ_s [nm]	1940	1970
$\sigma_e(\lambda_s)$ $[10^{-21}\ cm^2]$	0.93	2.6
$\frac{\sigma_e(\lambda_s)}{\sigma_a(\lambda_s)}$	23.6	32.3
I_{sat}^s [kW/cm²]	9.69	110.6
λ_p [nm]	791	790
$\sigma_{a,p}(\lambda_p)$ $[10^{-21}\ cm^2]$	3.25	9.93
$\frac{\sigma_{e,p}(\lambda_p)}{\sigma_{a,p}(\lambda_p)}$	1.44	~ 1
I_{sat}^p [kW/cm²]	23.8	276
E_P^{max} $[cm^{-1}]$	590	1100

Tab. 5.2 Wichtige Daten eines Tm^{3+}-dotierten Laserwirtskristalls. Einige Daten wurden übernommen aus [22, 23, 24, 25, 26].

Wirtskristall	YAG	YALO	YLF
$^3F_4$ levels $[cm^{-1}]$	5556, 5736, 5832, 5901, 6041, 6108 6170, 6224, 6233	5622, 5627, 5716, 5722, 5819, 5843, 5935, 5965	5605, 5757, 5757, 5760, 5827, 5944, 5967, 5967, 5977
$f_{u,0}$	0.459	0.228	0.286
τ_f [ms]	10.5	5.0	15.6
$^3H_6$ levels $[cm^{-1}]$	0, 27, 216, 241, 247, 252, 588, 610, 610, 690, 730	0, 3, 65, 144, 210, 237, 271, 282, 313, 440, 574, 628, 628 628	0, 31, 31, 56, 282, 310, 324, 327, 327, 374, 375, 375, 409 409
$f_{g,(i)}$	0.018 (6)	0.010 (12)	0.032 (9)
λ_s [nm]	2013	2000	1912
$\sigma_e(\lambda_s)$ $[10^{-21}\ cm^2]$	1.53	5.0	4.0 (π)
$\frac{\sigma_e(\lambda_s)}{\sigma_a(\lambda_s)}$	25.8	22.3	9.05
I_{sat}^s [kW/cm²]	5.91	3.80	1.50
$^3H_4$ levels $[cm^{-1}]$	12607,12679,12747,12824, 12951,13072,13139,13159	12515,12574,12667,12742, 12783,12872,12885,12910, 12950	12621,12621,12644,12644, 12741,12825,12831,12831, 12831
λ_p [nm]	786	795	792
$\sigma_{a,p}(\lambda_p)$ $[10^{-21}\ cm^2]$	8.67	7.5	4.0 (σ), 6.0 (π)
$\frac{\sigma_{e,p}(\lambda_p)}{\sigma_{a,p}(\lambda_p)}$	0.63	1.05	0.88
I_{sat}^p [kW/cm²]	15.1	9.57	3.62

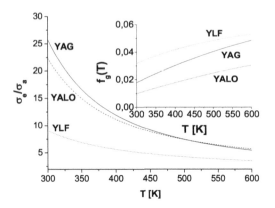

Abb. 5.20 Berechnetes Verhältnis aus Emissions- und Absorptionswirkungsquerschnitten und Besetzungen des niedrigen Laserniveaus von Tm^{3+} in verschiedenen Wirtsmaterialien als Funktion der Kristalltemperatur.

Der folgende Abschnitt gibt eine Übersicht der Energietransferprozesse und zudem eine kurze Beschreibung dieser Prozesse.

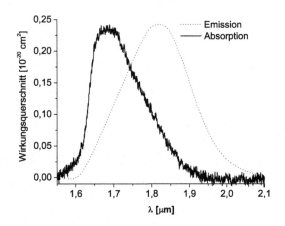

Abb. 5.21 Absorptions- und Emissionswirkungsquerschnitte von Tm^{3+}:ZBLAN um $2\,\mu m$ [27, 28].

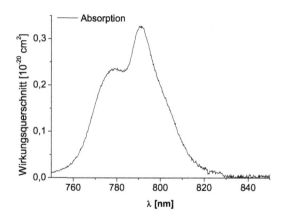

Abb. 5.22 Pumpabsorptionswirkungsquerschnitt von Tm^{3+}:ZBLAN um 790 nm [27, 28].

Energietransferprozesse

Schnelle Energietransferraten liegen im Bereich von 10^7 s^{-1}, während die Wechselwirkungen zwischen aktiven Ionen und den Phononen des Wirtsmaterials viel schneller auftreten, im Bereich von 10^{11} s^{-1} [29]. Daher kann ein Energietransfer als inkohärenter Prozess angesehen werden. Somit können wir Fermis Goldene Regel auf den Wechselwirkungs-Hamilton-Operator, der zwischen den wechselwirkenden Elektronen und dem Donator-Ion (Index D) und dem Akzeptor-Ion (Index A) wirkt, anwenden. Der Wechselwirkungs-Hamilton-Operator ist gegeben durch:

$$\mathbb{H}_{DA} = \frac{1}{2\kappa} \sum_{i,j} \frac{e^2}{\mid \vec{r}_i^D - \vec{r}_j^A \mid} \; . \tag{5.54}$$

Dies entspricht einer Wechselwirkung, die durch das elektrische oder magnetische Feld der Ionen verursacht wird, wobei der Beitrag des elektrischen Feldes mehrere Größenordnungen stärker als der Beitrag des magnetischen Feldes ist [30]. Hier ist $\vec{r}$ der Ort des Elektrons in den Ionen D und A, κ ist mit der Polarisierbarkeit des Mediums verknüpft und die Summation erfolgt über alle Elektronen im entsprechenden Ion [33]. Die Anwendung von Fermis Goldener Regel und eine Multipolentwicklung des Wechselwirkungs-Hamilton-Operators führen zu einer Wechselwirkungsrate von [34, 36]:

$$W_{DA} = \frac{C^{dd}}{R^6} + \frac{C^{dq}}{R^8} + \frac{C^{qq}}{R^{10}} + \dots \, , \tag{5.55}$$

wobei R der Abstand zwischen den beiden Ionen ist und die verschiedenen Konstanten C den Dipol-Dipol- (dd), Dipol-Quadrupol- (dq) und Quadrupol-Quadrupol-Beitrag (qq) usw. beschreiben. Solange der Abstand R der Ionen nicht zu klein wird, dominiert der erste Term aus Gl. 5.55. Die Wechselwirkungslänge entspricht dann mehreren nm [34, 35].

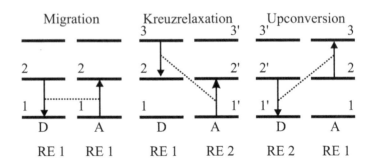

Abb. 5.23 Wichtigste Energietransferprozesse, in denen Donator D und Akzeptor A vom gleichen Ionen-Typ oder von verschiedenem Ionen-Typ sein können (angedeutet durch die Ionen der seltenen Erden RE 1 oder RE2).

Ein zweiter Wechselwirkungsmechanismus kann durch den direkten Überlapp zwischen den elektronischen Wellenfunktionen von Donator und Akzeptor entstehen [37, 38, 39]. Dieser Mechanismus kann jedoch nur bei sehr kurzen Abständen zwischen Donator und Akzeptor auftreten und ist daher nur für extrem hohe Dotierkonzentrationen von Bedeutung. Ein Sonderfall dieses Energietransferprozesses ist der Superaustausch, wobei die Donator- und Akzeptorwellenfunktion nicht direkt überlappen, aber beide Wellenfunktionen mit einem dazwischenliegenden Ligand-Ion überlappen [40].

Für die Dipol-Dipol-Wechselwirkung ist der Kopplungsparameter laut Dexter mit dem Überlapp von Donatoremissionswirkungsquerschnitt $\sigma_e^D(\lambda)$ und dem Akzeptorabsorptionswirkungsquerschnitt $\sigma_a^A(\lambda)$ verknüpft [36]:

$$C_{DA}^{dd} = \frac{9\chi^2 c}{16\pi^4 n^2} \int \sigma_e^D(\lambda)\sigma_a^A(\lambda)d\lambda \ . \tag{5.56}$$

Hierbei entspricht $\chi^2 \sim \frac{2}{3}$ einer Mittelung über die Orientierungen.

Während dieser Ansatz auf den mikroskopischen Wechselwirkungen zwischen zwei Ionen beruht, ist es wichtig, eine Beschreibung des makroskopischen Verhaltens für das aktive Medium zu haben, um den Anregungsprozess zu modellieren. Die wichtigsten Energietransferprozesse in mit Ionen der seltenen Erden dotierten Festkörpern sind in Abb. 5.23 gezeigt. Diese Prozesse sind Migration, Kreuzrelaxation und Upconversion. Migration ist der Energietransfer unter Ionen desselben Typs zwischen denselben Wechselwirkungsniveaus in beiden Ionen, die Donator-Donator-Transfer genannt werden. Daher ist der entsprechende Kopplungsparameter in Analogie zu Gl. 5.56 gegeben durch:

$$C_{DD} = \frac{3c}{8\pi^4 n^2} \int \sigma_e(\lambda)\sigma_a(\lambda)d\lambda \ , \tag{5.57}$$

wobei $\sigma_e(\lambda)$ und $\sigma_a(\lambda)$ die Absorptions- und Emissionswirkungsquerschnitte desselben Übergangs zwischen zwei Mannigfaltigkeiten sind. Abhängig von der Stärke der Donator-Donator- und Donator-Akzeptor-Kopplungsparameter, müssen drei Typen von Migration unterschieden werden: Diffusion, schnelle Migration und Supermigration.

Im Fall von $C_{DD} \ll C_{DA}$ kann die Migration durch einen Diffusionsprozess beschrieben werden [41], was zu einer makroskopischen Abregung des Donators von

$$\frac{\partial N_D}{\partial t} = -\frac{16\pi^2}{3} \left(\frac{1}{2}\right)^{\frac{3}{4}} C_{DA}^{\frac{1}{4}} C_{DD}^{\frac{3}{4}} N_D^0 N_D N_A \tag{5.58}$$

führt, wobei N_D^0 die Gesamtdichte der zur Migration beitragenden Donatoren, N_D die Dichte der angeregten Donatoren und N_A die Dichte der Akzeptoren ist. Diese makroskopische Rate ist für lange Zeiten gültig, gegeben durch [31]

$$t > \frac{16\pi^3}{9} \frac{C_{DA}}{W_{DA}^2} N_A^2 \approx \frac{16\pi^3}{9} \frac{R_{DA}^{12}}{C_{DA}} N_A^2 , \tag{5.59}$$

mit dem Donator-Akzeptor-Abstand R_{DA}.

Die schnelle Migration ($C_{DD} \gg C_{DA}$) ist häufig der dominierende Prozess, wobei die Donator-Donator-Kopplungsparameter C_{DD} mehrere Größenordnungen höher sind als die Kopplungsparameter von Donator-Akzeptor-Energietransferprozessen C_{DA} (gegeben durch Gl. 5.56). Dies kann dadurch erklärt werden, dass die Donator-Akzeptor-Wechselwirkung von zwei verschiedenen Übergängen abhängt, die spektral überlappen müssen, um einen großen Energietransferparameter zu erreichen, während die Donator-Donator-Wechselwirkung auf demselben Übergang beruht, sodass ein Überlapp durch Gl. 2.32 garantiert ist. Im Fall von schneller Migration kann eine Donatoranregung signifikant wandern, bevor sie mit einem Akzeptor wechselwirkt, wodurch die Auftrittswahrscheinlichkeit für den Donator-Akzeptor-Transferprozess erhöht wird. Falls $C_{DD} \geq C_{DA}$ gilt, ist die makroskopische Abregungsrate durch das Hopping-Modell [42] gegeben, was für lange Zeiten nach Gl. 5.59 zu

$$\frac{\partial N_D}{\partial t} = -\pi \left(\frac{2\pi}{3}\right)^{\frac{5}{2}} \sqrt{C_{DA}C_{DD}} N_D^0 N_D N_A \tag{5.60}$$

führt. Im Fall von Upconversion ($N_D^0 = N_{RE2}$, $N_D = N_{2'}$ und $N_A = N_2$) wird die Ratengleichung oft als

$$\frac{\partial N_{2'}}{\partial t} = -k_{up} N_2 N_{2'} \tag{5.61}$$

geschrieben, mit

$$k_{up} = \pi \left(\frac{2\pi}{3}\right)^{\frac{5}{2}} \sqrt{C_{DA}^{up} C_{DD}^{up}} N_{RE2} \tag{5.62}$$

$$C_{DA}^{up} = \int \sigma_{2'\to1',e}(\lambda)\sigma_{2\to3,a}(\lambda)d\lambda \tag{5.63}$$

$$C_{DD}^{up} = \int \sigma_{2'\to1',e}(\lambda)\sigma_{1'\to2',a}(\lambda)d\lambda , \tag{5.64}$$

während man für die Kreuzrelaxation häufig

$$\frac{\partial N_3}{\partial t} = -k_{cr} N_{1'} N_3 \tag{5.65}$$

findet, mit

$$k_{cr} = \pi \left(\frac{2\pi}{3}\right)^{\frac{5}{2}} \sqrt{C_{DA}^{cr} C_{DD}^{cr}} N_{RE1} \tag{5.66}$$

$$C_{DA}^{cr} = \int \sigma_{3\to 2,e}(\lambda)\sigma_{1'\to 2',a}(\lambda)d\lambda \tag{5.67}$$

$$C_{DD}^{cr} = \int \sigma_{3\to 1,e}(\lambda)\sigma_{1\to 3,a}(\lambda)d\lambda . \tag{5.68}$$

Upconversion und Kreuzrelaxation sind auf mikroskopischer Ebene umgekehrte Prozesse, die thermodynamisch miteinander verknüpft sind. Mit Gln. 2.32 und 5.56 kann die Beziehung

$$\frac{C_{DA}^{cr}}{C_{DA}^{up}} = \frac{\int \sigma_{3\to 2,e}(\lambda)\sigma_{1'\to 2',a}(\lambda)d\lambda}{\int \sigma_{2'\to 1',e}(\lambda)\sigma_{2\to 3,a}(\lambda)d\lambda} = \frac{Z_{2'}Z_2}{Z_{1'}Z_3} \tag{5.69}$$

für das Verhältnis der mikroskopischen Transferparameter hergeleitet werden. Das Verhältnis hängt nur von den Zustandssummen Z_i der beteiligten Mannigfaltigkeiten ab. Im Spezialfall, aber gleichzeitig auch dem wichtigsten Fall, bei dem RE 1 und RE 2 vom gleichen Typ sind, vereinfacht sich der Ausdruck zu

$$\frac{C_{DA}^{cr}}{C_{DA}^{up}} = \frac{\int \sigma_{3\to 2,e}(\lambda)\sigma_{1\to 2,a}(\lambda)d\lambda}{\int \sigma_{2\to 1,e}(\lambda)\sigma_{2\to 3,a}(\lambda)d\lambda} = \frac{Z_2^2}{Z_1 Z_3} . \tag{5.70}$$

Aufgrund des prinzipiellen Unterschieds zwischen den Migrationsprozessen in der Upconversion und Kreuzrelaxation kann keine derart einfache Beziehung für die Ratengleichungsparameter k_{cr} und k_{up} aufgestellt werden. Aus den obigen Gleichungen kann jedoch

$$\frac{k_{cr}}{k_{up}} = \frac{N_{RE1}}{N_{RE2}} \frac{Z_{2'}}{Z_{1'}Z_3} \sqrt{Z_1 Z_2 \frac{\int e^{-\frac{hc}{k_B T \lambda}} \sigma_{1\to 3,a}^2(\lambda)d\lambda}{\int e^{-\frac{hc}{k_B T \lambda}} \sigma_{1'\to 2',a}^2(\lambda)d\lambda}} \tag{5.71}$$

gezeigt werden. Im Fall von identischen Typen vereinfacht sich dies zu

$$\frac{k_{cr}}{k_{up}} = \frac{Z_2}{Z_3} \sqrt{\frac{Z_2}{Z_1} \frac{\int e^{-\frac{hc}{k_B T \lambda}} \sigma_{1\to 3,a}^2(\lambda)d\lambda}{\int e^{-\frac{hc}{k_B T \lambda}} \sigma_{1\to 2,a}^2(\lambda)d\lambda}} . \tag{5.72}$$

Der Bereich von Supermigration wird erreicht, sobald die Akzeptorkonzentration c_A, d. h. die Wahrscheinlichkeit der Besetzung eines möglichen Gitterplatzes durch einen Akzeptor, die kritische Konzentration c^* überschreitet:

$$c_A > c^* = \left(\frac{C_{DA}}{C_{DD}}\right)^{\frac{1}{8}} . \tag{5.73}$$

Wegen $c_A < 1$ kann die Supermigration nur für $C_{DD} > C_{DA}$ auftreten. Dann verteilt die schnelle Migration die Energie auf alle Donatoren, noch bevor der Donator-Akzeptor-Übergang auftreten kann.

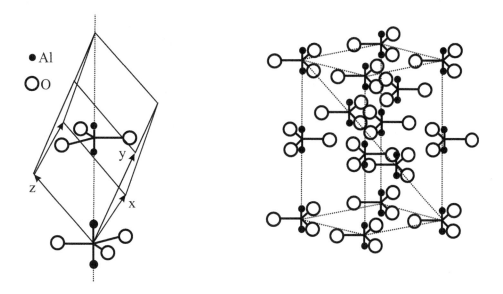

Abb. 5.24 Atomare Struktur des Al_2O_3-Wirtskristalls [47].

Es ist zu beachten, dass selbst wenn die Absorptions- und Emissionsspektren aus Gl. 5.56 nicht überlappen, immer noch ein Energietransferprozess für diesen Übergang existieren kann, falls die Anregungsenergie für den Überlapp der Wirkungsquerschnitte durch die Emission oder Absorption eines Gitterphonons kompensiert wird [43, 44, 45, 46].

5.2.3   Der $Ti^{3+}:Al_2O_3$-Laser

Im Gegensatz zu den beiden zuvor besprochenen Festkörperlasern, welche Vertreter der auf seltenen Erden beruhenden Lasermedien sind, verwendet der Ti^{3+}:Saphir-Laser ($Ti^{3+}:Al_2O_3$) die dreiwertigen Titan-Ionen als aktive Ionen, welche zu den Übergangsmetallen gehören. Der Wirtskristall ist hier, wie auch für den ersten Laser, den Rubin-Laser ($Cr^{3+}:Al_2O_3$), monokristallines Aluminiumoxid Al_2O_3. In diesem Zusammenhang sollte beachtet werden, dass der Name „Ti^{3+}:Saphir-Laser" eine Tautologie ist, da „Saphir" bereits der Name für Ti^{3+}-dotiertes Aluminiumoxid ist, wie „Rubin" bereits Cr^{3+}-dotiertes Aluminiumoxid ist. Daher könnte man auch von „Saphir-Lasern" selbst sprechen. Im Folgenden werden wir die besondere energetische Struktur und die daraus resultierenden Lasereigenschaften besprechen, die von der Natur der Übergangsmetalle als aktive Ionen stammen, sowie einige Anwendungen von $Ti^{3+}:Al_2O_3$-Lasern aufführen.

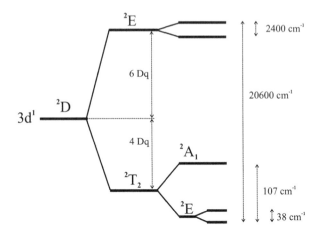

Abb. 5.25 Energieniveauschema der Kristallfeldaufspaltung eines Ti^{3+}-Ions in Al_2O_3.

Das Lasermedium

Das Ti^{3+}-Ion enthält ein einzelnes $3d$-Elektron in seiner äußeren Schale, welches das laseraktive Elektron ist, da es sich um ein $3d$-Übergangsmetall handelt. Das freie Ion ist daher ähnlich einem Wasserstoffatom und höherliegende elektronische Zustände können nicht durch Energien erreicht werden, die typischerweise während des optischen Pumpens zur Verfügung stehen. Der ganze Pump- und Laserprozess spielt sich daher zwischen Niveaus ab, die durch die Aufspaltung des fünffach entarteten Grundzustands ^2D des freien Ions im Wirtskristall entstehen. Der Wirtskristall ist zur Veranschaulichung in Abb. 5.24 gezeigt.

Im Gegensatz zum Aufspaltungsschema für Ionen der seltenen Erden, wie in Abb. 2.3 diskutiert, wird das optisch aktive Elektron hier nicht vom Kristallfeld abgeschirmt. Dies erzeugt eine Kristallfeldaufspaltung, die stärker ist als die Spin-Orbit-Aufspaltung. Während die tatsächliche Energie dieser Aufspaltung natürlich eine vom Wirtsmaterial und den Ionen abhängige Größe ist, kann die theoretische Beschreibung einer starken Kristallfeldaufspaltung verallgemeinert werden. In dieser Störungsbeschreibung ist die Größe der Aufspaltungsenergie durch den Produktparameter Dq gegeben, in welchem

$$D = \frac{1}{4\pi\epsilon_0} \frac{35}{4} \frac{Ze^2}{a^5} \tag{5.74}$$

für die Stärke des Kristallfeldes steht, bedingt durch die Ladung des Liganden $-Ze$ in einer Entfernung a vom zentralen Ion, und

$$q = \frac{2}{105} \langle 3d|r^4|3d\rangle \tag{5.75}$$

proportional zum quantenmechanischen Radialintegral der $3d$-Wellenfunktion ist, das berechnet werden muss, um die Energiedifferenz zu erhalten. Das Grundniveau spaltet mit einem Gesamtwert von $10D_q$ auf, wobei das Verhältnis aus Energieabsenkung des niedrigeren Niveaus und der Energieanhebung des oberen Niveaus von der Symmetrie des

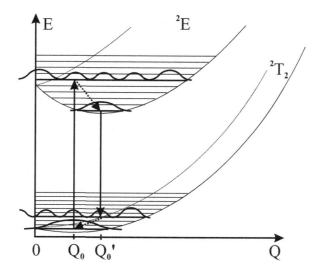

Abb. 5.26 Energieniveaudiagramm der Elektron-Phonon-Kopplung des Ti^{3+}-Ions in Al_2O_3.

externen Ligand-Ions und der resultierenden Entartung des finalen Niveaus abhängt. Im hier vorgestellten Fall gibt es sechs Sauerstoff-Ionen um ein Ti^{3+}-Ion, was zu einer oktaedrischen Koordination führt. Dies hat eine Aufspaltung in einen zweifach degenerierten ^2E-Zustand und einen dreifach degenerierten $^2T_2$-Zustand zur Folge. Da der Gesamtenergieunterschied der Aufspaltung Null sein muss, wird der ^2E-Zustand um $6Dq$ über seinen ursprünglichen Wert des Grundzustandes des freien Ions angehoben, während der $^2T_2$-Zustand um $4Dq$ im Vergleich zu seinem ursprünglichen Grundzustand abgesenkt wird, wie in Abb. 5.25 gezeigt ist. Da diese Oktaeder trigonal verzerrt sind, spaltet der $^2T_2$-Zustand weiter auf, wie in Abb. 5.24 zu sehen. Der angeregte ^2E-Zustand wird zudem von dem sogenannten **Jahn-Teller-Effekt** angehoben. Dieser besagt, dass die Degenereszenz eines elektronischen Zustands in einem nichtlinearen Komplex auch durch spontane Deformation des umgebenden Gitters aufgehoben wird. Streng genommen sollten jedoch keine optischen Dipolübergänge zwischen diesen Zuständen auftreten, da diese alle gerade Parität besitzen. Die Tatsache, dass optische Dipolübergänge auftreten, ist eine direkte Folge der Brechung der Inversionssymmetrie, sobald ein Al^{3+}-Ion durch ein Ti^{3+} ersetzt wird. Dies erzeugt eine Mischung der ungeraden Parität der Wellenfunktionen des Sauerstoff-Ions mit denen des Ti^{3+}-Ions, was einen optischen Dipolübergang innerhalb des aufgespaltenen Grundzustandes ermöglicht.

Bis jetzt gibt es noch keinen prinzipiellen Unterschied zwischen diesem Energieschema und denen der zuvor besprochenen Ionen der seltenen Erden. Die Energieniveaus sind hier jedoch eine direkte Folge des Kristallfeldes und daher der räumlichen Orientierung des Sauerstoff-Ions im Kristallgitter. Ihre Energie hängt daher sehr sensibel von der Konfiguration ab. Die Phononen des Wirtskristalls erzeugen Vibrationen des Sauerstoff-Ions und daher eine Modulation des Kristallfeldes, was einen Einfluss auf die Energieniveaus haben wird. Diese starke Elektron-Phonon-Kopplung führt quantenmechanisch zu sogenannten **vibronischen Zuständen**, gemischte Zustände zwischen elektronischen Zuständen des Ions und Phononenzuständen des Kristallgitters. Sie können durch das **Konfigurationskoordinaten-Modell** beschrieben werden. Dabei wird die Energie der Niveaus als Funktion der Konfigurationskoordinate Q aufgetragen. Diese Koordinate kann als Parameter angesehen werden, der den Abstand des Sauerstoff-Atoms von dem vibrierenden Oktaeder zum Ti^{3+}-Ion angibt. In dieser Beschreibung kann die Energievariation eines Niveaus für kleine Änderungen der Konfiguration mit einem parabolischen Potential wie aus Abb. 5.26 beschrieben werden und daher kann bei jedem Niveau ein harmonischer Oszillator angenommen werden. Für den Grundzustand führt dies zu drei Paraboloiden um den Ursprung $Q = 0$, von denen Abb. 5.26 einen Schnitt entlang der radialen Q-Achse durch das Minimum jedes Paraboloiden zeigt. Für den angeregten Zustand ergeben sich zwei Paraboloiden, welche zudem vom Ursprung $Q = 0$ nach außen verschoben sind. Da der Jahn-Teller-Effekt für den Grundzustand und den angeregten Zustand verschieden ist, erzeugt dieser eine unterschiedliche Gitterverzerrung und daher sind auch die entsprechenden Konfigurationskoordinaten der Paraboloidminima Q_0 und Q_0' unterschiedlich. Unter Berücksichtigung, dass die Übergangswahrscheinlichkeit vom Überlapp der Wellenfunktionen abhängt, der ebenfalls in Abb. 5.26 angedeutet ist, existiert eine große Wellenlängenverschiebung zwischen Absorption und Emission. Diese Verschiebung beruht auf dem **Franck-Condon-Prinzip**. Nach dem Absorptionsprozess wird sich die Anregung schnell innerhalb des oberen harmonischen Oszillators aufgrund der starken Wechselwirkung der Phononen, die dieses Niveau erzeugen, thermalisieren. Daher wird der Emissionsprozess mit großer Wahrscheinlichkeit von diesem untersten Niveau im angeregten Zustand beginnen. Von diesem Zustand führen jedoch nur Übergänge zu höheren Zuständen innerhalb der Grundzustandsparabel zu einem großen Überlapp der Wellenfunktionen, da die Koordinaten der Minima unterschiedlich sind. Dies erzeugt die große Wellenlängenverschiebung zwischen Absorption und Emission.

Ein zweiter Effekt der vibronischen Zustände ist die große Fluoreszenzbandbreite und daher die Durchstimmbarkeit des $Ti^{3+}:Al_2O_3$-Lasers. Durch die drei räumlich orientierten Paraboloiden im Grundzustand kann ein Übergang von einer Anregung bei einer festen Koordinate Q in eine große Anzahl von möglichen Endzuständen oder Phononenenergien in den Grundzustand auftreten.

Die $Ti^{3+}:Al_2O_3$-Laserkristalle werden durch die Czochralski-Methode gewachsen. Im Gegensatz zu Nd^{3+}:YAG, wo die Dotierstoffkonzentration durch den ionischen Radius des Neodym-Ions auf ca. 1% limitiert ist, oder im Vergleich zu Tm^{3+}:YAG, bei dem die Thulium-Ionenkonzentration einige 10% erreichen kann, kann der Al_2O_3-Kristall nur im Bereich von $0,1$ bis $0,25\%$ durch Ti^{3+} dotiert werden. Ein Grund hierfür ist der größere ionische Radius von Ti^{3+} $(0,067$ nm) im Vergleich zu Al^{3+} $(0.053$ nm). Ein zweiter Grund beruht auf dem Jahn-Teller-Effekt. Eine höhere Dotierstoffkonzentration bedingt eine Degeneration des Grundzustands, was selbst wieder zu einer Jahn-Teller-Aufspaltung führt. Dies würde wiederum eine Gitterdeformation erzeugen, die nicht mit dem Al_2O_3-Gitter übereinstimmt.

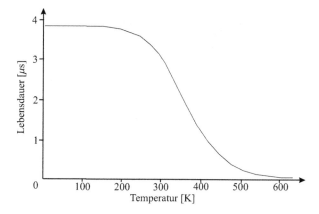

Abb. 5.27 Fluoreszenzlebensdauer des oberen Zustandes des Ti^{3+}-Ions in Al_2O_3 als Funktion der Temperatur [47].

Laserparameter

Die Fluoreszenzlebensdauer von $Ti^{3+}:Al_2O_3$ liegt bei Raumtemperatur im Bereich von $3,1\ \mu s$ und ist daher drei Größenordnungen geringer als die Fluoreszenzlebensdauer vieler mit seltenen Erden dotierten Kristallen, z. B. bei den aktiven Ionen Tm^{3+}, Ho^{3+} oder Er^{3+}. Durch die Elektron-Phonon-Kopplung hängt die Lebensdauer, wie in Abb. 5.27 gezeigt, stark von der Kristalltemperatur ab. Da die optischen Übergänge ein Resultat der statisch gebrochenen Inversionssymmetrie sind, durch Mischen von Wellenfunktionen von ungerader Parität in den Grundzustand und nicht durch vibronische Zustände verursacht werden, ist die spontane optische Emissionsrate τ_{sp}^{-1} temperaturabhängig. Es existieren jedoch auch nicht-strahlende Übergänge von angeregten Zuständen in den Grundzustand. Diese Übergänge durch Relaxation zeigen eine Rate τ_r^{-1}, was zu einer Gesamtfluoreszenzlebensdauer von

$$\tau_{tot}^{-1} = \tau_{sp}^{-1} + \tau_r^{-1} \tag{5.76}$$

führt. Diese Relaxationsrate ist stark temperaturabhängig und wird durch ein Tunneln der Anregungen im oberen Niveau im ^2E-Paraboloiden in den Grundzustandsparaboloiden verursacht. Da die Energielücke (Tunnelabstand) für hohe angeregte Niveaus kleiner ist, bewirkt der mit der Temperatur anwachsende Anteil an Anregungen der höheren Niveaus in der ^2E-Parabel einen starken Anstieg der nicht-radiativen Übergangsrate. Wie aus Abb. 5.27 ersichtlich, kann dieser Prozess bei einer Temperatur um 200 K beginnen und dann schnell die Fluoreszenzlebensdauer für höhere Temperaturen verringern. Die Quantenausbeute des Lasers bei Raumtemperatur, die die Anzahl von Fluoreszenzphotonen im Bezug zur absoluten Anzahl an Übergängen ist, ergibt sich daher zu:

$$\eta_{QY} = \frac{\tau_{tot}(300\ \text{K})}{\tau_{sp}} = \frac{3.1\ \mu s}{3,85\ \mu s} = 0,8\ . \tag{5.77}$$

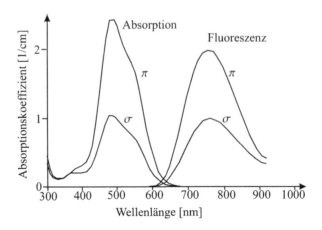

Abb. 5.28 Absorptionskoeffizient eines $0,1$ gew.-%-dotierten Ti^{3+}:Al_2O_3-Kristalls und seine Fluoreszenzintensität für parallele (π) und senkrechte (σ) Polarisation bezüglich zur c-Achse [47].

Die Fluoreszenz von Ti^{3+}:Al_2O_3 ist maximal für Licht, das parallel zur kristallographischen c-Achse polarisiert ist, wie in Abb. 5.28 zusammen mit dem Absorptionskoeffizienten gezeigt ist. Dies führt zu einer Spitze des Emissionswirkungsquerschnittes für diese Polarisation von $3,5 \cdot 10^{-19}$ cm^2 bei 795 nm, was aus dem Fluoreszenzspektrum aus Abb. 5.29 durch die Füchtbauer-Ladenburg-Beziehung (Gl. 1.77) bestimmt wurde. Es ist leicht ersichtlich, dass der Emissionswirkungsquerschnitt im Vergleich zur Fluoreszenz zu niedrigeren Wellenlängen hin verschoben ist. Das Absorptionsband ist sehr breit, was zu einer Vielzahl an möglichen Pumpquellen führt. Während in der Vergangenheit hauptsächlich Laser mit Ar^+-Ionen bei 514 nm zum Pumpen verwendet wurden, werden heute

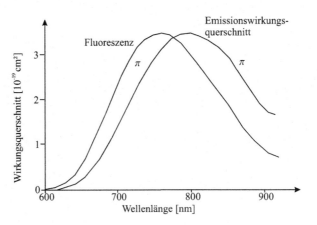

Abb. 5.29 Emissionswirkungsquerschnitt und Fluoreszenzintensität eines Ti^{3+}:Al_2O_3-Kristalls für eine Polarisation parallel (π) zur c-Achse [47].

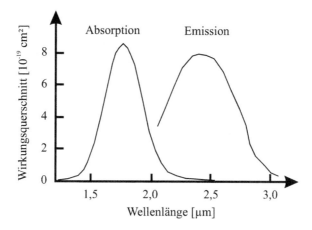

Abb. 5.30 Absorptions- und Emissionswirkungsquerschnitte von Cr^{2+}:ZnSe [48].

meist frequenzverdoppelte Nd^{3+}:YAG-, Nd^{3+}:YVO$_4$- oder Nd^{3+}:YLF-Laser verwendet. Dies ist begründet durch die viel höhere Quanteneffizienz im Vergleich zu Ar^+-Lasern. Es ist auch ein gepulstes Pumpen mit Blitzröhren möglich. Aufgrund der kurzen Lebensdauer des oberen Niveaus sind jedoch hohe Pumpintensitäten und kurze Pumppulse notwendig, was spezielle Blitzröhren mit niedrigen Induktivitäten oder Blitzröhren mit langen Lebensdauern voraussetzt. Das Design der Blitzröhren ist besonders kritisch, sobald es zu hohen Pumpintensitäten von mehreren 100 J kommt, da die geringe Pulsbreite im Bereich von 2 bis 10 μs auch geringen maximalen Zündungsenergien der Blitzröhren entspricht, wie Gl. 5.8 zeigt.

Anwendungen

Der Hauptgrund für die Anwendung der Ti^{3+}:Al$_2$O$_3$-Laser ist ihre breite Abstimmbarkeit und ihr großer Verstärkungsbereich. Hinzu kommt die Erzeugung von ultrakurzen Pulsen, wie bereits in Abschnitt 4.2 diskutiert, sowie die Verstärkung von ultrakurzen Pulsen, wie in Abschnitt 4.2.3 besprochen. Eine weitere Anwendung liegt in der Spektroskopie, um eine weit durchstimmbare Strahlung mit geringer Linienbreite zu erzeugen. Ähnliche spektrale Eigenschaften können durch Cr^{3+}:LiSrAlF$_6$- und Cr^{3+}:LiCaAlF$_6$-Laser erreicht werden, welche im Vergleich zu Ti^{3+}:Al$_2$O$_3$-Lasern eine Verschiebung des Emissionsbandes ins Infrarote zeigen. Die Fluorid-Kristalle sind jedoch hygroskopisch, was einen Nachteil für ein effizientes Kühlen der Laserstäbe durch direkten Wasserkontakt darstellt. Ein vergleichbares Lasermedium im Bereich von 2,3 μm ist Cr^{2+}:ZnSe, welches einen breiten Emissionsbereich bei 2 bis 3 μm zeigt, wie in Abb. 5.30 zu sehen ist. Dies ermöglicht die Erzeugung und Verstärkung von ultrakurzen Pulsen im mittleren infraroten Spektrum.

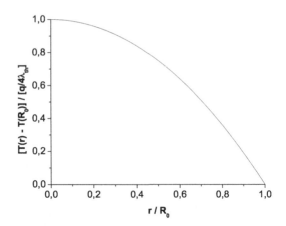

Abb. 5.31 Radiales Temperaturprofil in einem homogen geheizten und oberflächengekühlten Laserstab.

5.3   Spezielle Realisierungen von Lasern

Im folgenden Abschnitt werden wir zwei der heutzutage wichtigsten Laserbauarten behandeln: den Faserlaser und den Scheibenlaser. Beide dieser Laserbauweisen zielen auf das Hauptproblem der Festkörperlaser ab: die thermische Regulierung des Lasermediums. In den bereits besprochenen normalen Stablasern muss die Wärme, die innerhalb des Lasermediums erzeugt wird, von der äußeren Kristalloberfläche abgeführt werden. Aufgrund des endlichen Wärmeübergangskoeffizienten des Lasermediums entsteht ein Temperaturprofil. Dieses Profil kann im Falle von Zylindersymmetrie aus der Wärmeübergangsgleichung berechnet werden:

$$\frac{\partial^2 T}{\partial r^2} + \frac{1}{r}\frac{\partial T}{\partial r} = \frac{q}{\lambda_{th}} \ . \tag{5.78}$$

Hier ist $T(r)$ die Stabtemperatur,

$$q = \frac{P_{therm}}{\pi R_0^2 L} \tag{5.79}$$

die Volumenwärmebelastung, L die Länge des Stabes, P_{therm} die als Wärme im Medium dissipierte Energie und λ_{th} der Wärmeübergangskoeffizient des Mediums. Im Falle einer homogenen Wärmebelastung q führt dies zu einem parabolischen Temperaturprofil

$$T(r) = T(R_0) + \frac{q}{4\lambda_{th}}\left(R_0^2 - r^2\right) \ , \tag{5.80}$$

wobei R_0 der Radius des Stabes und $T(R)$ die Temperatur der äußeren Kristalloberfläche ist. Dieses Temperaturprofil ist in Abb. 5.31 zu sehen. Es hat zwei wichtige Auswirkungen auf das Lasermedium, welche im Folgenden besprochen werden.

5.3.1   Thermische Linse und thermische Spannung

Thermische Linsen

Da der Brechungsindex des Lasermediums in der Regel temperaturabhängig ist, erzeugt das Temperaturprofil eine Verteilung von Brechungsindizes. Dieser Effekt wird **thermische Linse** genannt. Die entsprechende Verteilung ist gegeben durch:

$$n(r) = n_0 + \frac{\partial n}{\partial T} \left(T(r) - T(R_0) \right) \ , \tag{5.81}$$

wobei $n_0 = n(R_0)$ der Brechungsindex auf der Staboberfläche ist. Abhängig vom Vorzeichen des thermischen Indexkoeffizienten $\frac{\partial n}{\partial T}$ des Lasermediums kann die thermische Linse eine positive oder negative Brennweite haben. Für YAG gilt z. B. $\frac{\partial n}{\partial T} = 9,9 \cdot 10^{-6}$ K^{-1} und daraus resultiert eine positive thermische Linse, wobei YLF mit $\frac{\partial n}{\partial T} = -2 \cdot 10^{-6}$ K^{-1} für eine Polarisierung entlang der a-Achse eine negative, d. h. eine divergente, thermische Linse hat. Unter Beachtung eines parabolischen Indexprofils

$$n(r) = n_0 - \frac{1}{2} n_2 r^2 \ , \tag{5.82}$$

das in axialer Richtung entlang der Stablänge L konstant ist und wie eine Linse mit einer Brennweite von

$$f = \frac{1}{n_2 L} \tag{5.83}$$

wirkt, beobachten wir einen thermischen Linseneffekt von

$$f_{th} = \frac{2 \lambda_{th} \pi R_0^2}{\frac{\partial n}{\partial T} P_{therm}} \ . \tag{5.84}$$

Hierbei muss jedoch beachtet werden, dass Gl. 5.83 nur für $f \gg L$ gültig ist. In manchen Lasermedien, z. B. ZnSe oder AlO$_3$ (YALO), kann der thermische Linseneffekt so stark sein, dass Brennweiten kürzer als die Stablänge auftreten. Dies ist in der Regel gleichzeitig mit einer sehr starken Verschlechterung der Strahlqualität durch Aberration verknüpft, welche durch ein nicht parabolisches Temperaturprofil bedingt ist und daher bei den meisten Lasern vermieden wird.

Die gemessenen Werte für thermische Linsen weichen jedoch von der einfachen Beziehung aus Gl. 5.84 ab, da zusätzliche Effekte berücksichtigt werden müssen: Der Stab erfährt eine lokale thermische Ausdehnung, was eine thermische Spannung erzeugen wird. Diese Spannung erzeugt selbst eine zusätzliche Veränderung des Brechungsindex durch den **photoelastischen Effekt**. Alle diese materialabhängigen Effekte können jedoch in einem Parameter ξ zusammengefasst werden. Für isotrope Lasermedien wie YAG kann die Brennweite der gesamten thermischen Linse durch

$$f_{th} = \frac{\pi R_0^2}{\xi P_{therm}} \tag{5.85}$$

ausgedrückt werden. Für YAG ergibt sich ein Wert von $\xi = 5,09 \cdot 10^{-7} \ \frac{m}{W}$.

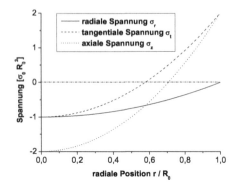

Abb. 5.32 Spannungskomponenten in einem homogen geheizten und oberflächengekühlten Laserstab.

Zuletzt müssen wir noch beachten, dass die gesamte thermische Ausdehnung ein Auswölben der Stabendflächen verursachen wird, welches selbst ein positiver Beitrag zur gesamten thermischen Linse ist. Dieser Effekt hängt von der Länge des Kristalls ab und führt zu einem veränderten Parameter

$$\xi' = \xi + \frac{\alpha_{th} R_0 (n_0 - 1)}{\lambda_{th} L} \; , \tag{5.86}$$

womit ξ aus Gl. 5.85 ersetzt wird. Hier ist α_{th} der thermische Ausdehnungskoeffizient des Mediums.

Beim Entwerfen eines Laserresonators muss daher der thermische Linseneffekt beachtet werden. Aus der Leistungsabhängigkeit der thermischen Linse folgt jedoch direkt, dass der Resonator in einem Lasermedium, das stark durch den thermischen Linseneffekt beeinflusst wird, für den Betrieb am Arbeitspunkt des Lasers berechnet und optimiert werden muss, d. h. für eine bestimmte thermische Linse, der sich bei nomineller Pump- und Ausgangsleistung des Lasers einstellen wird. Eine direkte Folge des thermischen Linseneffekts wird daher sein, dass der Laser für eine ganz bestimmte Pumpleistung entworfen wird. Die Verwendung von variablen Pumpleistungen wird eine Veränderung der Größe der Lasermode und Strahltaillenposition innerhalb des Resonators verursachen und wird daher zu einem sich ändernden Überlapp mit dem Pumpstrahl führen. Daher kann die differentielle Effizienz von der Pumpleistung abhängen. Auch die tatsächliche Laserschwelle kann von der theoretischen Laserschwelle abweichen, da mit dem thermischen Linseneffekt die Schwelle auch vom Stabilitätsbereich des Resonators abhängt, welcher wiederum von der Pumpleistung abhängig wird.

Thermische Spannung

In einem aktiv gekühlten Laserstab weist das innenliegende Volumen eine höhere Temperatur auf und erfährt daher eine größere thermische Ausdehnung als das außenliegende Volumen, was mechanische Spannungen erzeugt. In einem zylindrischen Laserstab können Spannungen in radialer, tangentialer und axialer (z-Achse) Richtung aus der Temperaturverteilung näherungsweise als ebene Spannungen berechnet werden, die für lange und oberflächengekühlte Lasermedien gültig ist. Dies führt zu

$$\sigma_r(z,r) = \frac{\alpha_T E}{1-\nu} \left(\frac{1}{R^2} \int_0^{R_0} T(z,r')r'dr' - \frac{1}{r^2} \int_0^{r} T(z,r')r'dr' \right)$$

$$\sigma_t(z,r) = \frac{\alpha_T E}{1-\nu} \left(\frac{1}{R^2} \int_0^{R_0} T(z,r')r'dr' + \frac{1}{r^2} \int_0^{r} T(z,r')r'dr' - T(r,z) \right)$$

$$\sigma_z(z,r) = \sigma_r(z,r) + \sigma_t(z,r) = \frac{\alpha_T E}{1-\nu} \left(\frac{2}{R^2} \int_0^{R_0} T(z,r')r'dr' - T(z,r) \right)$$

mit den radialen σ_r, tangentialen σ_t und axialen σ_z Spannungskomponenten [20]. E ist das Elastizitätsmodul, ν die Poissonzahl, α_{th} der thermische Ausdehnungskoeffizient und R der Radius des Stabes. Die Gleichung für σ_z ist für zugfreie Enden des Lasermediums gültig. Zusammen mit der Temperaturverteilung aus Gl. 5.80 für den homogen geheizten Laserstab erhalten wir

$$\sigma_r = \frac{\alpha_T E}{16\lambda_{th}(1-\nu)} q \left(r^2 - R_0^2 \right) = \sigma_0 \left(r^2 - R_0^2 \right) , \tag{5.87}$$

$$\sigma_t = \frac{\alpha_T E}{16\lambda_{th}(1-\nu)} q \left(3r^2 - R_0^2 \right) = \sigma_0 \left(3r^2 - R_0^2 \right) , \tag{5.88}$$

$$\sigma_z = \frac{\alpha_T E}{8\lambda_{th}(1-\nu)} q \left(2r^2 - R_0^2 \right) = 2\sigma_0 \left(2r^2 - R_0^2 \right) . \tag{5.89}$$

Die Spannungsverteilungen sind in Abb. 5.32 dargestellt. Ein positiver Wert entspricht einer Zugspannung in die entsprechende Richtung, während ein negativer Wert für eine Druckspannung steht. Diese Spannungen verursachen eine Veränderung des Brechungsindex, was **spannungsverursachte Doppelbrechung** genannt wird. Dies kann die Polarisation der Lasermode verändern und daher die Polarisationsqualität des Lasers verschlechtern. Diese Effekte können jedoch durch komplexere Laseraufbauten kompensiert werden, bei denen mehrere Laserstäbe und Polarisationsrotatoren verwendet werden.

Das Hauptproblem von Lasern mit hoher Durchschnittsleistung ist die Zugspannung auf die äußere Kristalloberfläche. Durch die rechtwinklige Ausrichtung der tangentialen und axialen Spannung ergibt sich die Gesamtspannung auf der Oberfläche zu

$$\sigma_{tot} = \sqrt{\sigma_t^2 + \sigma_z^2} = 2\sqrt{2}\sigma_0 R_0^2 . \tag{5.90}$$

Falls diese Zugspannung einen gewissen kritischen Wert σ_{max} überschreitet, werden sich mikroskopische Risse auf der äußeren Kristalloberfläche ausbilden, was letztlich zu ei-

Tab. 5.3 Temperaturschock-Parameter von einigen Lasermedien [20]

Wirtskristall	YAG	GSAG	Al_2O_3	SiO_2 Glas
R_s	$7,9\,\frac{W}{cm}$	$6,5\,\frac{W}{cm}$	$100\,\frac{W}{cm}$	$1\,\frac{W}{cm}$

nem Bruch des Kristalls führt. Nach Gl. 5.79 entspricht diese maximale Spannung einer maximalen Leistungsdissipation pro Kristalllängeneinheit von

$$\frac{P_{therm}^{max}}{L} = 8\pi \frac{\lambda_{th}(1-\nu)}{\sqrt{2}\alpha_{th}E}\sigma_{max} = 8\pi R_s \ , \tag{5.91}$$

welche unabhängig vom Stabdurchmesser ist. Hierbei ist R_s der **Temperaturschock-Parameter**, welcher in Tab. 5.3 für einige Laserwirtsmaterialien aufgeführt ist. Dies bedeutet für YAG, dass bei einer thermischen Leistung von ca. 200 W/cm ein Bruch des Laserstabes auftreten wird. Dieser Wert hängt jedoch stark von der Oberflächenbehandlung des Laserstabes ab und der tatsächliche Wert, bei dem der Bruch auftritt, kann dabei um einen Faktor 3 abweichen.

Um alle diese temperaturabhängigen Effekte zu einem Großteil zu vermeiden, wurden die beiden folgenden Lasertypen entwickelt: der Faserlaser und der Scheibenlaser.

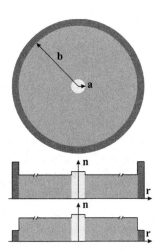

Abb. 5.33 Geometrie und Brechungsindexprofil einer Doppelstufenindexfaser. Die herkömmliche Faser erlaubt lediglich eine Ausbreitung im Kern, während die doppelt ummantelte Faser mit einem äußeren Polymer beschichtet ist, das einen geringeren Brechungsindex als der Mantel aufweist und daher auch eine Führung im Mantel ermöglicht.

5.3.2   Der Faserlaser

Eine optische Faser besteht aus einem Kern mit Radius a, Brechungsindex n_{core} und einem Mantel mit Radius b mit einem niedrigeren Brechungsindex $n_{cladding} < n_{core}$, wie in Abb. 5.33 gezeigt ist. In einem Faserlaser ist der Kern zusätzlich mit laseraktiven Ionen dotiert, welche durch Strahlung gepumpt werden, die ebenfalls in der Faser geführt wird.

Durch ein großes Verhältnis von Oberfläche zu Volumen

$$\frac{2\pi a L}{\pi a^2 L} = \frac{2}{a} \tag{5.92}$$

und geringem Faserdurchmesser $a < 1$ mm tritt der Wärmetransport vom aktiven Kern zur großen Oberfläche über kurze Distanzen auf. Die entstehenden Temperaturunterschiede sind daher selbst für Gläser mit schlechter Wärmeleitung gering. Dies verursacht eine geringere Temperatur im aktiven Bereich und führt daher, besonders für Quasi-Drei-Niveau-Laser, zu einem höheren Laserwirkungsgrad. In einer rotationssymmetrischen Faser werden sich ebenfalls parabolische Temperaturprofile ausbilden. Dies wird jedoch einen Unterschied der Brechungsindizes von lediglich

$$\Delta n_{therm} \approx \frac{P_{therm}}{4\pi \lambda_{th} L} \frac{\partial n}{\partial T} = 8 \cdot 10^{-6} \tag{5.93}$$

verursachen, wobei dieser Wert für eine Siliziumoxid-Faser ($n \approx 1,45$) der Länge $L = 100$ m, mit NA $= 0,04$, $\lambda_{th} \approx 1\ \frac{W}{Km}$ und $\frac{\partial n}{\partial T} = 10^{-5}\ K^{-1}$ bei einer dissipierten Leistung von $P_{th} = 1$ kW berechnet wurde. Im Vergleich hierzu beobachten wir für den Brechungsindexunterschied durch die Führung in der Faser

$$\Delta n_{guide} \approx \frac{NA_{core}^2}{2n_{core}^2} = 5 \cdot 10^{-4} \ . \tag{5.94}$$

Selbst für hohe thermische Energiedissipationen bleiben die grundlegenden Führungseigenschaften der Faser daher konstant und somit bleibt die Strahlqualität des Faserlasers für eine einmodige Faser sogar für Ausgangsleistungen im kW-Bereich erhalten.

Doppelkernfasern

Zum Schutz sind Fasern meist außen mit einem Polymer beschichtet. Der Brechungsindex n_3 des Polymers bestimmt daher, ob Licht im Mantel geführt werden kann oder nicht. Da das Brechungsindexprofil aus mehreren Stufen besteht, wird dieser Fasertyp **Stufenindexfaser** genannt. Der Manteldurchmesser ist in der Regel viel größer als die Wellenlänge und somit kann die Ausbreitung innerhalb des Mantels mit der geometrischen Optik berechnet werden. Alles Licht, das innerhalb eines Akzeptanzwinkels $\Delta \Omega_0$ mit einem Öffnungshalbwinkel θ_i auf das Faserende trifft, wird daher innerhalb des Mantels geführt werden, wie in Abb. 5.34 gezeigt ist. Dieser Winkel kann aus dem Totalreflexionswinkel innerhalb der Faser berechnet werden:

$$\Delta \Omega_0 = 2\pi(1 - \cos\theta_i) = 2\pi\left(1 - \sqrt{1 - NA_{cladding}^2}\right) \ . \tag{5.95}$$

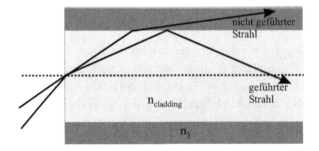

Abb. 5.34 Weg eines in den Mantel einer Faser eingekoppelten Lichtstrahls.

Dieser Akzeptanzwinkel hängt daher lediglich von der numerischen Apertur des Mantels ab, gegeben durch $NA_{cladding} = \sqrt{n^2_{cladding} - n^2_3}$.

In einer herkömmlichen Faser besitzt das Polymer in der Regel einen größeren Brechungsindex als der Mantel, sodass keine Totalreflexion auftritt. Dies wird häufig für passive Fasern, wie z. B. in der Telekommunikation, verwendet. Im entgegengesetzten Fall, also bei einem lichtführenden Mantel, spricht man von **Doppelkernfasern**.

Die Führung im Kern kann auf gleiche Art wie oben beschrieben werden. Durch den geringeren Kerndurchmesser muss die Führung jedoch mit der Wellenoptik berechnet werden, was wir später besprechen werden. Da der führende Kern einen höheren Brechungsindex als der Mantel besitzt, kann das im Mantel geführte Licht auch den Faserkern passieren. Dies ist für Hochleistungs-Faserlaser wichtig, bei denen die Pumpstrahlung in den Mantel der Faser eingekoppelt wird, von welchem es bei jedem Durchgang durch den Kern absorbiert wird. Die Fluoreszenz wird dann von den angeregten Ionen in den Kern und in den Mantel emittiert. Es werden jedoch zum Großteil nur diejenigen Photonen verstärkt, die sich ausschließlich im Kern ausbreiten. Die Laserstrahlung wird daher im Kern geführt. Aufgrund der geringen Kerngröße besitzt die Laserstrahlung eine viel bessere Qualität als die Pumpstrahlung. Laser mit einer Doppelkernfaser können daher auch als Brillianzumwandler angesehen werden, welche das im Mantel geführte Licht (mit einer geringen Brillianz, einer großen Anzahl an Moden und geringer Strahlqualität) in das im Kern geführte Licht umwandeln. Letzteres zeigt eine hohe Brillianz und wird lediglich in wenigen oder einer einzelnen Mode emittiert und besitzt daher eine hohe Strahlqualität. Natürlich ist dies kein echter Umwandler, da das emittierte Licht eine andere Frequenz als die eingestrahlte Pumpstrahlung besitzt.

In Lasern mit Doppelkernfasern muss jedoch beachtet werden, dass sich in rotationssymmetrischen Indexprofilen Versatzwellen ausbilden können. Diese Versatzwellen durchlaufen den Kern während ihrer Ausbreitung in der Faser jedoch nicht und werden daher auch nicht von den aktiven Ionen absorbiert. Um eine maximale Pumpeffizienz zu erreichen, müssen diese Versatzwellen unterdrückt werden, was durch Brechen der Rotationssymmetrie bewerkstelligt werden kann. Dies kann auf verschiedene Arten geschehen, wobei die einfachste darin besteht, dass vor dem Ziehen der Faser eine flache Oberfläche auf die Faservorform gefräst wird. Dies führt zu der Geometrie aus Abb. 5.35. Norma-

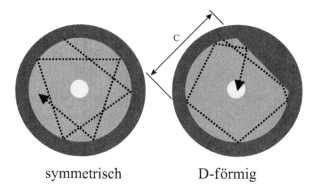

symmetrisch   D-förmig

Abb. 5.35 Doppelkernfaser mit symmetrischer und D-förmiger Geometrie.

lerweise werden 10 bis 15% des Faserdurchmessers weggeschnitten ($c \approx 1,8b$), was eine lineare Reflexionskante erzeugt, die die Rotationssymmetrie bricht und diejenigen Strahlen verschwinden lässt, die den Kern nicht durchlaufen würden. Unter der Annahme einer homogenen Füllung des Mantels mit Pumpstrahlung, was eine direkte Folge der großen Anzahl an angeregten Moden im Mantel ist, kann die effektive Pumpabsorption in einer Doppelkernfaser durch

$$\alpha_{eff} = \frac{A_{core}}{A_{cladding}}\alpha_p = \frac{A_{core}}{A_{cladding}}\sigma_a(\lambda_p)N_1 \tag{5.96}$$

ausgedrückt werden. In einem Doppelkernfaserlaser kann die Pumpabsorptionslänge innerhalb gewisser Grenzen unabhängig von der Länge des Lasermediums gewählt werden.

Da der Mantel mit einem außenliegenden Polymer mit geringem Brechungsindex hergestellt werden kann, kann eine hohe numerische Apertur des Mantels gewählt werden, ohne die Modeneigenschaften des Faserkerns zu verändern. Daher können sehr hohe Pumpleistungen verwendet werden. Besonders fasergekoppelte Laserdioden können einen derartigen Faserlaser direkt pumpen, ohne die Notwendigkeit eines Pumplasers mit hoher Strahlqualität.

Ausbreitung im Kern

Die Stufe im Brechungsindex zwischen Kern und Mantel bestimmt zusammen mit dem Durchmesser des Kerns die Ausbreitung des Lichts im Kern. Da der Kernradius a normalerweise vergleichbar mit der Wellenlänge der Laseremission ist, müssen wir die Wellengleichung lösen, was zur Existenz von Moden wie für den Laserresonator führt. Hierzu verwenden wir die skalare Wellengleichung in Zylinderkoordinaten:

$$\frac{\partial^2\Psi}{\partial r^2} + \frac{1}{r}\frac{\partial\Psi}{\partial r} + \frac{1}{r^2}\frac{\partial^2\Psi}{\partial\phi^2} + \frac{\partial^2\Psi}{\partial z^2} + n(r)^2 k_0^2\Psi = 0 \; . \tag{5.97}$$

Hier entspricht Ψ einer Komponente des elektrischen oder magnetischen Feldes des Lichts innerhalb der Faser, $n(r)$ dem Brechungsindex und $k_0 = \frac{2\pi}{\lambda_s}$ dem Wellenvektor der Laserstrahlung im Vakuum. Um diese Gleichung zu lösen, nehmen wir an, dass wir eine Wellenausbreitung entlang der Faserachse mit einer Ausbreitungskonstante β haben:

$$\Psi(r, \phi, z) = \psi(r)e^{-il\phi}e^{-i\beta z} \ , \ l = 0, \pm 1, \pm 2, \dots \ , \tag{5.98}$$

wobei wir bereits berücksichtigt haben, dass die Wellenfunktion in der azimutalen Richtung eindeutig ist, was zu einer Azimutalmodenzahl l führt. Mit den Abkürzungen $k_1^2 = n_{core}^2 k_0^2 - \beta^2$ und $k_2^2 = \beta^2 - n_{cladding}^2 k_0^2$ kann Gl. 5.97 in gängige Differentialgleichungen umgewandelt werden:

$$\frac{\partial^2 \psi}{\partial r^2} + \frac{1}{r}\frac{\partial \psi}{\partial r} + (k_1^2 - \frac{l^2}{r^2})\psi = 0 \ , \ r < a \tag{5.99}$$

$$\frac{\partial^2 \psi}{\partial r^2} + \frac{1}{r}\frac{\partial \psi}{\partial r} + (k_2^2 + \frac{l^2}{r^2})\psi = 0 \ , \ r > a \ . \tag{5.100}$$

Dies sind Bessel-Differentialgleichungen, welche durch die Bessel-Funktionen J_l und K_l gelöst werden:

$$\psi(r) \ \propto \ J_l(k_1 r) \ , r < a \tag{5.101}$$

$$\psi(r) \ \propto \ K_l(k_2 r) \ , r > a \ . \tag{5.102}$$

Im Falle von kleinen Brechungsindexunterschieden $\Delta n = \frac{\mathrm{NA}_{core}^2}{2n_{core}^2} < 0,01$ sind die in der Faser geführten Moden linear polarisiert [49]. Sie werden daher **LP-Moden** genannt. Zur Beschreibung dieser Moden wird der **Faserparameter** oder die **normalisierte Frequenz** verwendet:

$$V = \frac{2\pi a \mathrm{NA}_{core}}{\lambda} \ , \tag{5.103}$$

wobei $\mathrm{NA}_{core} = \sqrt{n_{core}^2 - n_{cladding}^2}$ die numerische Apertur des Kerns ist. Der Faserparameter kann auch verwendet werden, um die Anzahl der propagierenden Moden M der Faser auszudrücken, welche gegeben sind durch:

$$M = \frac{4V^2}{\pi^2} + 2 \ \ \text{for} \ \ V \gg 1 \ . \tag{5.104}$$

Es kann gezeigt werden, dass für $V < 2,405$, d. h. der ersten Nullstelle der niedrigsten Bessel-Funktion, nur die fundamentale Mode LP_{01} innerhalb der Faser geführt wird. Fasern dieser Art werden einmodige Faser (engl. single-mode fiber) genannt. Es muss jedoch beachtet weden, dass zwei LP_{01}-Moden mit zueinander senkrechter Polarisation existieren.

Das transversale Intensitätsprofil dieser fundamentalen Mode LP_{01} ist jedoch dem Profil eines Gauß-Strahls mit Leistung P sehr ähnlich, wie aus Abb. 5.36 ersichtlich wird. Dies gilt besonders für das Hauptmaximum, welches dasjenige ist, das sich in der Faser ausbreitet. Wir können daher eine Gauß-Verteilung im Faserkern annehmen, die gegeben ist durch

$$I(r) = \frac{2P}{\pi w_0^2}e^{-\frac{2r^2}{w_0^2}} \ , \tag{5.105}$$

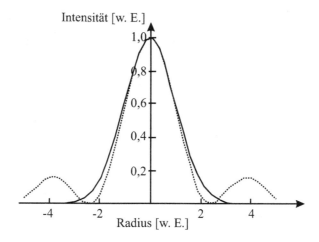

Abb. 5.36 Intensitätsverteilung einer Gauß- und einer Bessel-Funktion.

für die der Modenfeldradius mit der empirischen Formel

$$w_0 = a(0,65 + 1,619V^{-1,5} + 2,876V^{-6}) \tag{5.106}$$

berechnet werden kann.

Spektroskopische Eigenschaften von Faserlasern

Im Folgenden werden wir die spektroskopischen Eigenschaften von Faserlasern untersuchen. Diese weichen von den Eigenschaften normaler Festkörperlaser durch den Einfluss des Wellenleitereffekts der Faser ab. Als Beispiel werden wir einen Tm^{3+}:ZBLAN-Faserlaser untersuchen. Durch Vergleich des Überlapps von Absorption und Emission in Abb. 5.21 wird ersichtlich, dass ein Tm^{3+}-dotierter ZBLAN-Faserlaser als Laser oder Verstärker in einem Bereich von $1,85\ \mu m$ bis über $1,95\ \mu m$ betrieben werden kann. Unterhalb dieses Bereichs ist die Reabsorption zu hoch und man muss daher kurze Fasern und somit geringe Pumpvolumina verwenden. Oberhalb dieses Bereichs wird die Verstärkung zu gering und intrinsische Verluste führen daher zu höheren Schwellen und geringen Wirkungsgraden.

In diesem Zusammenhang muss angemerkt werden, dass der Emissionswirkungsquerschnitt nur entweder durch das Messen der Faservorform oder durch Aufnahme der senkrecht von der äußeren Faseroberfläche emittierten Fluoreszenz bestimmt werden kann. Dies kommt von der Tatsache, dass das Fluoreszenzspektrum stark durch das Führen der Strahlung entlang der Faserachse verändert wird. Um dies zu modellieren, beginnen wir mit der Strahlungstransportgleichung der spektralen Signalleistung in einem gepumpten Medium

$$\frac{\partial \tilde{P}_s(z)}{\partial z} = \Gamma[\sigma_e N_2(z) - \sigma_a N_1(z)]\tilde{P}_s(z) + \sigma_e \Gamma \tilde{P}_0 N_2(z) \ , \tag{5.107}$$

wobei N_1 und N_2 die Besetzungsdichten des unteren und oberen Laserniveaus sind. Der Modenüberlappfaktor zwischen der geführten Gauß-Mode und dem dotierten Kern ist gegeben durch

$$\Gamma = 1 - e^{-\frac{2a^2}{w_0^2}} \ .$$ (5.108)

Unter der Annahme, dass alle Ionen entweder im Grundzustand oder im angeregten Zustand sind, sodass $N_1(z) + N_2(z) = N_g = N_{Tm}$ die gesamte Tm^{3+}-Dotierdichte ist, erhalten wir für die Verstärkung des Signals bei der Wellenlänge λ_s in einer Faser der Länge L

$$G(\lambda_s) = e^{\int_0^L \Gamma[\sigma_e(\lambda_s)N_2(z') - \sigma_a(\lambda_s)N_1(z')]dz'} \ .$$ (5.109)

Wir nehmen nun an, dass die Verstärkung der Faser G_{max} ist und bei der Wellenlänge λ_{max} auftritt, was aus

$$\frac{\partial G(\lambda_s)}{\partial \lambda_s} = 0$$ (5.110)

berechnet werden kann. Die maximale Verstärkungswellenlänge erfüllt daher die Gleichung

$$\frac{\partial \sigma_e(\lambda_s)}{\partial \lambda_s} = \frac{\partial \sigma_a(\lambda_s)}{\partial \lambda_s} \left(\frac{\sigma_e(\lambda_s) + \sigma_a(\lambda_s)}{\frac{\ln G_{max}}{\Gamma N_g L} + \sigma_a(\lambda_s)} - 1 \right) \ .$$ (5.111)

In dieser Gleichung treten nur die spektroskopischen Eigenschaften der Faser und ihre Länge auf. Die Gleichung ist daher unabhängig von der tatsächlichen axialen Verteilung der Ionendichten $N_i(z)$. Die Wirkungsquerschnitte werden dann durch eine Summe von Gauß-Funktionen ausgedrückt, was es ermöglicht, einen numerischen Algorithmus zur Ermittlung von λ_{max} zu verwenden.

Um jedoch das Fluoreszenzspektrum am Faserende zu bestimmen, müssen wir die Strahlungstransportgleichung inklusive der spontanen Emission integrieren. Der Einfachheit halber nehmen wir eine homogene Verteilung der Anregungsdichte an. Dies führt zu einer relativen Fluoreszenzdichte von

$$I_{rel}(\lambda) = \frac{\sigma_e(\lambda)}{\sigma_e(\lambda) + \sigma_a(\lambda)}(G(\lambda) - 1)\left(1 + \frac{\sigma_a(\lambda)N_g\Gamma L}{\ln G(\lambda)}\right)$$ (5.112)

mit

$$G(\lambda) = e^{\frac{\sigma_e(\lambda) + \sigma_a(\lambda)}{\sigma_e(\lambda_{max}) + \sigma_a(\lambda_{max})}[\ln G_{max} + \Gamma N_g L \sigma_a(\lambda_{max})] - \Gamma N_g L \sigma_a(\lambda)} \ .$$ (5.113)

Diese einfache Beziehung gilt nur für axial konstante Besetzungsdichten.

Das Ergebnis einer einfachen Berechnung ist für eine Faser mit $\Gamma = 0,788$ und $N_g = 3,95 \cdot 10^{26}$ m^{-3} bei einer maximalen Verstärkung von $G_{max} = 100$ in Abb. 5.37 gezeigt. Es ist eine Verschiebung der Maxima der Fluoreszenz mit anwachsender Faserlänge mit gleichzeitigem Abfall der Fluoreszenzbandbreite zu sehen. Dies beruht auf der Reabsorption, die mit zunehmender Faserlänge anwächst.

Die experimentellen Daten sind in Abb. 5.38 abgebildet, wobei die Wellenlängenverschiebungen der Theorie entsprechen. In diesem Experiment konnte jedoch nicht sichergestellt werden, dass die maximale Verstärkung für alle Faserlängen identisch war, was den Unterschied der Absolutwerte begründet.

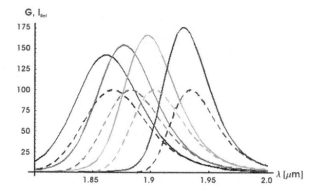

Abb. 5.37 Berechnete Fluoreszenz (durchgezogene Linien) und Verstärkungsprofil (gepunktete Linien) einer Tm^{3+}:ZBLAN-Faser. Die Fasern haben entsprechend der Maxima von links nach rechts eine Länge von: $0,3$ m, $0,5$ m, 1 m und 3 m.

Experimenteller Aufbau von Faserlasern

Der prinzipielle experimentelle Aufbau eines Lasers mit Doppelkernfaser ist in Abb. 5.39 zu sehen. Dieser Aufbau unterscheidet sich für einen Kern-gepumpten Aufbau lediglich in der Tatsache, dass das Pumplicht eine bessere Strahlqualität aufweisen muss und dass der Mantel im Vergleich zum Kern einen niedrigeren Brechungsindex hat. Um eine gleichförmige Anregung und Wärmebelastung zu erreichen, wird die Faser normalerweise beidseitig gepumpt. In vielen Aufbauten im Labor werden häufig Freiraumresonatoren

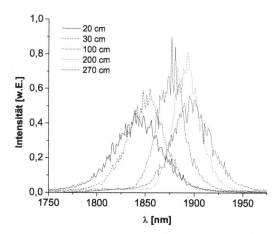

Abb. 5.38 Gemessene Fluoreszenz einer Tm^{3+}:ZBLAN-Faser bei Anregung mit 792 bis 805 nm für verschiedene Faserlängen L.

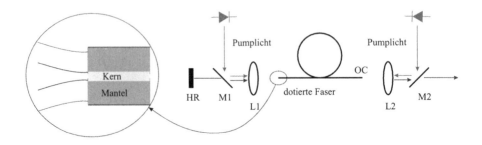

Abb. 5.39 Skizze des experimentellen Aufbaus eines Faserlasers.

benutzt, um eine maximale Anzahl von veränderbaren Parametern des Setups sicherzustellen. Dies bietet zusätzlich die Möglichkeit, verschiedene Bauelemente in den Resonator einzufügen. Hier werden häufig dichroitische Spiegel (M1 und M2) verwendet, um die Pumpstrahlung mit der Lasermode zu verbinden. Die Pumpstrahlen werden dann durch zwei Linsen (L1 und L2) in die Faser eingespeist, wobei die Linsen gleichzeitig als Kollimatorlinsen für die Lasermode dienen. Auf einer Seite wird der Laserstrahl durch einen externen hochreflektierenden Spiegel (HR) retroreflektiert, was den **externen Resonator** bildet. Wegen der großen Verstärkung in der langen Faser kann ein großer Anteil der Strahlung ausgekoppelt werden. Daher ist es häufig ausreichend, ein senkrecht gespaltenes Faserende auf der anderen Seite der Faser als OC-Spiegel zu verwenden. Dies erzeugt eine Fresnel-Reflektivität von

$$R_{OC} = \left(\frac{n-1}{n+1}\right)^2 , \qquad (5.114)$$

was einem Wert von ca. $3, 4\%$ für Siliziumoxid mit einem Brechungsindex von $n \approx 1, 45$ entspricht. Der Vorteil dieses Designs mit einem externen Resonator ist die Ausbreitung des resonatorinternen Strahls im freien Raum zwischen den Resonatoren, was das Zwischenschalten von Modulatoren für Güteschaltungen oder für frequenzselektive Bauelemente wie Etalons, die Wellenlängenselektion und die Wellenlängenabstimmung ermöglicht. Das Design mit externem Resonator hat jedoch einen Nachteil: den Anstieg an resonatorinternen Verlusten durch die Kopplungsverluste, die auftreten, wenn das Laserlicht wieder in den Faserkern eingekoppelt wird. Da die Effizienz dieses Wiedereinkoppelns stark von der Modenanpassung zwischen dem vom HR-Spiegel reflektierten Strahl und der von der Faser geführten Mode abhängt, muss der externe Resonator gut designt und ausgerichtet werden.

Um dieses Ausrichtungsproblem in Hochleistungsdauerstrichlasern zu umgehen, kann eine Lösung komplett faserbasiert realisiert werden, wie in Abb. 5.40 gezeigt ist. Hierbei werden Pumpkoppler verwendet, um das Licht in den Mantel einzukoppeln. Diese Pumpüberlagerer (engl. pump combiner) bestehen aus mehreren kleineren, nichtdotierten mehrmodigen Fasern, welche mit dem Mantel einer nicht-dotierten Doppelkernfaser, die auf den Durchmesser und das Indexprofil der dotierten Laserfaser passt, **gespleißt**, d. h. verschweißt sind. Der Kern dieser passiven Faser ist daher ein frei zu-

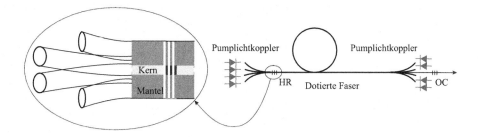

Abb. 5.40 Skizze eines experimentellen Aufbaus eines Faserlasers in einem komplett faserbasierten Design ohne externe Komponenten.

gänglicher Anschluss für den Aufbau des Resonators, während die kleineren Pumpfasern zum Pumpen an Hochleistungslaserdioden angeschlossen werden. Zuletzt wird dieser undotierte **Pumpüberlagerer** auf die dotiere Laserfaser gespleißt.

Um einen vollständig abgeschlossenen Faserlaser, d. h. in einem komplett faserbasierten Design, ohne resonatorinterne Lichtausbreitung zu erreichen, werden **Bragg-Gitter** in beide Enden des Faserkerns geschrieben, welche als HR- und OC-Spiegel dienen. Diese Bragg Gitter sind eine periodische Brechungsindexstruktur, ähnlich zu dielektrischen Spiegeln. Diese werden jedoch nicht durch Dünnschichtabscheidung hergestellt. Das Brechungsindexmuster wird durch Belichtung mit einem durch UV-Laser erzeugten Interferenzmuster auf die Faser geschrieben, z. B. mit einem Laser mit Ar^+-Ionen oder durch einen Femtosekundenlaser. Solche Bragg-Gitter haben sehr scharfe Resonanzen mit hoher Reflektivität und werden für ganz bestimmte Wellenlängen geschrieben. Leichte Modifikationen bezüglich der Wellenlänge sind jedoch möglich, z. B. durch Erhitzen oder Abkühlen des Bragg-Gitters oder durch Dehnen des Bereiches der Faser, in dem das Bragg-Gitter enthalten ist.

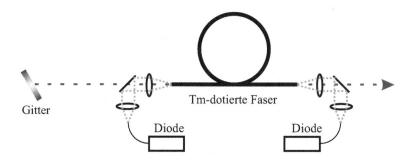

Abb. 5.41 Experimenteller Aufbau eines durch ein Gitter abstimmbaren Faserlasers.

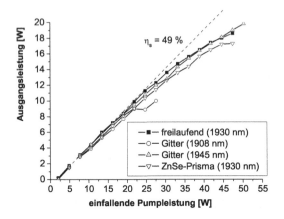

Abb. 5.42 Gemessene Ausgangsleistung eines Tm^{3+}:ZBLAN-Faserlasers, der auf verschiedene Wellenlängen eingestellt werden kann.

Beispiele für CW-Faserlaser basierend auf Tm^{3+}

Ein Beispiel für einen experimentellen Aufbau eines Tm^{3+}:ZBLAN-Faserlasers, der von beiden Seiten von zwei fasergekoppelten Laserdioden bei 792 nm gepumpt wird, ist in Abb. 5.41 zu sehen [18]. Die Faser hat einen Kerndurchmesser von 30 μm (NA = 0,08) und einen Manteldurchmesser von 300 μm (NA = 0,47). In diesem Aufbau wurde der Resonator aus einem retroreflektierenden Spiegel (oder Gitter) und dem polierten Faserende aufgebaut, d. h. mit einer OC-Reflektivität von $R \sim 4\%$. Die Emissionswellenlänge wurde grob durch die Faserlänge festgelegt und die optimale Pumpabsorption wurde durch ein geeignetes Verhältnis von Kern- zu Mantelfläche abgestimmt. Die experimentellen Leistungskennzahlen sind in Abb. 5.42 zu sehen. Wie aufgrund der langen Lebensdauer des oberen Zustandes und der vernachlässigbaren Mehr-Phononen-Relaxation in ZBLAN (siehe Tabelle 5.1) erwartet, ist die Schwelle sehr gering. Aufgrund des effizienten Kreuzrelaxations-Mechanismus wird eine hohe differentielle Effizienz von 49% im Vergleich zur eingestrahlten Pumpleistung erreicht. Bei hohen Pumpleistungen tritt ein **thermisches Überrollen** auf, das nicht mit thermischen Linsen in Verbindung steht, sondern von der Erhitzung der Faser kommt, die in diesem Aufbau nicht gekühlt wurde.

Ein interessanter Effekt ist die Unabhängigkeit der Lasereffizienz von der Wellenlänge über ein breites Wellenlängenspektrum, was auch für verschiedene Betriebsarten der Faser experimentell bestätigt wurde, z. B. für den Gebrauch der Faser als Faserlaser, als Verstärker oder als freilaufende verstärkte spontane Emissionsquelle (ASE, engl. amplified-spontaneous-emission). Wie in Abb. 5.43 gezeigt ist, werden in den jeweiligen Aufbauten komplett unterschiedliche Wellenlängen benutzt, sodass sich davon abhängig verschiedene Emissionswirkungsquerschnitte und Reabsorptionsniveaus ergeben.

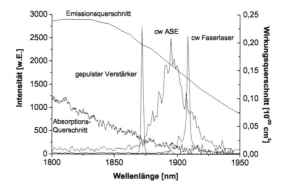

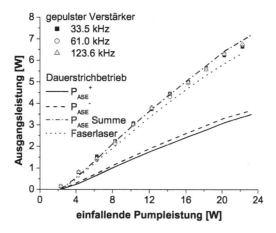

Abb. 5.43 Gemessene Ausgangsspektren und Ausgangsleistungen einer Tm^{3+}:ZBLAN-Faser bei verschiedenen Betriebsarten. Die Summe der gesamten emittierten Leistungen von beiden Faserenden im Fall der Verwendung als ASE-Quelle, der Ausgangsleistung eines Faserlasers und eines Verstärkers ist vergleichbar [58].

Dieser Effekt tritt aufgrund der amorphen Natur des Wirtsmaterials Glas auf und zeigt, dass ein inhomogen verbreitertes Lasermedium als quasi-homogen verbreitert reagieren kann. Im Wirtsmaterial Glas variiert das Kristallfeld zwischen verschiedenen Positionen in der Faser, was zu einer positionsabhängigen Stark-Niveau-Aufspaltung und einer Energieverschiebung der Tm^{3+}-Ionen in der Faser führt. Diese ortsabhängigen Verschiebungen der Energieniveaus entsprechen jedoch ungefähr den Stark-Aufspaltungen in den Mannigfaltigkeiten. Deshalb kann eine gegebene Wellenlänge innerhalb des breiten Emissionsbandes mit fast allen Tm^{3+}-Ionen der Faser wechselwirken und auch noch so verschiedene Niveaus in jedem Ion miteinander verbinden. Auf diese Weise kann eine gegebene Wellenlänge fast allen Ionen Energie entnehmen und das Medium verhält sich quasi-homogen. Nur an der unteren und oberen Grenze des Emissionsbereichs ist der Ef-

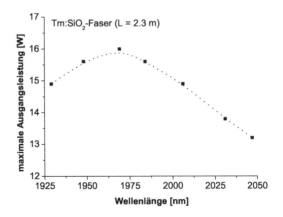

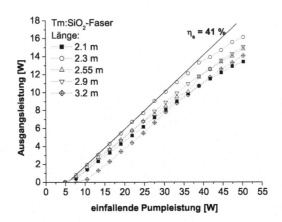

Abb. 5.44 Gemessene Ausgangsleistung eines Tm^{3+}-Siliziumdioxid-Faserlasers im Vergleich zur Wellenlänge (oben) und zur Faserlänge (unten).

fekt wegen der geringeren Wahrscheinlichkeit von Übergängen, die mit der Wellenlänge übereinstimmen, reduziert.

Wie in Abb. 5.44 zu sehen ist, findet man diesen Effekt der quasi-homogenen Verbreiterung auch bei Tm^{3+}-Siliziumdioxid. Dafür wurde eine mit Tm^{3+}-dotierte Siliziumdioxid-Faser mit einem Kerndurchmesser von 20 μm (NA $= 0, 2$) und einem Manteldurchmesser von 300 μm (NA $= 0, 4$) verwendet. Die optimale Faserlänge wurde aus den Messungen in Abb. 5.44 zu $L = 2, 3$ m bestimmt.

Gütegeschaltete Faserlaser

Im Gegensatz zum gütegeschalteten Betrieb mit geringen Repetitionsraten z. B. eines Tm^{3+}:YAG-Lasers [50], bei dem die maximale Lasereffizienz aus dem Verhält-

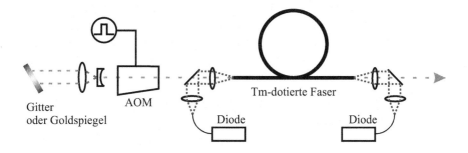

Abb. 5.45 Experimenteller Aufbau eines akustooptischen gütegeschalteten Faserlasers.

nis aus Pumppulsdauer und Lebensdauer des angeregten Zustandes (gegeben durch Gl. 4.6) bestimmt wird, können gütegeschaltete Tm^{3+}-Faserlaser mit hoher Repetitionsrate ($\nu_{Rep} \gg \frac{1}{\tau}$) so effizient wie im Dauerstrichbetrieb sein [18, 51, 53, 54]. In Tm^{3+}:ZBLAN ist aufgrund der langen Lebensdauer des oberen Niveaus eine geringe resonatorinterne Laserintensität ausreichend, um den Laserübergang zu sättigen. Daher können Verstärker für einen einmaligen Durchlauf (sogenannte single-pass-Verstärker) sehr einfach realisiert werden und dieselbe Effizienz wie im Dauerstrichbetrieb erreichen [55, 56, 57, 58, 59]. Jedoch müssen aufgrund der sehr hohen Sättigungsintensität des Lasersignals von Tm^{3+}-Siliziumdioxid die Resonatorverluste (z. B. die Reinjektionseffizienz eines externen Resonators) auf ein Minimum gebracht werden, um einen hocheffizienten Betrieb zu erreichen [18].

Besonders für Pumpanwendungen, in denen gütegeschaltete Faserlaser z. B. zum Pumpen von nichtlinearen Frequenzumwandlern benutzt werden und wo hohe mittlere Ausgangsleistungen gebraucht werden, führt die hohe Repetitionsrate der Faserlaser zu einem stabilen und kompakten Systemaufbau. Aufgrund des Lichtführungseffekts in Fasern existiert ein starker Einfluss der verstärkten spontanen Emission (ASE) auf die Lasereigenschaften und es kann gezeigt werden, dass ASE ein nicht zu vernachlässigender Effekt wird, wenn die Verstärkung entlang der Faser einen Faktor von 100, d. h. 20 dB, übersteigt. Jüngste Forschungen an Tm^{3+}-Siliziumdioxid-Faserlasern haben jedoch gezeigt, dass ASE-Effekte mit gütegeschalteten Faserlasern bei hohen Repetitionsraten effizient vermieden werden können [53]. Der experimentelle Aufbau dazu ist schematisch in Abb. 5.45 gezeigt. Dabei wird für die Güteschaltung ein AOM in den externen Resonator eingebracht und ein Teleskop erhöht den Strahldurchmesser am Endspiegel, der in diesem Fall ein Beugungsgitter zur Einstellung der Wellenlänge ist, um optische Schäden bei hohen Pulsenergien zu vermeiden. Man kann auch den Resonator durch einen EOM blockieren. Da die Faser die Polarisation allerdings nicht erhält, erlaubt ein AOM viel geringere Einfügedämpfung als ein EOM und ein Polarisator.

Die Ergebnisse sind in Abb. 5.46 gezeigt, wobei eine Abweichung der Ausgangsleistung von der 37%igen differentiellen Effizienz für einen Dauerstrichlaser zu beobachten ist. Diese Abweichung ist abhängig von der Repetitionsrate und ein direktes Resultat des ASE-Aufbaus bei hohen Pumpintensitäten. Diese hohen Pumpleistungen führen zu einer

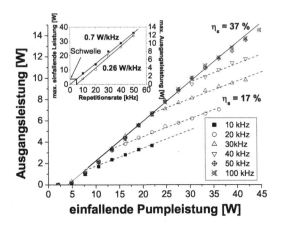

Abb. 5.46 Mittlere Ausgangsleistung eines gütegeschalteten Tm^{3+}-Siliziumdioxid-Faserlasers bei verschiedenen Repetitionsraten als Funktion der einfallenden Pumpleistung [53]. Der Einschub zeigt die Abhängigkeit der maximal erlaubten Pumpleistung und der entsprechenden Ausgangsleistung als Funktion der Repetitionsrate.

Inversion, die einen Wert erreicht, für den der resonatorinterne Modulator nicht genug Verluste generieren kann, um die verstärkte spontane Emission (ASE) zu unterdrücken, bevor der nächste Puls erzeugt wird. Deshalb ist ein weiterer Anstieg der Ausgangsleistung nur mit der Hälfte der ursprünglichen differentiellen Effizienz verbunden, da die ASE von der Faser in beide Richtungen emittiert wird. Es konnte gezeigt werden, dass diese Abweichung der Ausgangsleistung linear mit der Repetitionsrate zusammenhängt, ein Effekt, der im Folgenden genauer erklärt wird.

Aus der Theorie der Güteschaltung aus Kapitel 4.1.1 für einen wiederholt gütegeschalteten Laser erhalten wir, dass die Anfangsinversion mit der Pumpleistung ansteigt. Sie ist durch die maximale Besetzungsinversion $\langle \Delta N \rangle_\infty$ limitiert, die bei einer einfallenden Pumpintensität $I_{p,0}$ im blockierten Resonator erreicht würde, ohne dass ein Lasersignal für $t \to \infty$ vorhanden wäre. Mathematisch ausgedrückt bedeutet dies:

$$\langle \Delta N \rangle_\infty = \frac{2\lambda_p \tau}{hc} \frac{\eta_{abs}}{L} I_{p,0} - \langle N \rangle \ . \tag{5.115}$$

Aber sogar im blockierten Resonator wird $\langle \Delta N \rangle_\infty$ nie erreicht, da der Aufbau des ASE die Inversion auf einen geringeren Wert $\langle \Delta N \rangle_\infty^{ASE}$ limitieren wird, der der ASE-Schwelle $I_{p,0}^{ASE}$ der Faser entspricht. Diese Pumpintensität, bei der die ASE die Faserdynamik dominiert, kann wegen der Restrückkopplung von nicht perfektem Blockieren des Resonators, z. B. aufgrund von OC-Fresnel-Reflexionen am Ausgang eines Faserendes, sogar reduziert werden.

Wegen der oberen Grenze in $\langle\Delta N\rangle_i$, gegeben durch $\langle\Delta N\rangle_\infty^{ASE}$, kann in einem gegebenen Faseraufbau eine maximale Pulsenergie erzeugt werden, die vom Blockieren des Resonators und den Faserparametern abhängt. Gl. 4.28 kann umgeschrieben werden zu

$$\frac{\langle\Delta N\rangle_f'}{\langle\Delta N\rangle_i'} = e^{-r\eta_e(r)} \ , \tag{5.116}$$

wobei r das Verhältnis zwischen Pump- und Schwellenleistung darstellt und $\eta_e(r)$ die Auskoppeleffizienz. Auch die Anfangsbesetzungsinversion im wiederholt gütegeschalteten Betrieb aus Gl. 4.55 kann zu

$$\langle\Delta N\rangle_i' = \langle\Delta N\rangle_\infty' \frac{1 - e^{-\frac{1}{\tau\nu_{Rep}}}}{1 - e^{-r\eta(r)}e^{-\frac{1}{\tau\nu_{Rep}}}} \tag{5.117}$$

umgeschrieben werden, was sich zu

$$\langle\Delta N\rangle_i' = \langle\Delta N\rangle_\infty' \left(1 - e^{-\frac{1}{\tau\nu_{Rep}}}\right) \tag{5.118}$$

für $r \gg 1$ vereinfacht, siehe Abb. 4.6. Bei hohen Repetitionsraten $\nu_{Rep} \gg \frac{1}{\tau}$ kann dieser Ausdruck im Fall eines geringen Abbaus des Grundzustandes wie folgt angenähert werden:

$$\langle\Delta N\rangle_i' \approx \frac{\langle\Delta N\rangle_\infty'}{\tau\nu_{Rep}} \propto \frac{P_{p,0}}{\tau\nu_{Rep}} \ . \tag{5.119}$$

Wegen der oberen Grenze in $\langle\Delta N\rangle_i$, gegeben durch $\langle\Delta N\rangle_\infty^{ASE}$, entspricht die Abweichung der Linearität einer linearen Beziehung zwischen der maximal erlaubten Pumpleistung $P_{p,0}^{max}$ und der Repetitionsrate

$$P_{p,0}^{max} = k_p\nu_{Rep} \ . \tag{5.120}$$

Die lineare Beziehung von Pump- und Ausgangsleistung führt zu einer entsprechenden Beziehung zwischen der Laserausgangsleistung und der Repetitionsrate, die durch den Faktor k_s gegeben ist, der wie folgt hergeleitet werden kann:

$$k_s = \frac{\partial P_{out}(P_{p,0}^{max})}{\partial\nu_{Rep}} = k_p\eta_s \ . \tag{5.121}$$

Dabei ist η_s die differentielle Lasereffizienz. Diese theoretischen Vorhersagen stimmen gut mit dem Experiment überein, wie Abb. 5.46 zeigt. Mit Pumpleistungen von bis zu 45 W wurde für die entsprechenden Proportionalitätsfaktoren $k_p = 0,7 \frac{W}{kHz}$ und $k_s = 0,26 \frac{W}{kHz}$ gefunden. Dies zeigt, dass im Betrieb mit hohen Repetitionsraten hohe mittlere Leistungen mit gütegeschalteten Faserlasern erreicht werden können.

Um die erzeugten Pulsenergien zu maximieren, benötigt man ein sorgfältig durchdachtes Laserdesign. Nur so wird die ASE-Schwelle des blockierten Resonators erhöht und hohe Pumpleistungen oberhalb der Laserschwelle sind möglich, d. h. hohe Werte von r, was nach Gl. 4.30 und Abb. 4.6 zu sehr kurzen Pulsen führt. Dies wurde auch experimentell bestätigt, wobei mit einer 2, 3 m langen Tm^{3+}-dotierten Siliziumdioxid-Faser mit $r = 15$ kurze Pulse von 41 ns erreicht wurden [53]. Zum Vergleich liefert die Theorie der Güteschaltung für diese Faser eine Pulsbreite von 30 ns, wobei eine Resonator-Umlaufzeit von $\tau_{RT} \approx 22$ ns angenommen wurde. Diese kann aufgrund der starken Auskopplung als die Lebensdauer der Photonen im Resonator aufgefasst werden. Dies zeigt, dass für das Erzielen von kurzen Pulsen und das Erreichen einer möglichst hohen ASE-Schwelle sehr geringe OC-Reflektivitäten in gütegeschalteten Faserlasern verwendet werden müssen.

Leistungsgrenzen in Faserlasern

Die Tatsache, dass die Lasermode im kleinen Kern eines Faserlasers konzentriert ist, führt zu drei verschiedenen Grenzen der Ausgangsleistung, abhängig von den spektralen und temporären Eigenschaften der Laserstrahlung. Die erste Grenze hängt von der endlichen optischen Zerstörschwelle von Siliziumdioxid-Glas ab, die in der Größenordnung von $3 \frac{GW}{cm^2}$ liegt. Dies ist die Intensität, bei der ein Schaden an der Oberfläche des Glases entsteht, wobei normalerweise ein Plasma entsteht und Teile der Glasoberfläche verdampfen. Beispielsweise errechnet sich für eine Faser mit 30 μm Kerndurchmesser (NA = 0, 04) bei einer Wellenlänge um 1 μm mit Gl. 5.106 ein Modenfeldradius von $w_0 = 13$ μm. Dies führt zu einer Schadensschwelle von

$$P_{max} = \frac{\pi w_0^2}{2} \hat{I} = 8 \text{ kW} . \tag{5.122}$$

Bei dieser Leistung kann ein Schaden an der Endfacette der Faser auftreten, was dazu führt, dass das Faserende erneut kontrolliert gebrochen (engl. cleaving) oder poliert werden muss. Diese Grenze entspricht der instantanen Leistung, d. h., sie ist unabhängig von der zeitlichen Betriebsart des Faserlasers und hat für einen Dauerstrich-Faserlaser, wo sie für die Laserleistung steht, und für einen gepulst gütegeschalteten Faserlaser, wo sie der maximalen Pulsspitzenleistung entspricht, bei der sehr wahrscheinlich ein Schaden auftritt, denselben Wert.

Die zwei anderen Prozesse, die die Ausgangsleistung eines Faserlasers limitieren, sind die Brillouin- und die Raman-Streuung, zwei intensitätsabhängige nichtlineare Prozesse.

Brillouin-Streuung Bei der Brillouin-Streuung wird ein Photon des Laserfelds aus der Faser an einem akustischen Phonon gestreut. Die effizienteste Streuung erfolgt dabei an longitudinalen akustischen Phononen. Wird ein Phonon während des Prozesses erzeugt, wird das Laserphoton um einen Betrag ν_B rot-verschoben, wobei dieser eine Funktion des Fasermaterials und des Streuungswinkels zwischen Photon und Phonon ist. Dies wird **Stokes-Prozess** genannt. Im gegenteiligen Fall, d. h. wenn ein Phonon im Streuprozess vernichtet wird, wird das Photon blau-verschoben und man spricht von einem **Anti-Stokes-Prozess**. Die maximale Frequenzverschiebung erhält man dann, wenn sich das gestreute Photon in die entgegengesetzte Richtung als das eintreffende ungestreute Photon ausbreitet. Die maximale Frequenzverschiebung ist gegeben durch [60]

$$\nu_B = \frac{2n v_s}{\lambda_0} , \tag{5.123}$$

wobei v_s die Schallgeschwindigkeit der longitudinalen Phononen bezeichnet, n den Brechungsindex des Wirtsmaterials und λ_0 die Wellenlänge der einkommenden, ungestreuten Strahlung, der sogenannten **Brillouin-Pump-Strahlung**. Für ZBLAN führt dies zu $\nu_B \approx 18,82$ GHz [62].

Die Interferenz zwischen dem rückgestreuten Licht und der ankommenden Pumpstrahlung erzeugt ein Intensitätsmuster. Wenn die räumliche Periode des Musters der Phononenwellenlänge entspricht und sich selbst mit der Schallgeschwindigkeit im Medium ausbreitet, wird die durch das Phonon erzeugte Gitterdeformation durch **Elektrostriktion** verstärkt. Diese Rückkopplung erhöht die Brillouin-Streurate und wird **stimulierte Brillouin-Streuung (SBS)** genannt. Daher existiert eine Schwelle und für Leistungen oberhalb davon tritt eine starke Umwandlung von einfallender Strahlung in gestreute Strahlung auf. Brillouin-Streuung kann jedoch nur dann auftreten, wenn die optische Pulsbreite länger als die mittlere Photonenlebensdauer des Mediums ist, die für den Fall von ZBLAN $\tau_{ph} = 3,3$ ns beträgt.

Um einen Ausdruck für die Brillouin-Schwelle herzuleiten, wird die Brillouin-Verstärkung einer Pumpstrahlung mit geringer Linienbreite $\Delta\nu \ll \Delta\nu_B$ benötigt, die gegeben ist durch

$$g_B = \frac{2\pi n^7 p_{12}^2}{\Delta\nu_B c\lambda^2 \rho v_s} . \tag{5.124}$$

Dabei ist $\Delta\nu_B = \frac{1}{\pi\tau_{ph}}$ die Brillouin-Linienbreite, die von der natürlichen Lebensdauer der Phononen (natürliche Linienbreite) verursacht wird, ρ die Dichte des Fasermediums und p_{12} dessen elastooptischer Koeffizient. Die frequenzabhängige Kleinsignalverstärkung der SBS zeigt eine Lorentz-Linienform

$$g_{SBS}(\nu) = g_B \frac{\frac{\Delta\nu_B^2}{4}}{(\nu - \frac{c}{\lambda_0} + \nu_B)^2 + \frac{\Delta\nu_B^2}{4}} \tag{5.125}$$

und die SBS-Schwellenleistung einer Pumpstrahlung mit geringer Linienbreite führt zu [60]

$$P_{SBS,0} \simeq 21 \frac{A_{eff}}{g_B L_{eff}} . \tag{5.126}$$

Dabei ist die effektive Faserlänge

$$L_{eff} = \frac{1}{\alpha} \left(1 - e^{-\alpha L}\right) , \tag{5.127}$$

wegen der geringen intrinsischen Verluste α im Glasmedium, fast so groß wie die geometrische Faserlänge L. Die effektive Modenfläche ist gegeben durch $A_{eff} = \frac{\pi w_0^2}{2}$ und kann in mehrmodigen Fasern mit der Kernfläche $A = \pi a^2$ angenähert werden.

Falls die Linienbreite der Laserstrahlung sehr viel größer als die Brillouin-Linienbreite des Glases ist, z. B. $\Delta\nu_B = 96$ MHz in ZBLAN, dann muss die Brillouin-Linienbreite $\Delta\nu_B$ in Gl. 5.124 durch die Laserlinienbreite $\Delta\nu$ ersetzt werden, was zu einer realen Brillouin-Schwelle führt [61]:

$$P_{SBS} \simeq 21 \frac{A_{eff}}{g_B L_{eff}} \frac{\Delta\nu}{\Delta\nu_B} \; . \tag{5.128}$$

Tab. 5.4 SBS-Schwellwerte in ZBLAN bei $1,87\ \mu$m. Die realen Schwellen sind für eine $0,23$ nm breite Signallinie berechnet

	Faser 1	Faser 2	Faser 3
L	$0,3$ m	$1,5$ m	$2,4$ m
w_0	$3,70\ \mu$m	$7,2\ \mu$m	$12,8\ \mu$m
$P_{SBS,0}$	602 W	456 W	900 W
P_{SBS}	107 kW	81.2 kW	160 kW

Ein Beispiel für SBS-Schwellen ist in Tabelle 5.4 gegeben. Im Gegensatz zu den geringen Schwellwerten, die man für kleine Laserlinienbreiten erhält, zeigen Faserlaser oder Verstärker mit einer Linienbreite in der Größenordnung von $0,1$ bis 1 nm eine Brillouin-Schwelle, die viel höher als die optische Zerstörschwelle einer Standardfaser bei kurzen Faserlängen ist. Die Brillouin-Schwelle für lange Fasern kann jedoch viel geringer sein als die optische Zerstörschwelle und muss in Lasersystemen mit hoher Leistung berücksichtigt werden.

Raman-Streuung   In Analogie zur Brillouin-Streuung kann ein Photon auch an optischen Phononen gestreut werden, was man **Raman-Streuung** nennt. Der Raman-Effekt unterscheidet sich jedoch in einigen Punkten vom Brillouin-Effekt. Erstens ist die Frequenzverschiebung aufgrund der höheren Phononenenergie von optischen Phononen viel größer. Dies führt zu einer Frequenzverschiebung ν_R im Bereich von einigen THz, wobei die rot-verschobene Strahlung ebenfalls **Stokes-Strahlung** genannt wird. Zweitens ist die Zerfallszeit von optischen Phononen viel kürzer als die für akustische Phononen, was dazu führt, dass Raman-Streuung auch für Laserpulsbreiten kleiner als 1 ns auftritt.

Bei der **stimulierten Raman-Streuung (SRS)** ist eine Streuung sowohl in die gleiche Ausbreitungsrichtung als auch in die entgegengesetzte Richtung möglich. Die geringste Schwelle erhält man jedoch für die Streuung in die gleiche Ausbreitungsrichtung

$$P_{SRS} \simeq 16 \frac{A_{eff}}{g_R L_{eff}} \; . \tag{5.129}$$

Die Schwelle für entgegengesetzte Streuung ist ungefähr 25% höher [60] und muss deshalb hier nicht beachtet werden. Beim Überschreiten dieser Schwelle wird ein großer Anteil der einfallenden Strahlung mit einer hohen Effizienz rot-verschoben. Im Prinzip kann dieser Prozess für die erzeugte Stokes-Strahlung wiederholt werden, was zu aufeinanderfolgenden Stokesordnungen innerhalb der Faser führt.

Die Raman-Verstärkung ist gegeben durch

$$g_R = \frac{4\pi \chi_R''}{\lambda_{st} n^2 \epsilon_0 c} \, , \tag{5.130}$$

wobei χ_R'' die nichtlineare Suszeptibilität des Glasmediums bezeichnet und λ_{st} die Wellenlänge des Stokes-verschobenen Lichts darstellt. Abhängig von der chemischen Zusammensetzung des Glases können mehrere Maxima in den Zustandsdichten der Phononen auftreten, für ZBLAN z. B. erhält man $17,7$ THz (590 cm^{-1}), $14,4$ THz (480 cm^{-1}), $11,7$ THz (390 cm^{-1}), $9,9$ THz (330 cm^{-1}), $8,1$ THz (270 cm^{-1}) und $6,0$ THz (200 cm^{-1}) [63]. Die stärkste Raman-Verstärkung erhält man bei der 590-cm^{-1}-Linie. In z. B. ZBLAN ist die Raman-Verstärkung etwa 21 THz breit. Das Raman-Pumpsignal, d. h. die Laserstrahlung, kann verglichen mit dieser großen Raman-Linienbreite also als quasi-monochromatisch angesehen werden und die Schwelle muss nicht wie für die Brillouin-Schwelle umskaliert werden.

Tab. 5.5 SRS-Schwellwerte für drei ZBLAN-Fasern bei $1,87$ μm

	Faser 1	Faser 2	Faser 3
L	$0,3$ m	$1,5$ m	$2,4$ m
w_0	$3,70$ μm	$7,2$ μm	$12,8$ μm
P_{SRS}	$26,4$ kW	$20,0$ kW	$39,5$ kW

Als Beispiel zeigt Tabelle 5.5 die entsprechenden SRS-Schwellen für die drei Fasern aus Tabelle 5.4. Sie liegen sehr viel näher an der optischen Zerstörschwelle und bestimmen deshalb die obere Grenze der Laserleistung bei langen Fasern, inbesondere im gepulsten Betrieb.

Die einzige Möglichkeit, diese nichtlinearen Effekte zu verhindern, ist die Reduktion der Laserintensität in der Faser durch Vergrößern des Durchmessers des Modenfelds. Um aber nicht die eigentlichen Modeneigenschaften der Faser zu verlieren, muss der Faserparameter aus Gl. 5.103 konstant sein. Da die numerische Apertur einer Stufenindexfaser (engl. step-index fiber) normalerweise aufgrund des Herstellungsprozesses eine geringere Grenze von NA $\geq 0,04$ hat, ist der Kerndurchmesser auf ~ 30 μm limitiert. Auch wenn geringere numerische Aperturen möglich wären, würden hohe Biegeverluste entstehen und der Faserlaser würde seine nützliche Eigenschaft verlieren: das Aufrollen für ein kleines Laservolumen. Diese oberen Grenzen der Kerngröße sind mit dem Prinzip der Stufenindexfasern verknüpft. Benutzt man **photonische Kristallfasern**, kann der effektive Kerndurchmesser stark vergrößert werden. Die Strahlführung wird in solchen Fasern nicht durch eine Stufe im Brechungsindex ausgelöst, sondern durch einen wellenoptischen Effekt: Der Kern ist von einem mit Luft gefüllten Lochmuster umgeben, was zu einer Bandstruktur für die Lichtfrequenzen führt, ähnlich der Energie-Bandstruktur von Elektronen in kristallinen Festkörpern. Für bestimmte Wellenlängenbänder existiert deshalb eine Bandlücke und diese Wellenlängen können sich nicht in der Struktur um den Kern ausbreiten. Das begrenzt das Licht auf die Fläche des Faserkerns. Eine andere einfache Begründung für diesen Ausbreitungseffekt ist, dass durch die Löcher aus Luft der mittlere Brechungsindex des Mantels geringer als der des Kerns ist. Trotzdem erklärt diese einfache Beschreibung nicht das Frequenzspektrum der lichtführenden Bandlücken. Die photonischen Kristallfasern erlauben Einmodenbetrieb mit Kerndurchmessern von über 100 μm. Allerdings entspricht ein großer Kerndurchmesser mit Einmodenausbreitung einer kleinen NA der Faser. Demnach treten sehr hohe Biegeverluste auf und die Fasern müssen gerade ausgerichtet werden, um diese Verluste zu verhindern.

Benutzt man diese photonischen Kristallfasern, können einmodige CW-Ausgangsleistungen von mehreren kW mit Yb^{3+}-dotierten Siliziumdioxid-Fasern realisiert werden.

Anwendungen

Die meisten Hochleistungs-Faserlaser sind Yb^{3+}-dotierte Siliziumdioxid-Fasern, die im Bereich von $1,03$ bis $1,08$ μm emittieren und für Schweiß- und Schneidanwendungen verwendet werden. 2006 war der neueste Stand der Technik für Einmodenfasern eine Leistung von 2 kW, hergestellt von *IPG Photonics, Burbach, Germany*, während Multimodefasern mit einem 100- bis 300-μm-Kerndurchmesser eine Leistung von > 10 kW erzeugten. Diese Systeme erreichen Effizienzen von bis zu 25%. Die Faserlasereinheiten bestehen normalerweise jedoch aus mehreren Modulen, die einige 100 W emittieren und dann in einen einzigen 100- bis 300-μm-Kern einer undotierten Transportfaser gekoppelt werden. Aufgrund der geringen Strahlqualität der Multimode-Ausgangsfaser können diese Quellen nur bei kurzen Distanzen zwischen dem optischen Faserausgang und dem Werkstück verwendet werden. Andere wichtige Anwendungen finden sich in der Medizin und stammen aus der einfachen Hinführung der Laserstrahlung mit der Faser, die somit in Endoskope für minimal-invasive Operationen eingebracht werden kann. Bei diesen Anwendungen ist allerdings eine Strahlung um 2 μm besser geeignet, da sie stärker von Wasser absorbiert wird.

5.3.3   Der Scheibenlaser

Die zugrunde liegende Idee bei einem Scheibenlaser ist ein axialer, eindimensionaler Wärmefluss innerhalb des Lasermediums in Richtung des Kühlkörpers. Deshalb wird an jedem axialen Punkt entlang des Lasermediums eine homogene, radiale Temperaturverteilung erwartet und es entsteht keine thermische Linse. Der Aufbau eines solchen Lasers ist in Abb. 5.47 dargestellt. Das aktive Lasermedium ist eine Scheibe mit einem Durchmesser von einigen mm bis einigen cm mit einer Dicke von etwa 100μm. Die Scheibe ist für eine hohe Transmission an der Vorderseite AR- und an der Rückseite HR-beschichtet. Mit dieser Seite ist sie mit Hilfe von Indium- oder Gold-Lötzinn an den Kupfer-Kühlkörper angelötet. Der Laserresonator wird dann aus der HR-Beschichtung auf der Scheibe und einem externen OC-Spiegel gebildet. Dieser Spiegel erlaubt es, die Modengröße der Resonatormode an die gepumpte Fläche der Scheibe anzupassen.

Die Kühlkörperanordnung der Scheibe ist in Abb. 5.48 gezeigt. Die aktive Laserscheibe wird mit Indium an eine größere Kupferscheibe gelötet, die selbst wieder an einem hoh-

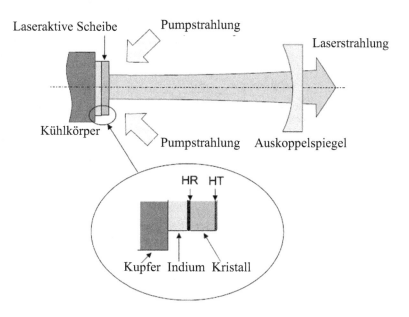

Abb. 5.47 Aufbau eines Scheibenlasers, der an seiner HR-Seite mit Indium-Lötzinn an den Kühlkörper gelötet wurde, und der externe OC-Spiegel [64].

len Kupferblock befestigt ist. In diesem Block trifft ein Wasserstrahl die Rückseite der Kupferscheibe, um ihn effizient zu kühlen. Diese Wasserstrahlkühlung wird verwendet, weil sie viel effizienter als ein einfacher laminarer Fluss entlang der Kupferoberfläche ist.

Das Pumpschema eines Scheibenlasers unterscheidet sich vom gewöhnlichen Pumpen, da die Scheibe wegen ihrer geringen Dicke selbst eine kleine Absorption beim einmaligen Durchlauf aufweist. Um die Pumpabsorption durch Erhöhen der absorbierten Pumpleis-

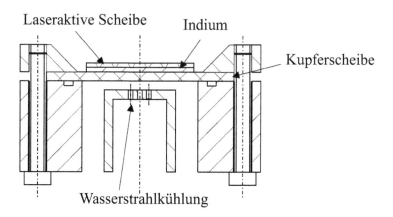

Abb. 5.48 Technische Zeichnung des Kühlkörpers der Scheibe mit Wasserstrahlkühlung [64].

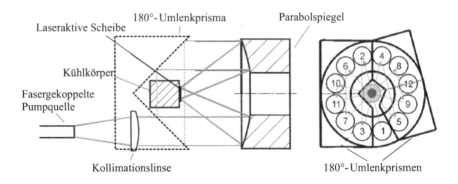

Abb. 5.49 Pumpsystem eines Scheibenlasers. Um eine Gesamtzahl von 24 Durchläufen ($m = 12$) der Ausbreitung des Pumpstrahls zu erreichen, werden ein Parabolspiegel und retroreflektierende Prismen verwendet [64].

tung zu verbessern, wird der Pumpstrahl mehrere Male durch die Scheibe geschickt. Dieses Schema des Mehrfachdurchlaufs (engl. multi-pass) ist in Abb. 5.49 gezeigt. Das Pumplicht, das normalerweise von einer Faser mit sehr vielen Moden oder einem Glasstab-Homogenisator emittiert wird, wird durch eine erste Linse kollimiert und auf einen Parabolspiegel geleitet, der den Faserausgang auf die Scheibe abbildet. Die nicht-absorbierte Pumpleistung wird dann von der Scheibe reflektiert, trifft den Parabolspiegel auf dem entgegengesetzten Brennpunkt und wird wieder kollimiert. Rund um den Kühlkörperaufbau der Scheibe werden zwei 180°-Umlenkprismen dazu verwendet, den Ausbreitungsweg des verbleibenden Pumpstrahls umzudrehen und auf einen anderen Punkt des Parabolspiegels zu lenken, sodass ein zweiter Durchlauf durch die Scheibe möglich ist. Nachdem der Strahl wieder durch den Parabolspiegel kollimiert wurde, trifft das verbleibende Pumplicht nach dem zweiten Durchgang auf das andere 180°-Umlenkprisma. Dieses ist im Vergleich zum ersten Prisma in der Umlenkachse verkippt, was dazu führt, dass der Strahl mehrmals durch die Scheibe läuft. Die optischen Weglängen in dieser Pumpanordnung werden so gewählt, dass die Scheibe nach jedem Pumpdurchlauf in sich selbst abgebildet wird (**Relay-Abbildung**).

Die theoretische Zahl der Durchläufe hängt nur vom Kippwinkel zwischen den zwei Prismen ab. Nach den ersten m Durchläufen, wobei m die Zahl der Durchläufe durch eine Scheibe der Dicke L darstellt, trifft der Strahl symmetrisch auf eines der Prismen auf der Spiegelachse und retroreflektiert sich in sich selbst. Deshalb erzeugt diese Pumpoptik mit Mehrfachdurchläufen eine Gesamtzahl von $2m$ Pumpstrahl-Durchläufen durch die Scheibe. Der entsprechende Kippwinkel zwischen den zwei Prismen ist dann

$$\gamma = \frac{360°}{2m} \, , \tag{5.131}$$

d. h. 15° für den Aufbau aus Abb. 5.49 mit $2m = 24$ Durchläufen.

Die effektive Anzahl der Pumpdurchläufe durch die Scheibe hängt jedoch stark von der Pumpabsorption der Scheibe und von den Werten der Reflektivität des Spiegels, der

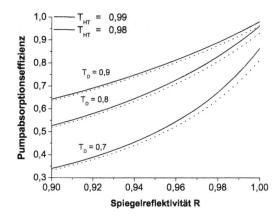

Abb. 5.50 Pumpabsorptionseffizienz eines Scheibenlasers mit 24-Umläufen ($m = 12$) der Pumpstrahlung für verschiedene single-pass-Scheibentransmissionen und HT-Beschichtungen.

Prismen, den Scheibenbeschichtungen und der Transmission der AR-Beschichtung der Scheibe ab. Nehmen wir eine Scheibentransmission für einen einzelnen Durchlauf von

$$T_D = e^{-\alpha_p L} \tag{5.132}$$

an, wobei α_p der Pumpabsorptionskoeffizient und L die Scheibendicke ist, erhalten wir nach einer geraden Anzahl an m Umläufen, d. h. nach einer Anzahl von $\frac{m}{2}$ Hin- und Rückläufen (Reflexionen) durch die Scheibe, eine verbleibende Leistung von

$$P_{res,m} = \left(R_P^2 R_{PR}\right)^{\frac{m}{2}-1} \left(T_{HT}^2 R_{HR} T_D\right)^m R_P P_{inc} . \tag{5.133}$$

Dabei ist P_{inc} die einfallende Pumpleistung in den Scheibenlaseraufbau, R_P die Reflektivität des Parabolspiegels, T_{HT} die Transmission der Antireflexbeschichtung der Scheibe, R_{HR} die Reflektivität der HR-Beschichtung der Scheibe für das Pumplicht und R_{PR} die Gesamtreflektivität eines Prismas für eine 180°-Umlenkung. Nach $2m$ vollständigen Umläufen ist die verbleibende Pumpleistung also gegeben durch

$$P_{res,2m} = \left(R_P^2 R_{PR}\right)^{m-1} \left(T_{HT}^2 R_{HR} T_D\right)^{2m} R_P P_{inc} . \tag{5.134}$$

Analog ist die absorbierte Pumpleistung während der $\frac{m}{2}$-ten Reflexion auf der Scheibe für eine gerade Zahl von m gegeben durch

$$P_{abs,m} = (1 - T_D)(1 + T_D R_{HR}) \left(R_P^2 R_{PR}\right)^{\frac{m}{2}-1} \left(T_{HT}^2 R_{HR} T_D^2\right)^{\frac{m}{2}-1} R_P P_{inc} . \tag{5.135}$$

Summieren wir über alle Beiträge für die verschiedenen Umläufe, erhalten wir für die gesamte absorbierte Pumpleistung

$$P_{abs,2m}^{tot} = \sum_{k=1}^{m} P_{abs,2k} , \tag{5.136}$$

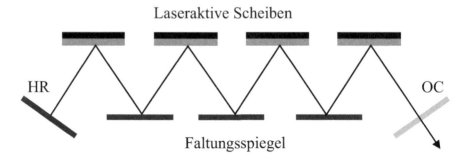

Abb. 5.51 Aufbau mit mehreren Scheiben in einem einzigen Resonator, in dem die gesamte single-pass-Verstärkung erhöht ist.

was zu Folgendem führt:

$$P_{abs,2m}^{tot} = R_P(1 - T_D)(1 + T_D R_{HR}) \frac{1 - \left(R_{HR} R_P^2 R_{PR} T_D^2 T_{HT}^2\right)^m}{1 - R_{HR} R_P^2 R_{PR} T_D^2 T_{HT}^2} P_{inc} \ . \qquad (5.137)$$

Um den Effekt der verschiedenen Reflektivitäts- und Transmissionswerte auf die gesamte Pumpabsorption zu sehen, nehmen wir einen konstanten Reflektivitätswert für alle verschiedenen reflektierenden Oberflächen von $R_{HR} = R_P = R_{PR} = R$ an. Dies führt zu einer Pumpabsorptionseffizienz von

$$\eta_{abs,2m}^{tot} = R(1 - T_D)(1 + T_D R) \frac{1 - \left(R^4 T_D^2 T_{HT}^2\right)^m}{1 - R^4 T_D^2 T_{HT}^2} \ , \qquad (5.138)$$

die für verschiedene Werte von T_D und T_{HT} für den Fall von $m = 12$ in Abb. 5.50 dargestellt ist. Man sieht, dass für eine effiziente Pumpabsorption sehr gute, hochreflektierende Spiegelbeschichtungen sowie eine sehr gute Anti-Reflexbeschichtung der Scheibe notwendig sind. Diese Beschichtungen sind besonders kritisch, da sie bei allen Einfallswinkeln des Pumpstrahls funktionieren müssen. Dabei muss berücksichtigt werden, dass das Pumplicht nach der Homogenisierung in der Faser oder dem Glasstab normalerweise unpolarisiert ist.

Ein anderer wichtiger Punkt rührt von der geringen Verstärkung aufgrund der geringen Dicke der Scheibe her. Deshalb muss eine hohe OC-Reflektivität verwendet werden und die resonatorinternen Verluste müssen minimiert werden, um eine hohe Lasereffizienz zu erhalten. Um die single-pass-Verstärkung zu erhöhen, können deshalb mehrere Scheiben innerhalb eines Laserresonators angeordnet werden, wie in Abb. 5.51 zu sehen ist. Dieser Resonator besteht an den Enden aus einem OC- und einem HR-Spiegel sowie einem Zick-Zack-Pfad zwischen den verschiedenen Scheiben, wobei passive Faltungsspiegel verwendet werden. In diesem Design aus mehreren Scheiben wurden Yb^{3+}:YAG-Scheibenlaser mit Ausgangsleistungen von > 10kW gebaut, die in Schweiß- und Schneidanwendungen in der Industrie zum Einsatz kommen.

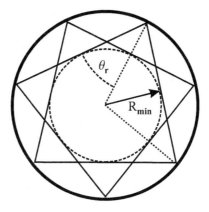

Abb. 5.52 Parasitäre ASE-Ringmode, die entlang der zylindrischen Außenseite der Scheibe reflektiert wird.

Leistungsbegrenzung von Scheibenlasern

Ein Hauptthema der Leistungsbegrenzung von Scheibenlasern ist die maximal extrahierbare Leistung pro Scheibe. Diese Begrenzung ist eine Funktion der Scheibengröße und wird durch die verstärkte spontane Emission (ASE) limitiert, die hauptsächlich in transversaler Richtung innerhalb der Scheibe auftritt, für die das Produkt der Verstärkungslänge viel größer ist als in der axialen Richtung der Resonatormode. Besonders für geschlossene Pfade innerhalb der Scheibe, für die bei jeder Kreuzung mit der Scheibengrenze eine interne Totalreflexion auftritt, können die Verluste der Gesamtumläufe des Pfades sehr gering werden, was zu einer Selbstoszillation der Scheibe auf den internen eingeschlossenen Moden führt, sogenannten **parasitären Moden**. Bei hohen OC-Transmissionen, die in Hochleistungslasern verwendet werden, können diese Moden ihre Schwelle deshalb bei viel geringeren Pumpleistungen als der Schwelle von Resonatormoden erreichen. Besonders für Leistungsskalierungen, bei denen im Prinzip ein Anstieg des Scheibendurchmessers bei konstanter Pumpintensität zu einer sehr hohen Ausgangsleistung führen sollte, kann die Entstehung eines parasitären Laserbetriebs eine obere Grenze bei der Scheibengröße und der Ausgangsleistung des Lasers setzen. Abhängig von ihrer Hauptausbreitungsart können in einem zirkularen Scheibenlaser drei verschiedene parasitäre Moden auftreten: Ringmoden, transversale und radiale Moden.

Ringmoden werden nur entlang der zylindrischen Außenseite der Scheibe reflektiert. Nehmen wir an, dass eine effiziente Reflexion nur bei Einfallswinkeln θ_r zur Oberfläche stattfindet, die größer als der kritische Winkel der internen Totalreflexion im Lasermedium sind, also

$$\theta_c = \arcsin \frac{1}{n} \ . \tag{5.139}$$

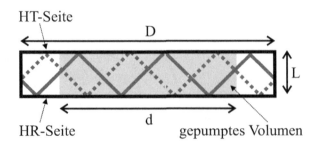

HT-Seite

D

L

HR-Seite

d   gepumptes Volumen

Abb. 5.53 Transversale Modenausbreitung durch das Scheibenzentrum.

Dann erhalten wir direkt aus Abb. 5.52, dass diese Moden einen inneren Scheibenbereich mit dem Radius R_{min} nicht erreichen können [64], wobei gilt

$$R_{min} = \frac{D}{2} \sin \theta_c = \frac{D}{2n} \ . \tag{5.140}$$

Dabei beschreibt D den Durchmesser der Scheibe und n ihren Brechungsindex. Diese Beziehung ist demnach der Schlüssel, um Ringmoden in Scheibenlasern zu unterdrücken. Der Radius der Pumpfläche muss nur kleiner als der minimale Ringmoden-Abstand vom Scheibenzentrum sein, gegeben durch R_{min}, sodass mögliche Ringmoden keine Verstärkung während ihrer Ausbreitung erfahren. Im Fall eines Quasi-Drei-Niveau-Lasermediums wie bei Yb^{3+}-dotierten Kristallen, erzeugt die starke Reabsorption auf der Laserlinie in den ungepumpten Teilen einen zusätzlichen Verlust, was dazu beiträgt, die Ringmoden stärker zu unterdrücken. Auch eine Hybridscheibe, in der der äußere Teil mit einem stark absorbierenden Ion dotiert ist, kann verwendet werden.

Die **transversalen Moden** werden an Vorder- und Rückseite der Scheibe sowie an dem zylindrischen Teil reflektiert. Die maximale Verstärkung pro Umlauf erhält man für eine transversale Mode, die sich durch das Scheibenzentrum ausbreitet, siehe Abb. 5.53. Bedingt durch die winkelabhängigen Reflektivitäten der drei Scheibenoberflächen, sollte diese Mode mit der Oszillation beginnen, sobald die Verstärkung entlang des Ausbreitungsweges die Reflexionsverluste kompensiert [64], d. h. sobald

$$R_{HR}^k(\theta_a) R_{HT}^k(\theta_a) R_C(\theta_a) e^{\frac{gD}{\sin \theta_a}} = 1 \ . \tag{5.141}$$

Dabei sind $R_{HR}(\theta_a)$, $R_{HT}(\theta_a)$ und $R_C(\theta_a)$ die winkelabhängigen Reflektivitäten der HR-, der HT- und der zylindrischen Seite der Scheibe und k ist die Anzahl der Reflexionen, die durch

$$k = \frac{D}{2L \tan \theta_a} \tag{5.142}$$

gegeben ist. Das Produkt aus Verstärkung und Durchmesser gD in Gl. 5.141 trägt zur durchschnittlichen Verstärkung der Mode bei, die sich von einer zur anderen Seite ausbreitet. Nehmen wir an, dass nur der innere Durchmesser d der Scheibe gepumpt wird, um Ringmoden zu unterdrücken, dann kann das mittlere Produkt aus Verstärkung und Durchmesser wie folgt ausgedrückt werden:

$$gD = g_m d - \alpha(D - d) \ . \tag{5.143}$$

Darin ist $g_m = \sigma_e(\lambda_m)N_2 - \sigma_a(\lambda_m)N_1$ der Verstärkungskoeffizient bei der Modenwellenlänge λ_m innerhalb des gepumpten Volumens, wobei wir homogene Besetzungsdichten innerhalb der Scheibe annehmen, und $\alpha = \sigma_a(\lambda_m)N_1$ ist der Absorptionskoeffizient dieser Wellenlänge im ungepumpten Teil der Scheibe.

Da jegliche Art von optischer Beschichtung die Eigenschaft der internen Totalreflexion eines optischen Mediums verglichen mit dem umgebenden Brechungsindex nicht ändern kann, werden die transversalen Moden auf der HT-Seite nur für $\theta_a > \theta_c$ effizient reflektiert. Deshalb kann eine simultane interne Totalreflexion auf den zylindrischen Oberflächen nur für Winkel von

$$\theta_c < \theta_a < 90° - \theta_c \tag{5.144}$$

auftreten. Für YAG führt dies auf Werte von $33,3° < \theta_a < 56,7°$. Wenn wir nun perfekte Reflexionen annehmen, folgt direkt aus Gl. 5.143 und Gl. 5.141, dass in einem Vier-Niveau-Lasermedium ($\alpha = 0$) die parasitären Moden sofort bei $g_m d \geq 0$ oszillieren werden und keine Laseraktivität in den Resonatormoden stattfinden wird. Für ein Quasi-Drei-Niveau-Lasermedium ($\alpha > 0$) können wir die parasitäre Modenschwelle $gD \geq 0$ umschreiben, indem wir $N_1 + N_2 = N_{tot}$ benutzen:

$$\frac{N_2}{N_{tot}} \geq \frac{\sigma_a(\lambda_m)}{\sigma_e(\lambda_m) + \sigma_a(\lambda_m)} + \left(\frac{D}{d} - 1\right)\sigma_a(\lambda_m) \ . \tag{5.145}$$

Wegen der McCumber-Relation aus Gl. 2.32 fällt der Absorptionswirkungsquerschnitt im Vergleich zum Emissionswirkungsquerschnitt an der Grenze zu langen Wellenlängen des Emissionsspektrums exponentiell ab und Gl. 5.145 kann für ein gegebenes N_2 durch eine genügend lange Wellenlänge der parasitären Mode immer erfüllt sein.

Im Fall einer nicht-perfekten Reflexion, der Voraussetzung für das Einsetzen des parasitären Laserbetriebs, führt Gl. 5.141 zu einem minimalen Reflexionskoeffizienten von

$$R_k(\theta_a) = R^k_{HR}(\theta_a)R^k_{HT}(\theta_a)R_C(\theta_a) \ , \tag{5.146}$$

der gegeben ist durch

$$\ln R_k(\theta_a) \geq \frac{N_{tot}}{\sin\theta_a}D\left(\sigma_a(\lambda_m) - \frac{d}{D}\frac{N_2}{N_{tot}}(\sigma_e(\lambda_m) + \sigma_a(\lambda_m))\right) \ . \tag{5.147}$$

Im Fall einer perfekten Reflexion auf den HR- und HT-Seiten und $R_C(\theta_a) < 1$ erhalten wir eine maximale Verstärkung für $\theta_a = \theta_c$. Die minimale Reflexion auf der zylindrischen Oberfläche erhält man dann mit

$$\ln R_C(\theta_c) \geq N_{tot} n D\left(\sigma_a(\lambda_m) - \frac{d}{D}\frac{N_2}{N_{tot}}(\sigma_e(\lambda_m) + \sigma_a(\lambda_m))\right) \ . \tag{5.148}$$

Es kann gezeigt werden, dass die minimale Reflexion $R_C(\theta_a)$ in diesem Fall sehr klein sein kann, was dazu führt, dass eine starke Kontrolle dieses Werts erreicht werden muss, um die transversalen Moden zu unterdrücken. Im anderen wichtigen Fall, wenn eine nicht-perfekte Reflexion $R_{HR}(\theta_a) < 1$ auf der HR-Seite angenommen wird, während

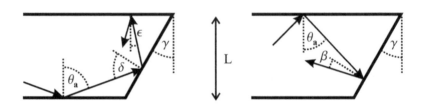

Abb. 5.54 Unterdrückung der transversalen und radialen Moden bei einer nicht-zylindrischen Scheibenoberfläche.

alle anderen Seiten perfekt reflektierend sind, erhalten wir eine maximale Verstärkung für $\theta_a = 90° - \theta_c$. Diese Moden zeigen die geringste Anzahl der Reflexionen auf der HR-Seite. Die minimale Reflektivität führt dann auf

$$\ln R_{HR}(90° - \theta_c) \geq 2nLN_{tot}\left(\sigma_a(\lambda_m) - \frac{d}{D}\frac{N_2}{N_{tot}}(\sigma_e(\lambda_m) + \sigma_a(\lambda_m))\right) . \tag{5.149}$$

Für Dauerstrich-Yb^{3+}:YAG-Scheibenlaser kann ein Wert von bis zu $R_{HR}(\theta_a) \sim 0,99$ erreicht werden, ohne dass die transversalen Moden oszillieren, während in gütegeschalteten Systemen mit einer höheren Inversionsdichte die Reflektivität des HR-Spiegels im diskutierten Winkelbereich gering genug sein muss (d. h. $R_{HR}(\theta_a) < 0,8$), um die transversalen Moden zu unterdrücken [64]. Eine geringe HR-Reflektivität führt jedoch zu einem größeren Anteil an durch den HR-Spiegel entweichender Fluoreszenz. Diese Fluoreszenz wird am Kontakt zum Kühlkörper absorbiert und erhöht so die benötigte Kühlleistung, um die Temperatur der Scheibe beizubehalten. Wie auch aus Gl. 5.149 gesehen werden kann, ist eine kurze Kristalllänge L vorteilhaft, um die Oszillationsschwelle der transversalen Moden zu erhöhen. Dies muss jedoch mit einer größeren Anzahl von Pumpdurchläufen kompensiert werden.

Die radialen Moden zeigen keine internen Totalreflexionen und oszillieren durch das Scheibenzentrum mit Fresnel-Reflexionen, die von der zylindrischen Scheibenoberfläche herrühren, d. h. bei $\theta_a = 90°$. Wegen der geringen Inversionsdichte im Dauerstrichbetrieb und der entsprechend geringen Verstärkung treten sie normalerweise nicht in CW-Lasern auf. Radiale Moden können jedoch in gütegeschalteten Scheibenlasern auftreten, die eine viel höhere Inversionsdichte zeigen. Die Schwelle für radiale Moden kann dann wie folgt ausgedrückt werden:

$$\ln R_C(90°) \geq N_{tot}D\left(\sigma_a(\lambda_m) - \frac{d}{D}\frac{N_2}{N_{tot}}(\sigma_e(\lambda_m) + \sigma_a(\lambda_m))\right) . \tag{5.150}$$

Um die transversalen und radialen Moden zu unterdrücken, kann die äußere Scheibenoberfläche wie ein Kegel geformt werden, siehe Abb. 5.54. Startet man mit einem Einfallswinkel auf der Unterseite von θ_a, wird die Mode an der äußeren Oberfläche reflektiert und ihr Einfallswinkel auf der Oberfläche ist dann

$$\epsilon = |\theta_a - 2\gamma| . \tag{5.151}$$

Die Mode ist also für

$$\frac{90° - \theta_c}{2} < \gamma < \theta_c \tag{5.152}$$

im Inneren nicht totalreflektierend, was nur für $n < 2$ erfüllt ist, d. h. für YAG mit $28,4° < \gamma < 33,3°$. Eine Mode, die komplett an der Oberseite reflektiert wird, benötigt einen Kegelwinkel γ von

$$90° - 2\theta_c < \gamma < \theta_c , \tag{5.153}$$

um im Inneren auf der Unterseite nicht totalreflektiert zu werden. Dies führt zu einem Einfallswinkel von

$$\beta = |\, 90° - \gamma - \theta_a \,| \ . \tag{5.154}$$

Für $n < 2$ ist diese Relation auch erfüllt, wenn Gl. 5.152 erfüllt ist. Für YAG muss deshalb ein Kegelwinkel im Bereich von $28,4° < \gamma < 33,3°$ gewählt werden, um transversale und radiale Moden zu unterdrücken.

Literaturverzeichnis

[1] H. Haken, H. C. Wolf, Atom- und Quantenphysik, 7. Aufl., S. 59ff, Springer (2000).

[2] W. Demtröder, Experimentalphysik 3, 2. Aufl., S. 222f, Springer (2000).

[3] W. Weizel, Lehrbuch der theoretischen Physik, Bd. 2, S. 908, Springer (1958).

[4] F. Schwabl, Quanten-Mechanik, S. 262, Springer (1988).

[5] S. Fluegge, Rechenmethoden der Quantentheorie, Springer (1993).

[6] I. T. Sorokina, in I. T. Sorokina and K. L. Vodopyanov (Eds.): Solid-State Mid-Infrared Laser Sources, Topics Appl. Phys. **89**, 255-349 (2003).

[7] G. H. Dieke, *Spectra and Energy Levels of Rare Earth Ions in Crystals* (Wiley Interscience, New York, 1968).

[8] D. E. McCumber, Phys. Rev. **136** (1964), A945.

[9] H. W. Moos, J. Lumin. **1** (1970), 106.

[10] H. Haken, Z. f. Physik **181** (1964), 96.

[11] A. E. Siegman, *Lasers* (University Science Books, Sausalito, 1986).

[12] F. K. Kneubühl, M. W. Sigrist, *Laser* (Teubner, Stuttgart, 1999).

[13] S. Wang, D. Zhao, *Matrix Optics* (Springer-Verlag, Berlin, 2000).

[14] J. Alda, *Laser and Gaussian Beam Propagation and Transformation* (Encyclopedia of Optical Engineering 999, DOI: 10.1081/E-EOE 120009751, Marcel Dekker, Inc.).

[15] M. Eichhorn, „Quasi-three-level solid-state lasers in the near and mid-infrared based on trivalent rare earth ions", Appl. Phys. B 93, 269-316 (2008).

[16] M. Eichhorn, „Untersuchung eines diodengepumpten Faserverstärkers mit Emission bei 2 μm", Dissertation, Albert-Ludwigs-Universität, Freiburg, Germany (2005).

[17] M. Eichhorn, M. Pollnau, „The Q-factor of a continuous-wave laser", Conference on Lasers and Electro-Optics CLEO, Baltimore, MD, USA, JWA2.29 (2012).

[18] M. Eichhorn, S. D. Jackson, Appl. Phys. B **90**, 35 (2008).

[19] L. M. Frantz, J. S. Nodvik, J. Appl. Phys. **34**, 2346 (1963).

[20] W. Koechner, *Solid-State Laser Engineering* (Springer, Berlin, 1999).

[21] M. Monerie, Y. Durteste, P. Lamouler, Electron. Lett. **21**, 723 (1985).

[22] S. A. Payne, L. L. Chase, L. K. Smith, W. L. Kway, W. F. Krupke, IEEE J. Quantum Electronics **28** (1992), 2619.

[23] A. A. Kaminskii, *Laser Crystals* (Springer Series in Optical Science Vol. 14, Springer-Verlag, Berlin, Heidelberg, New York).

[24] J. B. Gruber, M. E. Hills, R. M. Macfarlane, C. A. Morrison, G. A. Turner, G. J. Quarles, G. J. Kintz, and L. Esterowitz, Phys. Rev. B **40**, 9464 (1989).

[25] C. A. Morrison and R. P. Leavitt, „46. Spectroscopic Properties of Triply Ionized Lanthanides in Transparent Host Crystals", Handbook on the Chemistry and Physics of Rare Earths, Edited by K. A. Gschneider, Jr.: North-Holland Publishing Co., 1982.

[26] B. M. Walsh, N. P. Barnes, B. Di Bartolo, J. Appl. Phys. **83**, 2772 (1998).

[27] B. M. Walsh and N. P. Barnes, Appl. Phys. B **78**, 325 (2004).

[28] B. M. Walsh, private Mitteilung.

[29] S. Hufner, *Optical Spectra of Transparent Rare Earth Compounds* (Academic Press, New York, 1978).

[30] B. Henderson, G. F. Imbusch, *Optical Spectroscopy of Inorganic Solids* (Clarendon Press, Oxford, 1989).

[31] A. Richter, Ph.D Thesis, University of Hamburg, Germany (2008).

[32] M. Alshourbagy, Ph.D Thesis, University of Pisa, Italy (2005).

[33] K. M. Dinndorf, Ph.D Thesis, Massachusetts Institute of Technology, USA (1993).

[34] T. Förster, Ann. Physik **437** (1948), 55.

[35] T. Förster, Z. Naturforschung **4a** (1949), 321.

[36] D. L. Dexter, J. Chem. Phys. **21** (1953), 836.

[37] C. Z. Hadad, S. O. Vasquez, Phys. Rev. B **60** (1999), 8586.

[38] P. M. Levy, Phys. Rev. **177** (1969), 509.

[39] F. R. G. de Silva, O. L. Malta, J. Alloys and Compounds **250** (1997), 427.

[40] V. S. Mironov, J. Physics: Cond. Matter **8** (1996), 10551.

[41] M. Yokota, O. Tanimoto, J. Phys. Soc. Japan **22** (1967), 779.

[42] A. I. Burshtein, Sov. Phys. JETP **35** (1972), 882.

[43] T. Holstein, S. K. Lyo, R. Orbach, in *Topics in Applied Physics*, edited by W. M. Yen and P. M. Selzer (Springer-Verlag, New York, 1981), **49**, Chap. 2.

[44] R. Orbach, in *Optical Properties of Ions in Crystals*, edited by H. M. Crosswhite and H. W. Moos (Interscience, New York, 1967), p. 445.

[45] S. Xia, P. A. Tanner, Phys. Rev. B **66**, 214305 (2002).

[46] S. D. Jackson, Opt. Commun. **230**, 197 (2004).

[47] A. Hoffstaedt, Festkörper-Laser-Institut Berlin, Germany (1991).

[48] M. Rattunde, Ph.D Thesis, University of Freiburg i. Br., Germany (2003).

[49] D. Gloge, *Weakly guiding fibers*, Applied Optics **10**, 2252 (1971).

[50] M. Eichhorn, A. Hirth, Conference on Lasers and Electro-Optics CLEO 2008, San Jose, USA, Paper CTuII3.

[51] M. Eichhorn, Opt. Lett. **32**, 1056 (2007).

[52] M. Eichhorn, Conference on Lasers and Electro-Optics CLEO 2007, Baltimore, USA, Paper CTuN7.

[53] M. Eichhorn, S. D. Jackson, Opt. Lett. **32**, 2780 (2007).

[54] M. Eichhorn, S. D. Jackson, Conference on Lasers and Electro-Optics CLEO 2008, San Jose, USA, Paper CFD7.

[55] M. Eichhorn, OPTRO 2005 Symposium, Ministère de la Recherche, Paris, France, 9.-12. 5. 2005.

[56] M. Eichhorn, Journées Scientifiques de l'ONERA: Lasers et amplificateurs à fibre optique de puissance: fondements et applications, ONERA, Châtillon, France, 27.-28. 6. 2005.

[57] M. Eichhorn, Opt. Lett. **30**, 456 (2005).

[58] M. Eichhorn, Opt. Lett. **30**, 3329 (2005).

[59] M. Eichhorn, Virtual Journal of Ultrafast Science **5**, Iss. 1 (2006).

[60] G. P. Agrawal, *Nonlinear Fiber Optics*, Academic Press, (2001).

[61] D. Cotter, J. Opt. Com. **4**, 10 (1983).

[62] L. G. Hwa, J. Schroeder, X.S. Zhao, JOSA B **6**, 833 (1989).

[63] Y. Durteste, M. Monerie, P. Lamouler, Electron. Lett. **21**, 723 (1985).

[64] K. Contag, Dissertation, University of Stuttgart, Germany (2002).

Index

Experimentalphysik von Professor Demtröder

Experimentalphysik 1 – Mechanik und Wärme

► Unübertroffen: Der Zyklus Experimentalphysik von Prof. Demtröder!

► Alle Grundlagen für die 1. Kursvorlesung Experimentalphysik

► Neu bearbeitet und aktualisiert

„MECHANIK und WÄRME" ist der erste von vier Bänden zu Experimentalphysik von Professor Demtröder. Die Lehrinhalte des ersten Semesters Physik werden anschaulich und leicht verständlich, dabei aber möglichs quantitativ präsentiert. Wichtige Definitionen und Formeln, alle Abbildungen und Tabellen wurden zweifarbig gestaltet. Durchgerechnete Beispiele im Text, Kapitelzusammenfassungen sowie Übungsaufgaben mit ausführlichen Lösungen am Schluss des Buches helfen dabei, den Stoff zu bewältigen, und regen zu eigener Mitarbeit an. Farbtafeln zu ausgesuchten Themen tragen zum Spaß an diesem Buch bei. Die fünfte Auflage wurde neu bearbeitet und aktualisiert.

► Demtröder, Wolfgang

5., neu bearb. u. aktualisierte Aufl., 2008, XVIII, 513 S. 595 Abb., 577 in Farbe. Br. € (D) 39,95
ISBN 978-3-540-79294-9

Das moderne Wissen der Physik

Gerthsen Physik

Für die Studierenden der Physik im Haupt- und Nebenfach ist der Gerthsen ein unverzichtbarer und kompetenter Begleiter durch das gesamte Studium. Nahezu alle Studierenden beginnen mit dem Klassiker Gerthsen. Sämtliche Gebiete der Physik werden ausführlich und gut verständlich dargestellt. Das Buch stellt alle klassischen Themen vor - Mechanik, Wärmelehre, Elektrodynamik, Optik. Darauf aufbauende Themen der klassischen Physik wie die Nichtlineare Dynamik und die Relativitätstheorie sind in logischer Reihenfolge integriert. Nach einem Kapitel über Teilchen und Wellen zur Einführung in die mikroskopische Physik werden die Konsequenzen für Atome, Moleküle, Laser, feste Körper und subatomare Teilchen vorgestellt.

Über 1000 durchgerechnete Übungen und Beispiele vertiefen den Stoff und erweitern das Wissensspektrum. Der Gerthsen ist ein sehr dynamisches Lehrbuch und reflektiert die Weiterentwicklung der Physik durch einbeziehen modernster Themen der Physik und durch eine ständig aktualisierte Homepage www.gerthsen.de, auf der zahlreiches ergänzendes Material und zu allen wichtigen Themen interaktive Animationen und Experimente zu finden sind. Die neue Auflage wurde komplett neu bearbeitet, neu gestaltete Kapitel zur Mechanik geben eine moderne Einführung in diese zentralen Themengebiete. Das neue Layout und die neue Gliederung der Kapitel und Aufgaben schaffen eine gute Übersicht und unterstützen die schnelle Einarbeitung. Alle über das Bachelor-Studium hinausführenden Abschnitte sind jetzt besonders gekennzeichnet.

▶ Meschede, Dieter (Hrsg.)

24., überarb. Aufl., 2010, 1162 S. 1347 Abb. Geb. Mit online files/update. € (D) 69,95
ISBN 978-3-642-12893-6

Einfach bestellen:
SpringerDE-service@springer.com   Telefax +49(0)6221/345 – 4229

Printed in the United States
By Bookmasters